Hijos de las estrellas

Nuestro origen, evolución y futuro

Hijos de las estrellas

Nuestro origen, evolución y futuro

DANIEL ROBERTO ALTSCHULER STERN

Exdirector del Observatorio de Arecibo y catedrático de Física y Astronomía de la Universidad de Puerto Rico

akal

Colección: Astronomía
Director: David Galadí-Enríquez

Título original: *Children of the Stars*
PUBLICADO ORIGINALMENTE POR THE PRESS SYNDICATE OF THE UNIVERSITY OF CAMBRIDGE

Edición del texto: Dulcinea Otero-Piñeiro

1.ª edición, 2001
Cambridge University Press
2.ª edición, 2002
Cambridge University Press
3.ª edición, 2004
Ediciones Akal
4.ª edición, 2015
Ediciones Akal

Sector Foresta, 1
28760 Tres Cantos
Madrid - España

Tel.: 918 061 996
Fax: 918 044 028

www.akal.com

ISBN: 978-84-460-4180-1
Depósito legal: M-9.299-2015

Impreso en España
Diseñado y maquetado por Sonia Trujillo Sanz y Fernando Pajas Sanz

«A veces creo que nada tiene sentido. En un planeta minúsculo, que corre hacia la nada desde millones de años, nacemos en medio de dolores, crecemos, luchamos, nos enfermamos, sufrimos, hacemos sufrir, gritamos, morimos, mueren y otros están naciendo para volver a empezar la comedia inútil.»

ERNESTO SÁBATO
El túnel (1948)

«La meta de la ciencia no consiste en abrir la puerta a la sabiduría infinita, sino en poner un límite al error infinito.»

BERTOLT BRECHT
Vida de Galileo (1938)

«Es mi convicción que el conocimiento científico es, a pesar de su falibilidad, uno de los mayores logros de la racionalidad humana -y que podemos, mediante el libre uso de nuestra razón, a pesar de que siempre es falible, comprender algo acerca del mundo y, tal vez, incluso cambiarlo para mejor.»

KARL R. POPPER
El mito del marco común (1994)

«Creo que a pesar de la enorme desventaja que existe, nos atañe como ciudadanos una obligación crucial, para que con una determinación intelectual inquebrantable, firme y feroz, definamos la verdad de nuestras vidas y nuestras sociedades. De hecho es obligatorio. Si tal determinación no se incorpora a nuestra visión política no tenemos esperanza de restaurar lo que ya casi se ha perdido -la dignidad del ser humano.»

Harold Pinter
Art, Truth & Politics. Nobel Lecture (2005)

Observe su mano. Se compone de átomos, sobre todo de hidrógeno, carbono y oxígeno, unos átomos que no siempre existieron y que fueron creados por las estrellas.

Mire el anillo de su dedo. También se compone de átomos, quizá de oro o platino; estos elementos se crearon durante el paroxismo mortal de una estrella, una supernova ocurrida hace cinco mil millones de años. Al igual que nosotros, las estrellas nacen, tienen una vida mayormente tranquila y, luego, mueren.

Extienda una mano al Sol y sienta el calor. Es la energía de la vida.

Vuelva a contemplar la mano, al igual que la de tantos otros animales, tiene cinco dedos. No se trata de una coincidencia y sugiere que existe una profunda fraternidad entre todas las formas de vida que moran en la madre Tierra, uno de los millones de planetas que posiblemente orbiten alrededor de otras estrellas distantes. Tal vez no estemos solos en este vasto universo. ¡Cómo quisiéramos saberlo!

Este libro cuenta la historia de los increíbles eventos que derivaron en nosotros, partiendo de las estrellas. Con él cambiará para siempre la forma en que usted se ve en un espejo, así como el modo en que contempla nuestro mundo.

Cuando mire el mundo, no se confunda por lo grande y seguro que aparenta ser. El lugar que habitamos, la biosfera, es una capa fina y delicada sobre la superficie de este pequeño punto que orbita alrededor del Sol. La biosfera es frágil y debemos actuar con prudencia sin abusar de sus limitados recursos.

En un hermoso día de otoño que quizá haya comenzado con un buen café, tómese la tarde libre si tiene tiempo y acuda a un paraje natural lejos del bullicio y las luces de la ciudad, donde tal vez solo se oiga el ladrido distante de un perro. Encuentre un buen lugar y espere a que la Tierra gire hasta que el Sol se esconda, de manera que la zona del planeta en la que usted se halla se enfrente al sereno esplendor del oscuro cielo nocturno. Entonces contemplará el universo.

Puede que al atardecer se vea un hermoso y delgado arco de luz. Con algo de esfuerzo notará que se trata de un disco oscuro iluminado desde un costado. Es nuestra Luna, que en fase casi nueva se muestra como una fina hoz luminosa. La parte oscura queda débilmente iluminada por la luz solar que refleja la Tierra y la torna visible. Es probable que si espera un tiempo vea una estrella fugaz, que no tiene nada que ver con las estrellas. Es la estela incandescente (un meteoro) dejada por un pequeño cuerpo que, por casualidad, penetra nuestra atmósfera a gran velocidad y produce luz al calentarse por fricción. Con el tamaño suficiente, algunos meteoros pueden sobrevivir a su ardiente viaje y chocar contra la superficie terrestre, para ser encontrados más tarde en forma de meteoritos. En ocasiones tienen dimensiones tales que llegan a formar un cráter apreciable y, muy raras veces, si son muy grandes, su impacto puede producir consecuencias catastróficas.

Póngase cómodo y contemple durante un buen rato el impresionante espectáculo que le brindan las miles de estrellas que lucen en silencio contra el cielo oscuro. Reconocerá además el esporádico planeta que posiblemente aparezca. Cuando, después de un tiempo, la vista se haya adaptado a la oscuridad, se dará cuenta de que una banda brillante cruza el cielo. Si tiene binoculares verá que esta luminosidad proviene de incontables estrellas, igual que Galileo Galilei lo descubrió hace cuatrocientos años al apuntar hacia el cielo un pequeño telescopio en 1609.

Es lo que los griegos llamaban *galaxias* y nosotros denominamos *Vía Láctea,* la visión que ofrece desde su interior nuestra Galaxia, nuestro hogar en este inmenso universo. En la antigüedad, y para diversas culturas del mundo, la Vía Láctea se interpretaba como una gigantesca serpiente cósmica, un río plateado en el cielo o un camino del firmamento. La Galaxia es un enorme sistema compuesto por algo así como 100 000 millones de estrellas y con forma de disco, que desde nuestra perspectiva aparece como una banda de luz que atraviesa todo el cielo. Pasado un tiempo se sentirá casi hechizado y experimentará simultáneamente una nostalgia que viene de muy adentro y una gran alegría, ambas relacionadas de alguna forma con una profunda intuición que le dice que está contemplando nuestro origen. *Nuestro origen está en las estrellas.*

Este extraordinario hallazgo surgió como resultado de los esfuerzos de científicos que en el correr de los últimos siglos han logrado descubrir algunos de los secretos que guarda la naturaleza. Este es el objetivo de la ciencia: comprender el mundo natural por medio de la observación, la experimentación y la computación. La ciencia constituye la base de nuestra tecnología, de la que tanto dependemos, para bien o para mal. La ciencia ha transformado drásticamente nuestras vidas a lo largo del siglo XX y, lo que es más importante aún, nos ofrece la posibilidad de entender algo de este complejo universo del que formamos parte.

He escrito este libro porque la historia del origen de la materia y de la vida, y de su evolución, es fantástica, casi increíble. Es mejor que una historia de ciencia-ficción, mejor que todas esas falsas historias sobre OVNIS que se publican en algunos periódicos y revistas, mejor incluso que las entretenidas películas que se han hecho sobre estos temas. Y es así por una simple razón: *esta* historia es verdadera. Se trata, sin lugar a dudas, del logro intelectual más importante del segundo milenio, algo de lo que todos podemos sentirnos orgullosos.

Espero, además, que este libro le permita apreciar la vida de otro modo. Vivimos tan sumergidos (a veces casi ahogados) en la vida cotidiana que nos olvidamos de que estamos aquí solamente por un rato. Y después, alguna mañana, despertamos para darnos cuenta de que estamos muertos. Espero que este libro le brinde una nueva perspectiva que le permita contemplarnos bajo una luz diferente. Tal vez así adquiera nuevas formas de pensar y actuar para poder salir del terrible problema medioambiental en el que, sin querer, nos encontramos.

Esta historia representa la culminación de un largo proceso hacia una concepción nueva del universo que propone un proceso histórico, una visión evolutiva en el más amplio sentido de la palabra, mucho más allá de lo que pudiera haber imaginado Charles Darwin (aunque la evolución del universo no es del mismo carácter que la evolución darwiniana). La historia nos habla de un universo en el que se creó la materia que con el tiempo formó planetas, algunos como la Tierra, fértiles para la aparición de la vida.

Es una cosmovisión que difiere mucho de la que se tenía hasta hace unos quinientos años, la cual aceptaba convenientemente que todo resultó de un acto de creación divina. Entonces se creía que el universo siempre había existido inmutable, estático y, por ende, seguro.

Quienes expusieron la nueva concepción evolutiva durante los últimos quinientos años se enfrentaron a dos oponentes. Uno fue la saludable resistencia de la comunidad científica, y el otro, la intransigencia política o religiosa con su insistencia inquebrantable en atender a las Escrituras sin dar importancia a las evidencias. Así ocurrió que aceptamos la ciencia de Aristóteles como un dogma durante más de mil años. Algunas personas se negaron a mirar a través del telescopio de Galileo por miedo a tener que cambiar de creencias. El convencionalismo científico es saludable porque demanda pruebas para apoyar las ideas nuevas, pruebas basadas en mediciones que se puedan repetir y verificar. Ahí estriba el poder y la fecundidad de la ciencia. Los dogmatismos, en cambio, son estériles porque encierran nuestras mentes, eso que nos distingue de los demás animales, en una oscura prisión.

Cual buque surcando las ilimitadas y no bien conocidas aguas del «gran océano de la verdad», como lo expresara el ilustre Isaac Newton, la ciencia mantiene el rumbo fijo convencida de que eso es mejor que virar a la menor provocación de un cambio de viento o una débil tormenta. En ocasiones hay que ajustar el rumbo cuando se descubren nuevos aspectos hasta entonces desconocidos, o se divisan tierras nuevas. Sin embargo, si la nave tropieza con un huracán, es mejor ceder que naufragar. El nuevo rumbo la llevará a puertos jamás visitados, muy distintos de los que dejó atrás, y el capitán se verá obligado a reconsiderar el plan de toda la expedición. Pero en la nueva geografía, las leyes del mar y de la buena navegación serán de mucha utilidad, con independencia del destino final.

A pesar de ciertas percepciones comunes, la ciencia no es una materia fría que se rige únicamente por hechos incuestionables. Los hechos pueden y deben cuestionarse para ser interpretados más tarde a la luz de alguna teoría. Al final, tras un metódico análisis, los hechos acaban triunfando.

Aunque se intenta minimizar, la ciencia no puede dejar de depender hasta cierto punto de las creencias individuales, los trasfondos culturales o el clima social. Esto es así porque a pesar de las percepciones comunes, los científicos *son* humanos. En resumen, el buque tiene un capitán. Sin embargo, aunque las ideas nuevas sean difíciles de aceptar inicialmente, con el tiempo acaban aceptándose a la luz de los hechos. Así ocurrió con la aceptación del Sol como el centro de nuestro sistema planetario, con el origen de las especies y con la tectónica de placas. Cada uno de esos descubrimientos desencadenó una tormenta intelectual, un huracán que arrastró al navío de la ciencia hacia un nuevo rumbo. En cambio, el dogmatismo no acepta ideas contrarias ni perdona a quienes las expresan. El buque de los dogmáticos encallará de seguro, o hará tanta agua que se hundirá en algún punto de su viaje. La historia es testigo de ello.

El presente volumen relata el resultado de la determinación y la audacia de personas que en el pasado dedicaron sus vidas al estudio de la naturaleza, en ocasiones arriesgándolas y asumiendo grandes sacrificios. A lo largo de la obra menciono brevemente a algunos de estos héroes y, aunque no es suficiente para hacerles justicia, bastará para rendirles homenaje. Sin duda personajes como Copérnico, Darwin o Wegener, por mencionar a unos pocos, solo representan las figuras más destacadas de todas las que participaron en el proceso de descubrimiento, un proceso que no es tan claro y directo como usted quizá se imagina. En el camino hacia la nueva ciencia hubo falsos resultados, pasos intermedios y callejones sin salida.

Estas personas, mujeres y hombres, vivieron tiempos difíciles trabajando con las limitaciones de la época, hace cien años o más, escribiendo a la luz de una vela, viajando propulsados por el viento o a caballo. A menudo dependían para su sustento de la generosidad de algún benefactor que no siempre estaba garantizada. Es difícil comprender cómo llegaron algunos de ellos a producir lo que produjeron y qué los inspiró para defender sus convicciones aun a costa, en ocasiones, de su bienestar personal.

Hoy vivimos en un mundo poblado por instrumentos refinados y sensibles. Gigantescos aceleradores de partículas estudian las dimensiones más pequeñas de la materia, máquinas especializadas analizan las moléculas de la vida, grandes telescopios, en la Tierra y en el espacio, estudian los lugares más remotos del universo, y naves espaciales escudriñan la Tierra y otros planetas del Sistema Solar. En muchas naciones se han establecido instituciones tales como la Fundación Nacional de Ciencias de Estados Unidos (NSF), la NASA, o los Consejos Nacionales de Investigación de varios países latinoamericanos, para apoyar la labor científica, la acumulación de una cantidad de datos cada vez mayor que forman la base de nuevos descubrimientos. No son lujos destinados a satisfacer meramente las aspiraciones académicas de unos pocos, sino iniciativas necesarias para garantizar nuestro progreso y supervivencia.

En efecto, nuestro poder sobre la naturaleza nos capacita para destruir la frágil biosfera en la que vivimos. Solo un conocimiento profundo y preciso del mundo que nos rodea nos permitirá descifrar cómo funciona. De este modo comprenderemos las posibles consecuencias de nuestras acciones y, así, estaremos en condiciones de evitar los nefastos efectos que han comenzado a impactar sobre la vida en la Tierra a escala global. Según avance en la lectura de estas páginas irá comprendiendo que mantenemos una relación tan íntima con la naturaleza, que cualquier idea de independencia solo puede conducirnos al desastre. Pero no basta que los científicos comprendan el funcionamiento del mundo que nos rodea, es importante que toda la población conozca lo que los científicos han aprendido, no ya porque sea interesante y realmente asombroso, sino también porque debemos tomar decisiones difíciles que solo se pueden enfrentar cuando se comprenden con claridad todos los factores. En un mundo irrevocablemente dependiente de la tecnología, la democracia solo puede funcionar con una población informada sobre ciencia. Sin este conocimiento es imposible juzgar el valor de enviar una sonda de exploración a Marte, la necesidad de reducir las emisiones de dióxido de carbono, la posibilidad de usar armas nucleares para defendernos de un posible impacto asteroidal o el efecto de alimentos modificados genéticamente. ¿Cómo distinguir si no entre la verborrea esotérica que habla de «vórtices metafísicos de energía giratoria» y los verdaderos fenómenos naturales? Además, en un plano más básico, la ciencia nos revela la profunda y extraordinaria belleza de la naturaleza.

He simplificado muchos aspectos de esta historia porque considero que no es necesario discutir los complicados detalles que son de gran interés para los científicos, pero tienen muy poca incidencia en ella. Algunos aspectos ni siquiera se conocen bien y dan lugar a controversias que deberán aclarar las investigaciones futuras. Así es la ciencia, sería muy aburrido que lo supiéramos todo. Esta obra *no* es un libro de texto y, por tanto, no pretendo desarrollar cada tema de forma completa y sistemática. Para hacerlo, cada capítulo tendría que consistir en doscientas páginas de texto especializado, y, en tal caso, muy probablemente usted no estaría leyendo este libro. No obstante, no he eludido la exposición de ciertas ideas básicas ni la inclusión de algunos números sin los cuales esta historia no se podría comprender. Le cuento esta historia como si se la relatara a un buen amigo (dotado de suficiente paciencia). La he contado «cortito y al pie» para no abusar de su paciencia. Es una historia un tanto ecléctica en la que describo algunos de los resultados obtenidos por la ciencia que considero más importantes, resultados que tienen gran incidencia sobre lo que somos y el lugar que ocupamos en el universo.

En el tránsito del año 1999 al 2000, celebramos la llegada de un nuevo milenio, sin embargo este no hizo su entrada hasta el año 2001 (esto se debe a que no hubo año cero). Desconozco la causa de tanta conmoción, aparte de que fue un buen pretexto para hacer una celebración y hay que aprovechar todas las excusas posibles para ello.

Sin duda, se da cuenta de que haberle dado dos mil vueltas al Sol desde que comenzamos a registrar el paso del tiempo en la era cristiana no es nada especial. La Tierra, con todos sus habitantes, ha realizado eso mismo varios miles de millones de veces. Viajamos alrededor del Sol a la enorme velocidad de unos 100 000 kilómetros por hora, unas mil veces más rápido que la velocidad a la que viajamos en automóvil. Durante los últimos dos mil años hemos recorrido una distancia aproximada de un millón y medio de millones de kilómetros dando vueltas en círculos, algo que hacemos con bastante asiduidad. Si hubiéramos viajado en línea recta habríamos cubierto tan solo dos décimas de la distancia que nos separa de la estrella *más cercana* después del Sol. Cualquiera que sea nuestro lugar en el universo en términos filosóficos, es claramente un lugar insignificante en términos físicos.

Espero que tras leer este libro comprenda el porqué de su título, y si decide salir y contemplar el brillante espectáculo cósmico nocturno, como sugerí al principio, entonces el esfuerzo de escribirlo habrá valido la pena.

La elaboración de este volumen me ha llevado gran cantidad de tiempo durante varios años, largas noches de estudio escribiendo y reescribiendo para borrar y redactar otra vez, y hubo momentos en los que pensé que jamás llegaría a su fin. Me inspiró la ilusión de aportarle al lector algo nuevo y valioso. Confío en que así sea. Ojalá la próxima vez que contemple una anaranjada puesta del Sol, o mire a otro ser humano o a otro animal u observe cómo se desplaza liviana una nube por la atmósfera, lo haga con ojos diferentes. Espero que, haga lo que haga usted con su vida, examine la incidencia de sus actos sobre la delicada biosfera, por diminuta que le parezca.

No me complace que el éxito de un libro dependa en gran medida de un mercado que rehúye los libros de ciencia. Deseo compartir el contenido de este libro con «todo el mundo», lo que supone algo más que los 10 000 ejemplares que se venderán, según afirman los expertos, si resulta ser un gran éxito. Me apena pensar que si hubiera escrito un libro sobre las prácticas sexuales de los extraterrestres (esos que tenemos escondidos en un laboratorio secreto de los sótanos del Observatorio de Arecibo) el libro sería un *bestseller.* Así es el mundo en que vivimos.

Como sea, la obra ahora está en sus manos y espero que la aproveche y la disfrute. Agradeceré el envío de comentarios a la siguiente dirección de correo electrónico: danuchko@hotmail.com.

He usado números aproximados para dar diferentes datos de interés. Lo importante para apreciar esta historia no es saber que el diámetro ecuatorial de la Tierra equivale exactamente a 12 713.51 km, sino que 13 000 km es aproximadamente 1/30 de la distancia que media entre la Tierra y la Luna. Confío en despertarle curiosidad por algunos de los temas discutidos, por eso he incluido al final algunas sugerencias de lecturas adicionales.

Mi esposa, Celia, no solo me ayudó con la gramática del texto, sino que también me enseñó mucho acerca de la gramática de la vida. Ella sabe cuánto me importa todo esto y me alentó siempre que pensé en abandonar la idea. Este libro se lo dedico a ella. Mi hija Estela leyó todo el manuscrito en busca de errores.

Muchas personas y acontecimientos de mi vida han determinado mi forma de ver las cosas: mi padre me enseñó que la vida es cosa seria, Eddy me enseñó que la vida hay que saber vivirla y mi madre me enseñó que la vida no es cosa seria. Emmy Link, hermana de Jorge, quien pereció en Aconcagua el año en que nací, me enseñó a respetar y amar la naturaleza, y la barra, ese grupo de chicos montevideanos con los cuales me crié, me enseñó lo que es la amistad. Claudio Benski me inspiró.

Mis maestros son muchos, demasiados para mencionarlos aquí, pero recuerdo con afecto al «ruso» Gregorio Treibich, y a mi maestro de «cosmografía» Conrado Schneider, joven profesor del Liceo Alemán de Montevideo, que nos abrió los ojos al universo.

Agradezco a mis colegas y amigos que leyeron varias versiones del manuscrito y que con sus comentarios y críticas contribuyeron a mejorarlo, en particular a Chris Salter (Arecibo, Puerto Rico), quien me ayudó con muchos aspectos del libro, y a Giselle Petrides (Montevideo, Uruguay), por su revisión crítica. Gracias a José Alonso (Arecibo, Puerto Rico), Fernando Díaz (San Juan, Puerto Rico), Carlo Giovanardi (Florencia, Italia), Riccardo Giovanelli (Ithaca, Nueva York, Estados Unidos), Jon Hagen (Arecibo, Puerto Rico), Margarita Irizarry (San Juan, Puerto Rico), Guillermo Irizarry (San Juan, Puerto Rico), Carmen A. Pantoja (San Juan, Puerto Rico), Jorge Santiago (Filadelfia, Estados Unidos), Matthew Windham (Adelaide, Australia) y Kurt Ziehboldt (Hamburgo, Alemania). José F. Salgado (Chicago, Estados Unidos) preparó, además, algunos de los diagramas que ilustran el texto. El excelente trabajo de la editora del texto en español, Dulcinea Otero-Piñeiro, aportó un sinnúmero de mejoras al texto.

También quiero agradecer a todos esos héroes anónimos del quehacer científico: los ingenieros, técnicos, expertos en computadoras y, ¿por qué no?, incluso a los administradores, porque sin sus esfuerzos y dedicación esta historia no habría podido narrarse.

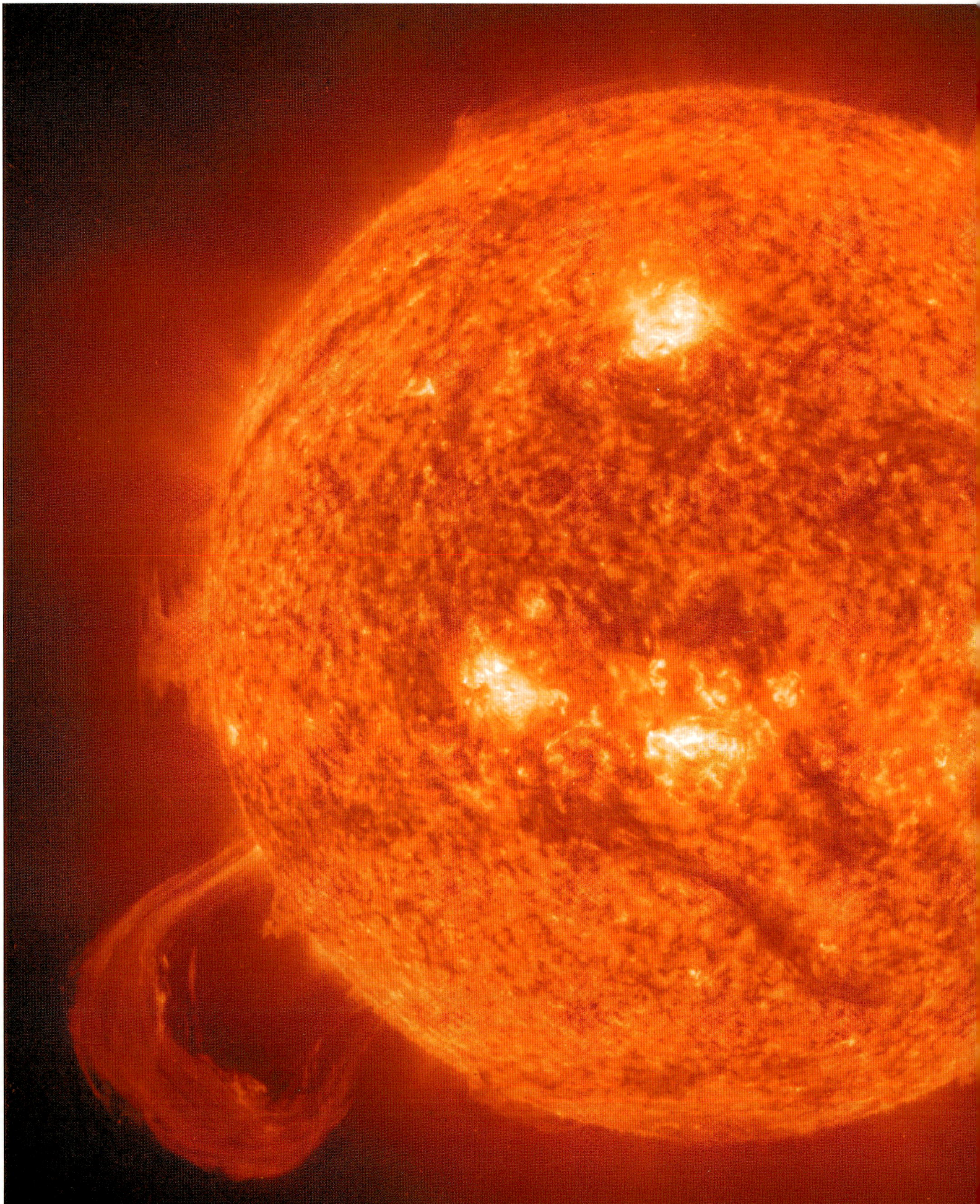

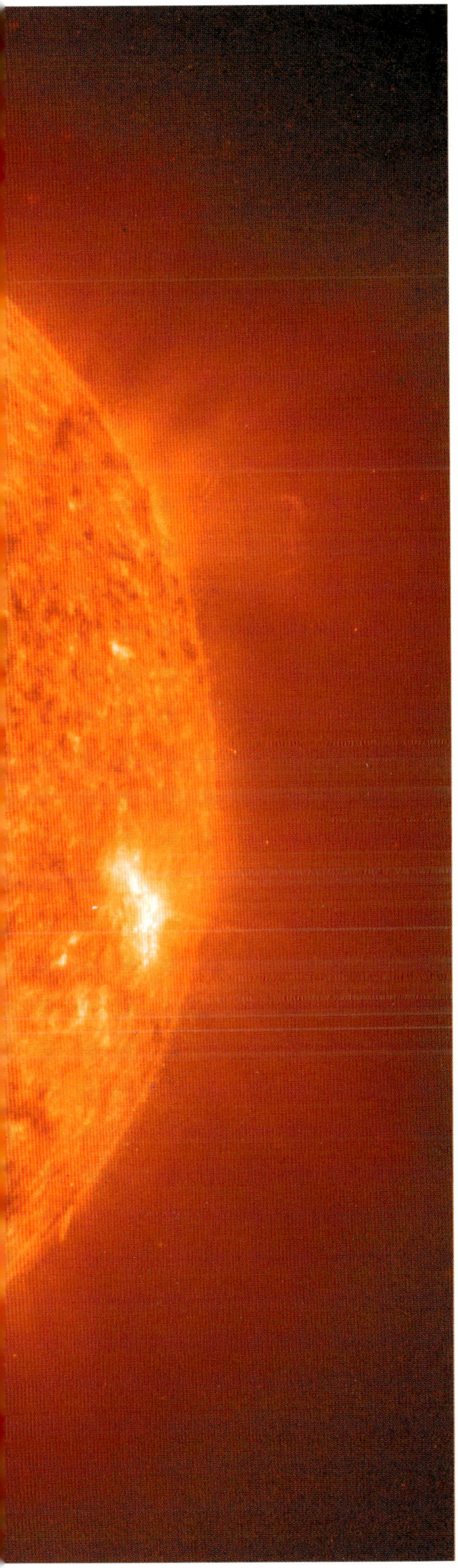

Cocinando los elementos

Esta impresionante imagen del Sol, una enorme esfera compuesta en su mayoría de hidrógeno, fue obtenida en 1997 por el Extreme Ultraviolet Imaging Telescope (EIT) de la nave SOHO, lanzada en 1995 hacia un punto en dirección al Sol a un millón y medio de kilómetros de la Tierra. Las zonas más calientes aparecen casi blancas, mientras que las zonas de coloración más oscura son más frías. Note las enormes prominencias, erupciones de gas muchas veces de mayor tamaño que la Tierra, visibles en la parte inferior izquierda. Estas erupciones ocurren cuando una gran cantidad de gas ionizado (átomos que han perdido sus electrones) escapa de la atmósfera solar hacia el medio interplanetario. Cuando apuntan hacia la Tierra, estas poderosas erupciones pueden producir efectos importantes en el ambiente terrestre y repercutir en las comunicaciones, los sistemas de navegación y hasta las redes de generación de electricidad. Las auroras boreales y australes se producen por estos fenómenos solares. Stanford-Lockhead Institute for Space Research

Capítulo 1

El origen de la energía del Sol y las estrellas fue, por mucho tiempo, un misterio. Cientos de personas dedicaron sus vidas a descubrir los secretos de las estrellas y, en tiempos modernos, se han invertido incontables horas de computación para entender los detalles de sus vidas. Ahora conocemos sus secretos.

Despertar

Es probable que durante el verano a usted le guste pasar la tarde en alguna playa, tendido sobre una arena limpia y blanca, o sentado en ella contemplando el vasto océano. Aunque el Sol se encuentra a mucha distancia, su calor se deja sentir, y usted usará una loción para protegerse de los dañinos rayos ultravioletas y lentes oscuros para mitigar la intensa radiación. Esta es la energía que alimenta la vida sobre la Tierra. La luz del Sol es ciertamente buena, y tal vez se pregunte cómo se produce.

Caminando por la orilla del mar encontrará lugares con gran variedad de especies de vida, pequeños peces, cangrejos, algas, plantas e insectos de «formas muy hermosas y maravillosas». También hallará gran diversidad de caracoles y, tal vez, coleccione alguno «más lindo que los normales», restos de vida pasada. Se preguntará de dónde habrá salido todo eso. Al final de la playa verá rocas con partes muy filosas y duras, producto de la acción de las olas al chocar contra la costa. Es evidente que se trató de un proceso muy lento y quizá se pregunte cuánto tiempo habrá llevado. Estos interrogantes no pudieron resolverse hasta la segunda mitad del siglo XX, el siglo que acaba de concluir, y a lo largo de esta historia revelaremos las respuestas.

La cromosfera y la corona solares, una atmósfera de gas ionizado a muy alta temperatura, se extiende millones de kilómetros por encima de la fotosfera solar, la región desde la que se emite la luz solar. Esta imagen, obtenida en luz ultravioleta por la nave de la NASA TRACE (Transition Region and Coronal Explorer), muestra fuentes de gas ionizado a millones de grados que fluye a lo largo de los campos magnéticos del Sol, formando arcos gigantescos, algunos de más de 500 000 km de altura.
TRACE Consortium y NASA

Habituados a las escalas terrestres, nos cuesta imaginar cuánto dista el Sol. Su distancia típica asciende a 150 millones de kilómetros (km). ¿Puede imaginárselo? Viajando a 100 km por hora tardaríamos 170 años en llegar hasta él, pero la luz, que se desplaza a la elevada velocidad de 300 000 km por *segundo*, solo invierte 8 minutos en cubrir el trayecto.

Una ley fundamental de la física afirma que nada en la naturaleza puede exceder la velocidad de la luz. La luz puede darle la vuelta a la Tierra en una décima de segundo, y llegar a la Luna en un segundo y cuarto. La inmensa velocidad de la luz, idéntica a la de cualquier onda electromagnética, nos permite hablar por teléfono con otra persona situada al otro lado de la Tierra y obtener lo que parece ser una respuesta instantánea.

El diámetro de la Tierra mide unos 13 000 km, de modo que el Sol se encuentra a 11 500 diámetros terrestres de nosotros. Si la Tierra tuviera las dimensiones de una moneda pequeña, el Sol equivaldría a una bola de unos 2 metros de diámetro ubicada a una distancia de unos 200 metros. A esta escala, la Luna, que dista 384 000 km de la Tierra, se encontraría a algo más de medio metro de nuestro planeta y solo tendría medio centímetro de diámetro.

«HUBO UNA ÉPOCA EN QUE PENSÉ QUE EL MUNDO GIRABA ALREDEDOR DE ELLA.»

La Tierra completa una órbita alrededor del Sol en un año, lo cual sirve, como se sabe, para definir el concepto de año. Esta afirmación que hoy aceptamos sin pensarla dos veces creó una gran controversia hace cuatrocientos años y llegó a causar sufrimiento a más de una persona. La doctrina católica de la época no admitía que la Tierra se moviera y no ocupara el centro de un universo creado por Dios. Por más de mil quinientos años esta concepción concordó con la cosmovisión defendida por Platón, Aristóteles y Tolomeo, y ponerla en duda significaba exponerse a un duro castigo. De acuerdo con ella, todos los objetos del universo pertenecían a esferas cristalinas impenetrables y se movían alrededor de la Tierra a una velocidad constante describiendo círculos, la figura *perfecta*. Estaban compuestos de un quinto elemento especial, la quintaesencia, que les confería una forma perfecta y les permitía moverse obedeciendo leyes diferentes a las que imperaban en la Tierra. La Luna

El sistema geocéntrico de Tolomeo tal como se ilustra en un antiguo relato del último día de la creación, *Nuremberg Chronicles* (Núremberg, 1493), de Hartmann Schedel (1440–1514). Más allá de las esferas de la Tierra, el aire, el agua y el fuego, quedaban las siete esferas con los viajeros (los planetas), seguidas por la esfera de las estrellas fijas y luego el *primum mobile*, responsable de mover todo el sistema. Dios en su trono observa su creación acompañado por nueve coros de ángeles (desde los Serafines hasta los Ángeles), cuyos nombres están escritos en latín a la izquierda de la ilustración. Los cuatro vientos se personifican en las cuatro esquinas. La semana de siete días y los nombres de estos tienen su origen en esta concepción del cosmos. Cortesía de Adler Planetarium and Astronomy Museum, Chicago, Illinois era el cuerpo más cercano a la Tierra (ella sí se desplaza alrededor de la Tierra, pero no siguiendo un círculo perfecto ni tampoco sobre una esfera cristalina) y a ella la seguían Mercurio, Venus, el Sol, Marte, Júpiter y Saturno, después del cual una octava esfera contenía las estrellas, fijas e inmutables. Más allá se encontraba el cielo, el lugar de los dioses y los escogidos. Los planetas Urano y Neptuno aún no se habían descubierto.

Este sistema centrado en la Tierra se conoce como *geocéntrico* y se popularizó a través de uno de los libros más influyentes de la antigüedad, el *Almagesto*, escrito originariamente en griego por Claudio Tolomeo y cuya traducción al árabe se publicó en el siglo IX d.C. Tolomeo vivió en Alejandría, Egipto, durante el siglo II d.C., y era reconocido como el astrónomo y geógrafo más importante de la antigüedad. Para acomodar las posiciones observadas de los planetas, que en ocasiones aparentan retroceder en su marcha por el cielo, los antiguos los montaron en círculos (llamados epiciclos), cuyos centros se desplazaban sobre otros círculos (llamados deferentes) que a su vez estaban centrados en la Tierra. De acuerdo con este esquema, Venus nunca se situaba en el lado opuesto del Sol con respecto a la Tierra, de modo que nunca se mostraba en fase llena, tal como hace la Luna cuando ella y el Sol se encuentran en lados opuestos de la Tierra. Se trataba de un sistema enorme y complejo que, cual gigantesco reloj impulsado por fuerzas divinas (el *primum mobile)*, iba describiendo oportunamente los movimientos observados de los planetas y las estrellas.

En la obra *De revolutionibus orbium coelestium*[1], publicada cincuenta y un años después de que Colón descubriera América, Nicolás Copérnico (1473-1543) postuló un sistema alternativo. Se cuenta que Copérnico vio una copia de su libro el último día de su vida, el 24 de mayo de 1543, en la localidad de Frauenburg, hoy Frombork, perteneciente a Polonia, en la costa del mar Báltico. En la actualidad, los ámbitos especializados se rigen por el dicho «publicar o morir», en alusión a la necesidad de publicar trabajos para progresar académicamente. En el caso de Copérnico, podríamos decir que publicó y pereció. Copérnico nació en Toruń, Polonia, el 19 de febrero de 1473, y sus estudios astronómicos le brindaron celebridad por toda Europa. Propuso un sistema con el Sol en el centro que se llamó *heliocéntrico* y es el aceptado hoy en día, con algunos cambios. En él, la Tierra gira sobre su eje una vez al día y se mueve alrededor del Sol siguiendo una órbita circular que completa una vez al año. En realidad, no se trataba de un sistema nuevo; se sabe que ya había sido planteado por Aristarco de Samos, filósofo griego de la escuela pitagórica nacido alrededor del año 310 a.C. Pero las noticias que tenemos son indirectas, y Aristóteles y Tolomeo ejercieron una influencia tan determinante que durmieron el sistema heliocéntrico durante mil quinientos años.

[1] «Sobre las revoluciones de los cuerpos celestes».

«USTED SABÍA CUANDO ACEPTÓ EL PUESTO, PROFESOR, QUE SE TRATABA DE "PUBLICAR O MORIR".»

Aunque hoy se hable de la *revolución copernicana*, Copérnico era cualquier cosa menos revolucionario. Postergó la publicación de su obra por muchos años, temiendo que su teoría fuera rechazada. La revolución copernicana entró por la puerta de atrás, por decirlo así, al cabo de varios años. La discordia suscitada por el sistema heliocéntrico apareció tan solo medio siglo después de la muerte de Copérnico. Para muchos, el problema de este sistema estribaba en que la Tierra quedaba relegada a la categoría de planeta, uno más entre varios, en lugar de ser el centro del universo, y eso contravenía las Sagradas Escrituras. La Iglesia católica no objetaba nada al sistema heliocéntrico siempre y cuando se presentara como una mera hipótesis con la finalidad de «salvar las apariencias», es decir, de concordar con las observaciones astronómicas. Aquella cosmovisión situaba los planetas siguiendo órbitas circu-

El sistema heliocéntrico de Copérnico ilustrado por Andreas Cellarius en *Harmonia macrocosmica* (Ámsterdam, 1661). La Luna se representa como satélite de la Tierra y Júpiter tiene cuatro lunas. Cortesía de Adler Planetarium and Astronomy Museum, Chicago, Illinois

lares alrededor del Sol en el orden que hoy conocemos: Mercurio era el más cercano al Sol y le seguía Venus, la Tierra (orbitada por la Luna), Marte, Júpiter y Saturno. Sin embargo, como el sistema heliocéntrico atribuía a los planetas una velocidad constante mientras recorrían sus órbitas circulares, no servía para predecir con precisión las posiciones de los planetas, ya que estos, en realidad, se mueven en órbitas elípticas.

Galileo Galilei, una de las figuras más conocidas en la historia de la ciencia, nació en Pisa, Italia, el 15 de febrero de 1564, tres días antes del fallecimiento del gran Michelangelo Buonarroti (1475-1564). Se le considera el padre de la física debido a su afirmación de que el libro de la naturaleza está escrito en el lenguaje de la geometría y la matemática, y a su principio de que para comprender la naturaleza es necesario observar y experimentar. Aunque el telescopio de construcción propia que usó para observar el cielo era miles de veces menos potente que los grandes telescopios modernos, logró hallazgos de gran trascendencia que publicó en 1610 en su obra *Sidereus nuncius*[2]. En ella se hablaba de montañas lunares, aunque hasta entonces se había pensado que la Luna era una esfera perfecta hecha de quintaesencia, se informaba sobre incontables estrellas «fijas» en la Vía Láctea y, más importante aún, se anunciaba el descubrimiento de las lunas de Júpiter que orbitan este gigantesco planeta. Aquello demostraba de forma inmediata que no todo giraba

[2] «Anuncio sidéreo».

alrededor de la Tierra, tal como predicaba el sistema geocéntrico. Galileo observó además las fases de Venus, incluida la fase llena, lo cual desmentía el modelo geocéntrico. Él insistió en que el sistema heliocéntrico no era solo una hipótesis necesaria para salvar las apariencias, sino la absoluta verdad, y, en consecuencia, había que reinterpretar las Escrituras. Esta afirmación y los vehementes ataques que dirigió contra quienes se opusieron a él, entre ellos varios jesuitas, le causaron dificultades con las autoridades eclesiásticas. Aunque no se diera cuenta, Galileo debió de ver también el entonces desconocido planeta Neptuno, ya que, según los cálculos, en enero de 1613 se encontraba muy próximo a la posición de Júpiter en el firmamento. Neptuno fue descubierto mucho más tarde, el 23 de septiembre de 1846, desde el observatorio de Berlín cuando Johann Gottfried Galle (1812-1910) lo buscó en el lugar del cielo indicado por el inglés John Couch Adams (1819-1892) y el francés Urbain Leverrier (1811-1877). Estos últimos, ambos matemáticos, habían calculado de manera independiente que las irregularidades observadas en la órbita de Urano, el séptimo planeta, descubierto en Inglaterra en 1787 por el astrónomo de origen alemán William Herschel (1738-1822), se debían al efecto gravitatorio de un octavo planeta.

En el año 1616, el teólogo principal de la Iglesia católica en Roma, el cardenal Roberto Bellarmino (1542-1621), informó a Galileo de que la congregación del Santo Oficio había declarado que el copernicanismo era opuesto a las Sagradas Escrituras y el libro de Copérnico se incluyó en el *Índice de libros prohibidos*, la lista negra de libros no aceptados por la Sagrada Inquisición Romana. Bellarmino notificó a Galileo que la Inquisición había prohibido no solo defender la hipótesis copernicana, sino, además, considerarla cierta.

En el año 1625, Galileo comenzó a trabajar en Florencia en su obra *Dialogo sopra i due massimi sistemi del mondo, Tolemaico e Copernicano*[3] y al publicarla, en 1632, causó una tormenta a pesar de haber pasado por la censura de las autoridades eclesiásticas. El cardenal Maffeo Barberini (1568-1644), viejo amigo y admirador de Galileo y nombrado Papa bajo el nombre de Urbano VIII en 1623, se sintió traicionado por Galileo porque su tratado defendía con claridad el sistema copernicano y, además, parecía mofarse del Papa. Al final de aquel año, Galileo, con setenta años y en mal estado de salud, fue llamado a Roma para ser juzgado por *sospecha* de herejía. Como resultado, se concluyó que su libro favorecía al sistema copernicano y que debía incluirse en aquel infame Índice, en el cual permaneció hasta el año 1822. Galileo fue declarado culpable y soportó la humillación de tener que renunciar públicamente a sus opiniones, lo cual hizo arrodillado ante sus jueces en el convento dominico contiguo a la iglesia de Santa Maria Sopra Minerva, el 22 de junio de 1633. Además, se le condenó a permanecer encarcelado en su casa de Arcetri, cerca de Florencia, para el resto de su vida, la cual llegó a su fin el 8 de enero de 1642.

[3] «Diálogo sobre los dos mayores sistemas del mundo, tolemaico y copernicano».

El Sol se pone sobre un océano Pacífico cubierto de nubes detrás de los grandes telescopios del Observatorio Europeo Austral (ESO) ubicados en la cima del cerro Paranal, a una altura de 2 635 metros en los Andes chilenos del norte. La región de Paranal, en el desierto de Atacama, ofrece uno de los mejores lugares para realizar observaciones astronómicas en el hemisferio sur. Estos cuatro telescopios con gigantescos espejos de 8 metros de diámetro pueden trabajar con independencia o conectados entre sí para formar el equivalente a un telescopio de 16 metros de diámetro. Yepun («Sirio» en la lengua mapuche) es el telescopio que se ve en primer plano con el espejo cubierto. De izquierda a derecha también se ven Antu («el Sol»), Kueyen («la Luna») y Melipal («la Cruz del Sur»). Galileo escribió: «Otras cosas, posiblemente más importantes, serán descubiertas con el tiempo por mí o por otros, con la ayuda de instrumentos similares». Estos telescopios son una maravilla de la ciencia y de la ingeniería. Galileo estaría orgulloso de nosotros. ESO

Sus restos yacen en un panteón construido en 1737 en la iglesia de la Santa Croce, en Florencia, donde también se encuentra la tumba de Miguel Ángel. A propósito, ninguna evidencia corrobora la historia de que al finalizar el juicio Galileo replicara «eppur si muove»[4], aunque cabe imaginar que esa idea le cruzó por la mente en muchas ocasiones a lo largo del juicio. Durante los últimos años de su vida escribió su tratado más importante: *Discorsi e dimostrazione matematiche intorno a due nuove scienze*[5]. Esta obra, llevada en secreto fuera de Italia y publicada en Leiden en 1638, estableció los fundamentos de la mecánica. Me parece irónico que, de no haber sido por el desafortunado conflicto con la Iglesia que le prohibió continuar con sus estudios astronómicos, quizá Galileo no habría vuelto a trabajar en esta área de la ciencia. Trescientos sesenta años después de aquella sentencia, la Iglesia católica la reconsideró y determinó que, como a Galileo no se le había condenado por herejía, no era necesario absolverlo. Como veremos más adelante, quienes no comulgaban con el dogma de la época podían enfrentar castigos mucho peores aún.

El 25 de diciembre del mismo año en que falleció Galileo, como si le cediera el testigo, nació en Woolsthorpe, Inglaterra, Isaac Newton (1642-1727), probablemente el científico más importante de todos los tiempos. La publicación en 1687 de su obra *Philosphiae naturalis principia mathematica*[6] (los

[4] «pero se mueve».

[5] «Discursos y demostraciones matemáticas concernientes a dos ciencias nuevas».

[6] «Principios matemáticos de la filosofía natural».

Principios) representa la culminación de la revolución copernicana y conforma la base de la física. Es, sin lugar a dudas, el trabajo más trascendente jamás publicado sobre ciencias físicas. Newton reconoció que sacó a la luz esta magna obra a instancias de Edmund Halley (1656-1742), al cual conocemos popularmente por el cometa que lleva su nombre. En los *Principios*, Newton formuló la ley de gravitación universal detallando el modo en que dos objetos se *atraen* mutuamente. La aplicación de esta ley y de las leyes del movimiento enunciadas asimismo por Newton, permitió calcular y predecir la posición y el movimiento de todos los cuerpos del Sistema Solar y de los objetos aquí en la Tierra. La fuerza de atracción gravitatoria que impera entre el Sol y la Tierra determina la órbita de esta. Lo mismo ocurre con el resto de los planetas. La órbita de la Luna alrededor de la Tierra depende de igual modo de la fuerza de atracción entre ambos cuerpos. Fue Newton quien estableció que la fuerza gravitatoria aumenta al crecer la masa de los objetos o al reducirse la distancia que los separa. Varía con el inverso del cuadrado de la distancia, lo cual significa que al reducir la distancia entre dos masas en un factor diez, la fuerza de atracción gravitatoria aumentará en un factor 10 al cuadrado, es decir, 100. La fuerza gravitatoria es la que nos mantiene pegados a la arena de la playa como si fuéramos esos imancitos que se adhieren en la puerta del refrigerador. Es más, ella impide que la atmósfera se pierda en el espacio y hace que cosas tales como una ballena caigan al suelo, en caso de encontrarse repentinamente flotando en el aire.

Ahora tal vez se pregunte usted que, si la Tierra atrae a la Luna, cómo es que no se nos cae encima. La respuesta consiste en que no lo hace justamente porque está en órbita alrededor de la Tierra y eso equilibra la fuerza gravitatoria con la fuerza centrífuga (igual que en el caso de los satélites artificiales). Eso mismo evita que la Tierra se precipite sobre el Sol. Si la Tierra se detuviera de pronto sobre su órbita (descuide, no puede suceder), entonces caería hacia el Sol a una velocidad cada vez mayor que la llevaría en tan solo tres meses hasta él, donde se destruiría.

La Tierra nos atrae hacia su centro; es lo que conocemos como peso. No caemos en su centro porque el suelo lo impide, excepto en las desafortunadas ocasiones en que no hay suelo, una situación bastante incómoda. De este modo, Newton unificó el cielo y la Tierra y acabó con el contraste entre el perfecto ámbito celeste, regido por leyes divinas, eternas e inmutables, y el ámbito terrestre, imperfecto y cambiante.

Newton escribió: «si he visto más allá que otros hombres, es porque me he erguido en hombros de gigantes», reconociendo el trabajo de sus predecesores. Newton falleció en el año 1727 y fue enterrado en la abadía de Westminster, en Londres. Poco antes de morir declaró: «No sé qué le pareceré al mundo, pero yo me siento como un niño jugando en la orilla entretenido en encontrar de vez en cuando una piedrecita más pulida, o un caracol más lindo que los normales, mientras el gran océano de la verdad se extiende totalmente oculto frente a mí». Las leyes físicas presentadas en los *Principios* de Newton constituyen la base de la mecánica y la gravitación, y nos han brindado las herramientas que nos han permitido descubrir en los últimos trescientos años ese «gran océano de la verdad». Los cálculos de ingeniería para construir puentes y aviones, o para enviar a los astronautas del programa *Apollo* a la Luna, se fundamentan en la física de Newton.

Una estrella llamada Sol

Somos habitantes de la Galaxia, la cual vemos desde nuestra posición en su interior como una banda difusa de luz blanca en el cielo nocturno que llamamos Vía Láctea. La Galaxia es un gigantesco disco de miles de millones de estrellas y nuestro Sol no es más que una de ellas. Al fotografiarla con un tiempo largo de exposición se aprecian formaciones indistinguibles a simple vista. Aquí se muestra una parte en dirección al centro galáctico que se encuentra en la constelación de Sagitario. Bandas oscuras de polvo interestelar se vislumbran contra la luz emitida por millones de estrellas, algunas concentradas en grupos. Se ven, además, nebulosas que emiten luz roja y otras que reflejan luz azul. Si pudiéramos ver la Galaxia desde una gran distancia, tendría un aspecto parecido al de la galaxia de Andrómeda. Note que esta imagen se parece a una ampliación de una pequeña parte de la figura de la galaxia NGC 891 que se muestra más adelante. Antares (rival de Marte), una supergigante roja 300 veces más grande que el Sol, es la estrella brillante que se ve en la parte central inferior. JPL/NASA/TABLE Mountain Observatory. Fotografía de James W. Young

A lo largo de este libro habrá que hablar de cantidades enormes, distancias inmensas y tiempos larguísimos, así que aquí están para que se vaya acostumbrando. Las cantidades se expresan en millones (1 000 000) y en billones (millones de millones, 1 000 000 000 000); en el sistema estadounidense, un billón equivale a mil millones. Las distancias cósmicas son tan grandes que no tiene sentido medirlas en las unidades que acostumbramos a usar aquí en la Tierra como, por ejemplo, el kilómetro. Un billón de ellos no nos llevaría muy lejos en el universo. Es más conveniente expresar distancias grandes tomando como referencia el tiempo que tarda la luz en recorrerlas a su enorme velocidad porque eso nos permitirá emplear números más pequeños. De este modo, diremos que la distancia de la Tierra al Sol es de 8 *minutos-luz*, en lugar de 150 000 000 de kilómetros. La distancia promedio de la Tierra al Sol se conoce asimismo como una unidad astronómica (1 au). La luz tarda unas 5 horas en llegar al planeta enano Plutón, en el cinturón de Kuiper, así que decimos que se encuentra a 5 *horas-luz* (o 40 au) del Sol.

Al contemplar el cielo nocturno pueden verse miles de puntos luminosos que son, en su gran mayoría, estrellas pertenecientes a nuestra Galaxia, una entre algo así como cien mil millones más de galaxias que pueblan el universo. Próxima Centauri, la componente menor del sistema triple de alfa Centauri, es la estrella más cercana al Sol, a 4.2 años-luz de distancia. Un *año-luz* (la distancia que atraviesa la luz en un año) equivale a 9 460 055 000 000 km; esto ilustra por qué no es práctico usar kilómetros para hablar de distancias cósmicas. A la escala de nuestro modelo anterior, en el que el Sol se situaba a 200 metros de la Tierra, Próxima Centauri se encontraría a unos 56 000 km de distancia. Esto revela que la palabra *cercana* en este contexto no significa tanta proximidad. ¡Ah, sí!, por si no se había dado cuenta, el Sol *es* una estrella, bastante ordinaria, por cierto, y obviamente la más cercana a la Tierra. La Galaxia tiene la forma de un gigantesco disco y está formada por estrellas, gas interestelar y polvo, además de materia oscura de misteriosa composición. Se estima que alberga unos 200 000 millones de estrellas, más que la cantidad de granos de arena contenidos en una playa de varios kilómetros de largo. La luz tarda 100 000 años en ir de un extremo de la Galaxia al otro; si la distancia al Sol es difícil de imaginar, ni se plantee concebir distancias galácticas. Otras galaxias distan de nosotros millones y miles de millones de años-luz. ¿Qué le

Los cúmulos de galaxias son las estructuras más grandes que conocemos en el universo. Contienen cientos o miles de galaxias que se mueven en órbitas alrededor de la parte central del cúmulo sometidas a la influencia gravitatoria colectiva de todas las galaxias que lo componen. Esta imagen, obtenida por el telescopio WIYN de 3.5 metros sobre Kitt Peak, muestra el cúmulo de galaxias Abell 98 que se encuentra a la enorme distancia de más de mil millones de años-luz. Esto quiere decir que la luz que dio lugar a esta imagen tardó mil millones de años en viajar desde el cúmulo hasta el telescopio. Casi cada punto de luz de esta foto es una galaxia; algunas son esféricas y se ven como imágenes redondas, mientras que otras tienen forma de disco y al estar de perfil se ven como imágenes alargadas. Este cúmulo está formado por cientos de galaxias, cada una de las cuales contiene miles de millones de estrellas. Mike Pierce (Indiana)/WIYN/NOAO/NSF

puedo decir? *El universo es un lugar de dimensiones inconcebibles, imposibles de imaginar.* Y, además, crece cada día que pasa.

Nuestro Sol se encuentra en lo que podríamos denominar los suburbios de la Galaxia, a unos 30 000 años-luz de su centro. La atracción gravitatoria de toda la Galaxia hace que viaje alrededor del centro a la increíble velocidad de unos 900 000 km/hora, de modo que invierte unos 250 000 000 años en completar una vuelta, lo que podría llamarse un *año galáctico*. Si observa el cielo detenidamente desde un lugar oscuro, lejos de las luces de la ciudad, notará que la mayoría de las estrellas se concentran a lo largo de una banda de luz difusa que va de un lado a otro del horizonte. Es la Vía Láctea, la imagen de nuestra Galaxia vista desde la posición que ocupamos dentro del disco. Al observarla con binoculares, o con un telescopio (basta uno pequeño como el que usó Galileo por vez primera en 1609), se comprueba que la luz difusa proviene de un sinnúmero de estrellas demasiado tenues para poder apreciarlas a simple vista.

La superficie gaseosa del Sol, la fotosfera, tiene una temperatura aproximada de 6 000 °C. Este valor es bastante elevado y supera en unas seis veces la temperatura de la lava de una erupción volcánica. A pesar de la gran distancia a la que se encuentra el Sol, sentimos su calor porque es muy grande, con un diámetro alrededor de 110 veces mayor que el de la Tierra, de ahí que en nuestro modelo anterior estuviera representado por una esfera de 2 metros de diámetro. En otras palabras, la hoguera no solo es muy caliente, sino, además, gigantesca. Por otro lado, desde el punto de vista del Sol, la Tierra no dista de él más que 115 diámetros solares, lo que la sitúa bastante *cerca* en comparación con las distancias típicas que mantienen las estrellas entre sí: varias decenas de millones de diámetros solares.

La majestuosa galaxia espiral de Andrómeda se aprecia detrás de las estrellas de nuestra Galaxia que se ven en primer plano. Andrómeda es la galaxia grande más cercana a la nuestra, a *tan solo* 3 millones de años-luz de distancia. La luz que dio lugar a esta imagen salió de la galaxia de Andrómeda hace tres millones de años, cuando nuestra especie todavía no existía. Sucedieron muchas cosas en la Tierra mientras la luz se dirigía hacia nosotros para acabar entrando en el tubo del telescopio que tomó esta imagen. Miles de millones de estrellas producen la luz difusa contra la cual se ven bandas oscuras de gas y polvo interestelar. El diámetro del disco es de unos 100 000 años-luz. También se ven dos pequeñas galaxias satélite: M32 hacia el centro inferior y NGC 205 arriba a la derecha. Estas dos galaxias se mueven lentamente en órbita alrededor de Andrómeda como las lunas alrededor de sus planetas. En primer plano vemos cientos de estrellas que pertenecen a la Galaxia, la cual también tiene dos pequenas galaxias satélites: las dos Nubes de Magallanes. Bill Schoening, Vanessa Harvey/REU program/AURA/NOAO/NSF

La producción energética del Sol, su luminosidad, equivale a 400 billones de billones de vatios. (Un billón de billones es un uno seguido de 24 ceros.) Como suele ocurrir en astronomía, se trata de una cantidad que no podemos concebir de inmediato. De hecho, si le quitáramos un cero, y en lugar de 24 fueran 23, usted no notaría ninguna diferencia que le permitiera entender mejor el número. Sin embargo, la falta de ese cero alteraría un tanto la vida en la Tierra, puesto que no podría sobrevivir a la disminución de la energía solar en un factor 10. Quizá le resulte más sencillo hacerse una idea de dicha cantidad si le cuento que el Sol genera en un segundo más energía que la que hemos consumido en toda la historia de la humanidad. El Sol emite su energía con uniformidad en todas las direcciones y nuestro planeta intercepta únicamente una parte en 2 000 millones. Esta diminuta fracción de energía solar es la que alimenta la vida en la Tierra. Parte de la energía que emite el Sol es invisible (ondas de radio, ultravioletas, infrarrojas y rayos X), mientras que la mayor parte restante la produce en forma de radiación visible y es, claro está, la que podemos ver. La radiación ultravioleta resulta peligrosa para los organismos, pero por fortuna es interceptada por una delgada capa atmosférica compuesta de ozono.

Todas las estrellas consisten básicamente en lo mismo: enormes esferas de gas luminoso. Sin embargo, presentan gran variedad de tamaños, desde un décimo de la masa del Sol y una milésima de su luminosidad en el caso de las más pequeñas (como la ya mencionada Próxima Centauri), hasta cincuenta veces la masa del Sol y cincuenta mil veces su luminosidad en el caso de las gigantes (como Betelgueuse, en Orión). Nuestro Sol no es una estrella muy distinta de las que pueden verse en el firmamento nocturno, aunque en su mayoría son más pequeñas. Casi todas las estrellas parecen tenues porque se encuentran muy alejadas de nosotros, del mismo modo que una luz brillante apenas se divisa desde muy lejos. La cercanía del Sol nos permite estudiar sus propiedades con gran detalle y obtener, así, la clave para comprender las estrellas.

La humanidad ha observado y especulado sobre la naturaleza de las estrellas desde la antigüedad, pero fue en el recién acabado siglo pasado cuando logramos entender su estructura, evolución, y el origen de la enorme energía

Esta es la galaxia espiral NGC 891 (la número 891 en el *Nuevo Catálogo General de Nebulosas y Cúmulos de Estrellas* que se publicó en 1888 como el volumen 49; primer número de las Memorias de la Sociedad Real de Astronomía de Inglaterra). Esta galaxia, a 10 millones de años-luz de distancia, está orientada de perfil, de manera que vemos el disco de gas interestelar contra la luz de un sinnúmero de estrellas. Las estrellas brillantes que se encuentran en primer plano pertenecen a nuestra Galaxia. Se han catalogado millones de galaxias, muchas de ellas a más de 1 000 millones de años-luz de distancia. Blair Savage, Chris Howk (U. Wisconsin)/N. A. Sharp (NOAO)/WIYN/NOAO/NSF que producen. Las estrellas se componen sobre todo de hidrógeno (un 75% de su masa) y helio (un 25%), con pequeñas cantidades de los demás elementos más pesados de la tabla periódica. Por cierto, el helio se descubrió porque, estudiando el Sol, los astrónomos notaron que uno de los gases que lo componía era un elemento hasta entonces desconocido, y lo llamaron helio (del griego *helios*, «Sol»). El gas de una estrella forma una esfera que se mantiene en equilibrio entre la fuerza gravitatoria de su propia masa, que tiende a colapsarla, y la presión que ejerce hacia fuera el gas caliente. Hace cien años no se entendía que la enorme luminosidad del Sol pudiera mantenerse durante un tiempo mínimo de cuatro mil quinientos millones de años, la edad de la Tierra calculada a principios del siglo pasado a partir de mediciones radioactivas de la antigüedad de rocas y meteoritos. Parte de la respuesta la dio Albert Einstein (1879-1955), quien formuló la teoría de la relatividad y su famosa ecuación $E = mc^2$.

Materia de átomos

Einstein, a quien podemos situar junto a Newton en la cumbre del pensamiento humano acerca de nuestro mundo físico, nació en Ulm, Alemania, el 14 de marzo de 1879. Tras graduarse en el Instituto Tecnológico Federal Suizo en 1900, encontró trabajo como técnico en la Oficina de Patentes de la ciudad de Berna. Conservó ese puesto hasta 1909, y durante ese tiempo desarrolló varios estudios teóricos que acabaron revolucionando la ciencia. La física de Newton pasó a convertirse en un subconjunto de la de Einstein, que incorporaba una concepción más amplia y fundamental del mundo natural, expresada en sus teorías de la relatividad y de la gravitación. El premio Nobel de Física del año 1921 se le otorgó a Einstein, curiosamente no por estas nuevas teorías, sino por su explicación del efecto fotoeléctrico basándose en la nueva teoría de la mecánica cuántica, igualmente revolucionaria. Sin duda, en 1921 el mundo de la física aún no podía comprender el profundo e innovador significado de la nueva física de Einstein.

La física atómica y nuclear, desarrollada a principios del siglo pasado, constituyó la otra parte necesaria para entender el funcionamiento del Sol y de las otras estrellas. La fórmula de Einstein dice que la masa y la energía guardan tal relación que si se pudiera convertir masa (la m en la fórmula) en energía (la E en la fórmula), la cantidad de energía obtenida equivaldría a multiplicar la masa por el cuadrado de la velocidad de la luz (la c en la fórmula). Si, como hemos visto, la velocidad de la luz asciende a una cantidad muy alta, entonces su cuadrado será más grande aún, de modo que una cantidad diminuta de masa corresponde a una energía inmensa. Es evidente que esto solamente es posible en procesos que parten de una masa determinada y acaban con menos masa, de manera que la diferencia se convierta en energía. Como las estrellas se componen sobre todo de hidrógeno, es lógico investigar si alguna reacción con este elemento puede dar lugar a un proceso semejante.

Pero antes de indagar en ello, debo contarle algo acerca de los átomos, que componen todo lo que nos rodea, incluidos nosotros. Los átomos constituyentes de toda la materia constan de un núcleo, formado por protones (con carga eléctrica positiva) y por neutrones (carentes de carga eléctrica), rodeado por una nube de electrones. El número de electrones suele igualar al número de protones que hay en el núcleo. Cada electrón tiene tanta carga eléctrica como un protón, pero de signo opuesto, por lo que el átomo, visto desde fuera, es eléctricamente neutro. Casi toda la masa de un átomo se localiza en su núcleo, ya que la masa del electrón es unas 2 000 veces menor que la del protón o el neutrón, que tienen masas casi iguales. El número de protones inmersos en el núcleo de un átomo (el *número atómico)* determina su naturaleza química. Por ejemplo, un elemento con 26 protones sería el hierro, el elemento más común de la Tierra, el cual suele tener también 30 neutrones. El *número de masa atómica* del hierro, el total de neutrones y protones que alberga en su núcleo, equivale a 56 (26 + 30) y se escribe como un exponente delante del símbolo del elemento: ^{56}Fe. Un caso de átomo raro, con 77 protones, lo encontramos en el iridio (^{192}Ir); y, por ejemplo, el oro, bastante frecuente en sus joyas, tiene 79 protones (^{197}Au).

El carbono, el elemento más importante para la vida, tiene 6 protones y, por lo general, 6 neutrones (de modo que escribimos ^{12}C, y decimos carbono-12), pero existe una variedad menos común de este elemento con 7 neutrones (^{13}C, carbono-13) y otra con 8 neutrones (^{14}C, carbono-14). A estos se los llama *isótopos* del carbono. Los isótopos de un elemento cualquiera tienen propiedades químicas idénticas, ya que cuentan con el mismo número de protones, pero acusan ligeras diferencias de masa. Algunos isótopos son inestables y con el tiempo decaen espontáneamente a una forma distinta. Estos elementos se llaman radiactivos, y decaen de manera que la mitad de la materia inicial se transforma al pasar cierto tiempo denominado *vida media*. Por ejemplo, el carbono-14 (^{14}C) decae a nitrógeno-14 (^{14}N) con una vida media de 5 730 años. En el proceso, un neutrón se transforma en un protón emitiendo un electrón. Como veremos más adelante, los elementos radiactivos ofrecen una herramienta muy importante para obtener la edad de rocas y fósiles. Asimismo, descubriremos que el iridio, un elemento casi inexistente en la superficie terrestre pero común en meteoritos, guarda una relación sorprendente con esta historia.

La tabla periódica de los elementos los presenta en orden creciente de número atómico. Existen 92 elementos naturales, desde el hidrógeno hasta el uranio (^{238}U), cada uno con un protón más en el núcleo que el anterior. Estos elementos se combinan para dar lugar a moléculas tan simples como la del agua, que se compone de un átomo de oxígeno y dos de hidrógeno (H_2O), o la del oxígeno que respiramos, formado por dos átomos de oxígeno (O_2). (El oxígeno atómico es venenoso.) Pero existen además otras moléculas tan complejas que contienen millones de átomos, como la de ácido ribonucleico (ARN), que,

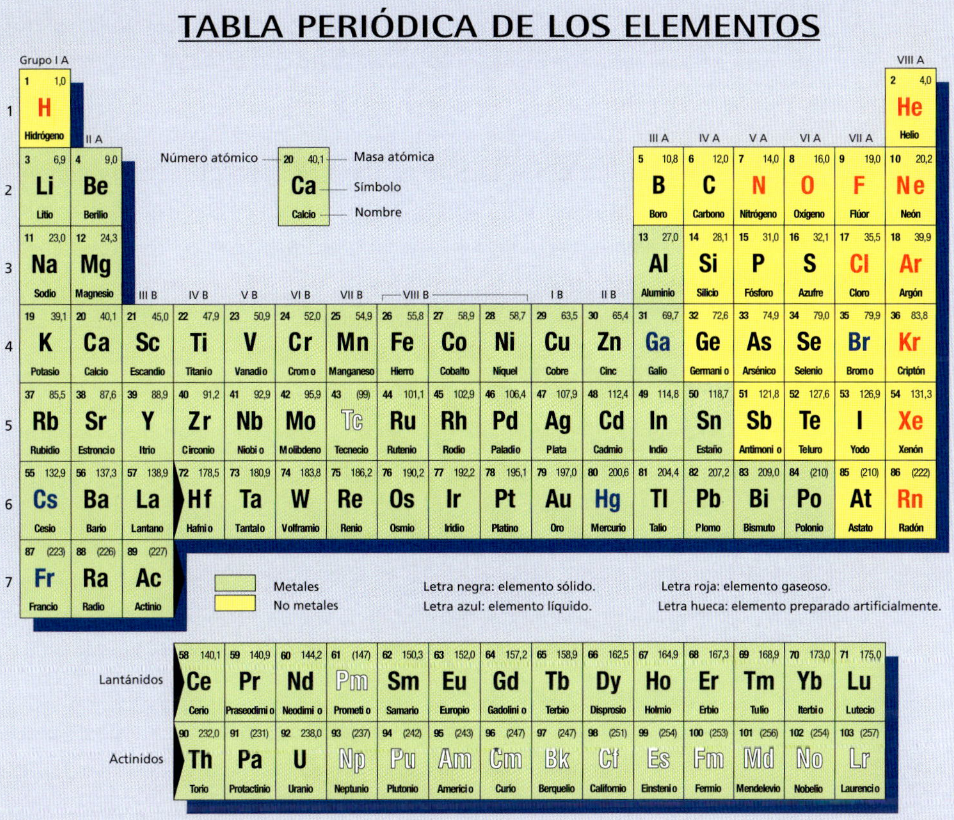

La tabla periódica de los elementos los ordena según número atómico creciente, el cual es el número de protones que hay en el núcleo del átomo.
Al inicio del universo, hace unos 15 mil millones de años, los únicos elementos que se produjeron fueron el hidrógeno, el helio y trazas de litio, berilio, y boro. *Los elementos más pesados no existían.* Aparecieron como resultado de reacciones nucleares dentro de las estrellas y en explosiones de supernovas.

como veremos, es un componente fundamental de nuestras células que consiste en una larga cadena de carbono, hidrógeno, oxígeno, nitrógeno y fósforo. Los organismos están constituidos justamente por estos elementos biogénicos esenciales para la vida, además de azufre, calcio y trazas de otros elementos.

Reflexionemos por un momento. Todas las cosas de nuestro mundo, incluidos usted y yo (perdone el apelativo de *cosas)*, lo que comemos y bebemos y la desconcertante variedad de fenómenos que observamos, son la complicada manifestación de un sistema muy simple construido con noventa y dos combinaciones diferentes de tan solo tres partículas: neutrones, protones y electrones. Estos elementos (en la mayoría de los casos bastan unos pocos) pueden crear moléculas orgánicas que contienen carbono y son los componentes de todos los seres vivos o de los minerales que forman las rocas. Los enlaces que atan a los átomos en una molécula o en un mineral resultan de fuerzas eléctricas generadas por las diferentes configuraciones adoptadas por los electrones en sus átomos constituyentes. La maravillosa diversidad de fenómenos que observamos surge, con raras pero importantes excepciones, de reacciones químicas entre estos compuestos, los cuales se combinan o se dividen para formar otros nuevos. Estas reacciones *químicas* requieren energía en algunos casos y, en otros, la liberan, pero la identidad de los átomos participantes nunca cambia. Sin embargo, las reacciones *nucleares* alteran la identidad de los átomos participantes, de manera que, como se verá, transforman un elemento en otro.

El secreto del Sol

El núcleo del átomo de hidrógeno (^{1}H), el más simple de la naturaleza, se compone únicamente de un protón, mientras que el de helio, el siguiente elemento de la tabla periódica, consiste en 2 protones y 2 neutrones (^{4}He). Quizá aún recuerde de algún curso de física que tuvo que tomar que «cargas iguales se repelen»; pues bien, eso es lo que ocurre entre dos protones. La fuerza de repulsión aumenta si disminuye la distancia entre los protones, de manera que cuando están muy cerca se vuelve muy intensa. Para que puedan producirse reacciones nucleares, los protones y los neutrones implicados tienen que llegar a pegarse, porque solo a distancias muy cortas empieza a operar una fuerza de la naturaleza distinta, la *fuerza nuclear*. Esta, la fuerza más potente de la naturaleza, mantiene los protones en el núcleo a pesar de la repulsión eléctrica (porque tienen cargas iguales).

Consultando la tabla periódica verá que el peso atómico (que es la masa expresada en unidades de un doceavo de la masa del carbono-12) del hidrógeno es 1.008, mientras que el del helio equivale a 4.003. Observará, además, que la masa del helio no llega a igualar la masa de cuatro núcleos de hidrógeno (4.032) por siete décimas de uno por ciento (0.7%). Por lo tanto, si se pudieran convertir cuatro átomos de hidrógeno en uno de helio, entonces, de acuerdo con la fórmula de Einstein $E = mc^2$, obtendríamos una energía equivalente a ese déficit de masa. Bueno, ¿se imagina lo que sigue? No solo es posible, sino que además constituye la base de las reacciones termonucleares que ocurren en las entrañas de las estrellas. Las enormes temperaturas que albergan en sus regiones centrales mueven los protones con tanta energía que estos consiguen vencer la fuerza eléctrica de repulsión y acercarse hasta tal punto que la fuerza nuclear se vuelve efectiva. En consecuencia, el requisito fundamental para que se produzcan estas reacciones nucleares es que imperen temperaturas altísimas (el elemento *termo* del término *termonuclear)*, como ocurre en el centro del Sol, donde la temperatura alcanza unos inauditos 15 millones de grados Celsius debido a la presión colosal que ejerce la enorme masa del Sol, que asciende a unas 330 000 veces la masa de la Tierra. A tales temperaturas, la materia se comporta como un gas, a pesar de que en su centro el Sol

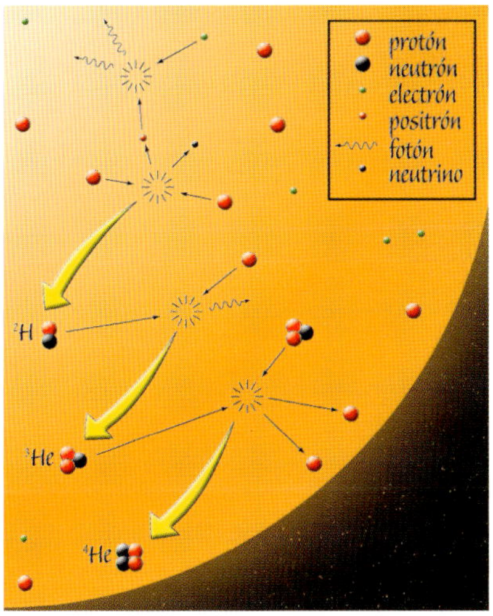

El proceso fundamental en una estrella. En la parte central de una estrella como el Sol ocurren las reacciones nucleares que convierten cuatro núcleos de hidrógeno en un núcleo de helio, tal como se ilustra. La primera reacción, muy lenta, convierte dos protones en un núcleo de deuterio (^2H) y produce un neutrino y un positrón. El deuterio se combina rápidamente con otro protón para producir el isótopo liviano de helio (^3He), el cual se combina con un neutrón de otro helio-3 para producir por último el isótopo normal de helio (^4He). Los positrones que se generan se aniquilan enseguida al encontrarse con electrones produciendo energía adicional, mientras que los neutrinos se escapan del Sol. Por fortuna, el isótopo helio-2 (2 protones) no existe en la naturaleza, de otro modo este proceso ocurriría muy veloz y las estrellas no durarían mucho.
José F. Salgado

tiene una densidad alrededor de 20 veces mayor que la del hierro. Si la masa del Sol fuera unas 10 veces inferior, no albergaría en su centro una temperatura suficiente para que se produjeran estas reacciones. Así, no esperamos encontrar estrellas con masas menores a un décimo de la del Sol y, de hecho, aún no hemos descubierto ninguna.

La cadena de reacciones termonucleares, detallada en la figura, comienza con la conversión de un protón en un neutrón, lo cual produce, además, dos partículas nuevas, a saber, un positrón y un neutrino. El positrón es una partícula hecha de lo que se llama antimateria. Es idéntica al electrón, pero tiene carga eléctrica opuesta, o sea, positiva. Cuando la materia se encuentra con la antimateria, se convierte instantáneamente en energía, se aniquila. Cada partícula de la naturaleza cuenta con su antipartícula. Hay antiprotones y antineutrones que nos permitirían construir antiátomos y antimoléculas. Podríamos imaginar un antimundo en algún lugar remoto de otra galaxia, aunque hasta el presente no hemos encontrado ninguna evidencia de su existencia. Desde la distancia, un antimundo tendría el mismo aspecto que nuestro mundo porque la materia y la antimateria emiten el mismo tipo de luz visible. Los antiautos parecerían iguales a los autos y las anticiudades idénticas a las ciudades. No podríamos distinguir entre una antipersona y una persona. Por lo tanto, sería prudente que al explorar mundos jamás visitados el capitán Kirk se cuidara mucho antes de estrecharle la mano a un extraño. En el centro del Sol, el positrón recién creado se encontrará rápidamente con uno de los muchos electrones allí presentes, y se aniquilará generando energía adicional.

El neutrino, por su parte, es una partícula escurridiza que apenas interacciona con la materia. Por consiguiente, casi todos los que se producen en el Sol escapan de su centro con una probabilidad infinitesimal de encontrarse con un átomo en el interior del Sol. Asimismo, la mayoría de ellos atraviesa la Tierra. Por cierto, cada segundo unos 50 billones de neutrinos solares bombardean nuestro cuerpo, desde arriba durante el día y desde abajo por la noche, y si usted no estuviera leyendo esto nunca lo sabría. A pesar de tener una naturaleza tan esquiva, se produce una cantidad tan vasta de neutrinos que unos pocos acaban encontrándose y reaccionando con algún átomo, lo cual permite detectarlos. Esto es precisamente lo que varios experimentos han tratado de hacer capturando algunos neutrinos solares para confirmar de manera directa que, de hecho, estas reacciones nucleares ocurren en el centro del Sol.

La primera reacción de la cadena se produce a un ritmo muchísimo más lento (en un enorme factor 10^{18}, un uno seguido de 18 ceros) que las siguientes, de modo que toda la cadena es relativamente lenta. De no ser así, el Sol y todas las estrellas se habrían consumido hace tiempo mediante procesos explosivos. Tras la primera reacción que genera los neutrones, estos se pueden combinar de inmediato con un protón (en este caso no hay repulsión) y formar un núcleo de deuterio (^2H), un isótopo pesado del hidrógeno. Al instante, el deuterio se combina con otro protón produciendo un isótopo liviano del helio (^3He), que a su vez se combina con otro neutrón para dar lugar, al fin, al helio común (^4He). La horrible bomba de hidrógeno consiste en un dispositivo que se sirve de reacciones idénticas a las que ocurren en el centro del Sol, pero partiendo de los isótopos más pesados del hidrógeno, el deuterio o el tritio (un protón con dos neutrones), lo que permite que las reacciones sean instantáneas y explosivas. La elevada temperatura que se precisa se crea usando como detonador una bomba atómica basada en el uranio.

El premio Nobel de Física de 1967 se le otorgó a Hans Albrecht Bethe (1906-2005), físico de origen alemán, por sus contribuciones a la teoría de la generación de energía en el seno de las estrellas.

Un detalle notable de la fuerza nuclear es que no tiene bastante potencia como para que dos protones permanezcan juntos en una configuración estable. Se necesita un neutrón adicional para aportar suficiente fuerza nuclear y contrarrestar la repulsión entre los protones. Esta es la razón de que el isótopo liviano del helio (^3He) sea estable. Por suerte no existe un isótopo del helio aún más liviano, compuesto por 2 protones (^2He), porque en tal caso las reacciones termonucleares que tienen lugar en el centro de las estrellas no se frenarían ante la necesidad primaria de producir neutrones. Lo más interesante de todo esto consiste en que si la fuerza nuclear fuera tan sólo un 4% más potente, el ^2He sería estable y usted no estaría leyendo esto. En la naturaleza existen otros casos en los que si el valor de una cantidad fundamental tuviera valores algo distintos de los reales, el universo sería muy diferente, tanto que la historia que le estoy relatando no habría ocurrido. Algunas personas ven en ello un significado muy profundo, pero tal vez indique simplemente que si las cosas no fueran como son, nosotros no estaríamos aquí para reflexionar sobre ellas.

Cada segundo que pasa, en el centro del Sol se transforman en energía 5 millones de toneladas de materia, es decir, cada segundo el Sol se torna más liviano. En el transcurso de sus cuatro mil quinientos millones de años de vida, el Sol ha convertido una cantidad gigantesca de masa en energía que asciende a unas 100 veces la masa de la Tierra. Para el Sol, se trata de valores insignificantes, equivalentes a tres diezmilésimas partes de su masa, que no le afectan en absoluto.

Sabemos que el desarrollo de vida inteligente en la Tierra llevó unos cuatro mil millones de años. Por suerte, las estrellas como el Sol se mantienen en equilibrio estable gracias a un mecanismo sencillo que impide un fin prematuro de su (y nuestra) existencia, y que guarda relación con una propiedad general de los gases por la cual se calientan al comprimirse y se enfrían cuando se expanden. La velocidad a la que se producen las reacciones nucleares en el centro del Sol depende de la temperatura, de tal forma que si esta aumenta las reacciones se desencadenan más deprisa, y viceversa. Si, por alguna razón, ascendiera la temperatura, la mayor rapidez de las reacciones y de la producción energética incrementaría la presión interna, de modo que el centro se expandiría, provocaría un

LA VIDA DEL SOL

Las reacciones termonucleares que convierten en el centro del Sol cuatro núcleos de hidrógeno (protones) en uno de helio (compuesto por dos protones y dos neutrones), con la consiguiente liberación de energía, se pueden abreviar del modo que sigue:

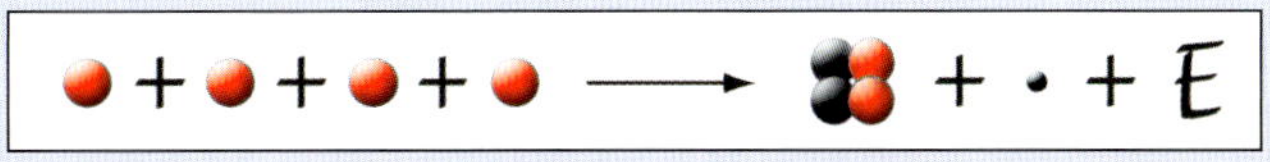

Conociendo algunos datos de laboratorio, resulta sorprendentemente fácil calcular el tiempo (T) que durará el Sol. Veamos cómo se hace: alrededor del 10% del hidrógeno del Sol* se encuentra cerca del centro a una temperatura lo bastante elevada (15 millones de grados) como para que se produzca la reacción que convierte el hidrógeno en helio. T se obtiene multiplicando el total de «combustible» disponible (en este caso el 10% de la masa del Sol: 2×10^{29} kilogramos -kg-) por la energía obtenida de cada kilogramo (que por medidas de laboratorio sabemos que asciende a 6×10^{14} julios por kilogramo -J/kg-), y dividiendo el resultado entre el ritmo con que el Sol libera esta energía al espacio (4×10^{26} vatios, o julios por segundo -J/s). Así obtenemos:

$$T = \frac{2\times10^{29}\ \text{kg}\times6\times10^{14}\ \text{J/kg}}{4\times10^{26}\ \text{J/s}} \sim 3\times10^{17}\ \text{s} \sim 10\ 000\ 000\ 000\ \text{años}$$

Por tanto, el Sol puede existir durante diez mil millones de años

* La masa del Sol se conoce a partir de la ley de Kepler, que relaciona el año terrestre, la distancia al Sol, la masa de la Tierra y la masa del Sol. Conociendo las tres primeras cantidades obtenemos la cuarta.

descenso de temperatura y devolvería el equilibrio. Por otro lado, si bajara la temperatura, la presión descendería, el centro se comprimiría y la temperatura volvería a subir, lo cual generaría más energía y restablecería el equilibrio. Esta autorregulación funciona como un termostato y opera mientras duren las reacciones, que en el caso del Sol rondará los diez mil millones de años, tal como se explica en el recuadro.

El resultado de este cálculo sencillo (no se alarme, es el único que le mostraré en este libro) no difiere del que se obtiene a partir de operaciones matemáticas más elaboradas que incluyen multitud de detalles. Vemos, por tanto, que nuestro Sol se encuentra hacia la mitad de su vida, lo cual, sin duda, le permitirá dormir tranquilo esta noche. Diferentes estrellas arrojan resultados distintos, pero la conclusión fundamental es que las estrellas no son eternas (tampoco lo son los diamantes): también ellas *nacen, se desarrollan y mueren.*

Aunque las estrellas más masivas que el Sol disponen de mayores cantidades de hidrógeno para generar energía, en su centro imperan temperaturas tan elevadas que lo consumen con mucha más rapidez, y, de hecho, tienen vidas más cortas. Por ejemplo, la vida de una estrella con 10 masas solares solo dura algunas decenas de millones de años, un instante de tiempo cósmico. Por lo tanto, las estrellas muy masivas tienen que haber nacido «recientemente», y eso permite a los astrónomos detectar los lugares donde nacen y mueren estrellas. En cambio, las estrellas con poca masa (digamos la mitad de la del Sol) duran muchos miles de millones de años.

El futuro

¿Qué ocurre, entonces, cuando una estrella consume todo el hidrógeno disponible en su centro? La respuesta depende de la masa de la estrella. Lo que queda es un centro lleno de átomos de helio y sin reacciones productoras de energía que conserven la presión, de modo que se pierde el equilibrio que mantuvo a la estrella durante toda su vida. La estrella comienza entonces a colapsarse, sometida a la implacable fuerza que ejerce su propia gravitación, hasta que la temperatura central aumenta lo suficiente como para que se desencadenen reacciones de fusión con helio, lo cual dará lugar a elementos más pesados aún. Se necesitan temperaturas más elevadas, de unos 100 millones de grados Celsius, para poder contrarrestar la fuerza de repulsión entre los núcleos de helio, con el doble de carga eléctrica que el núcleo de hidrógeno. Al mismo tiempo, alrededor del centro de la estrella se forma un cascarón en el que se inicia la fusión del hidrógeno debido a las temperaturas más altas que imperan allí. El incremento de producción energética en el centro provoca una expansión de las capas exteriores de la estrella, y esta aumenta de tamaño hasta transformarse en lo que se llama una *gigante roja; roja* porque, al expandirse, la superficie se enfría y se torna de ese color, y *gigante* porque eso es lo que es.

Tres átomos de helio pueden combinarse para dar lugar a carbono, y este a su vez puede combinarse con otro átomo de helio para producir oxígeno, neón y magnesio. Si la estrella dispone de suficiente masa, puede albergar en su centro temperaturas lo bastante altas como para crear elementos más pesados aún (como silicio, níquel y hierro) a partir de reacciones nucleares con carbono y oxígeno. Todas estas reacciones adicionales no alargan demasiado la vida de una estrella, porque ocurren muy rápido, mucho más que las reacciones iniciales con hidrógeno. En astronomía, esta etapa de gran estabilidad en la existencia de una estrella se denomina *secuencia principal.* A temperaturas tan elevadas, muchas reacciones nucleares ocurren de forma simultánea, de manera que los núcleos chocan constantemente entre sí y contra los protones y neutrones que viajan a grandes velocidades, y en ocasiones se desbaratan para volver a reaccionar en la colisión siguiente. *Una estrella es un enorme caldero en el que se «cocinan» algunos de los elementos de la tabla periódica,* proceso que conocemos como *nucleosíntesis.*

La nebulosa Anular en la constelación de la Lira es un cilindro de gas brillante que, observado desde nuestra perspectiva, se aprecia como un círculo de luz. Se encuentra a una distancia de unos 2 000 años-luz y tiene un diámetro de un año-luz. La pequeña estrella central, una enana blanca, es lo que queda después de perecer la estrella cuya masa original era algo mayor que la del Sol. Si dentro de seis mil millones de años alguien observara en nuestra dirección, vería algo similar que le mostraría la muerte del Sol. Hubble Heritage Team (AURA/STSCI/NASA)

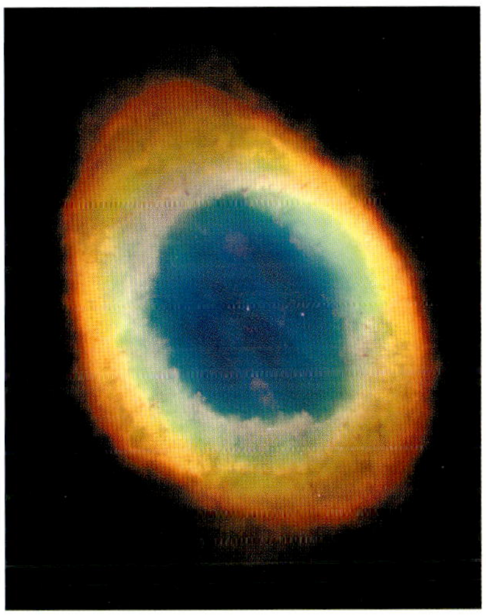

En cierta etapa de su historia, toda estrella lo bastante masiva desarrolla varios cascarones concéntricos a diferentes temperaturas en cada uno de los cuales predomina una reacción termonuclear determinada, de manera que la esfera central alberga las temperaturas más altas y contiene átomos de hierro. En esta fase, el tamaño de la estrella se habrá multiplicado en un factor de varios cientos, su producción energética habrá aumentado en un factor de muchos miles, y la temperatura de su superficie habrá disminuido hasta tal punto que la estrella se verá de color rojo. Betelgueuse, la segunda estrella más brillante de Orión, es una supergigante con la mitad de la temperatura del Sol, pero 50 000 veces más luminosa y con un tamaño tan descomunal que si se encontrara donde está el Sol su superficie llegaría hasta Júpiter. Al observarla en el firmamento se aprecia de color rojizo.

Nuestro Sol es una estrella de masa relativamente baja que no le permitirá producir elementos pesados. Modelos detallados de la evolución del Sol indican que en el momento en que se formó el Sistema Solar tenía una luminosidad un 30% inferior a la actual, y que esta ha ido aumentado de manera progresiva. Este incremento paulatino continuará de tal modo que en varios miles de millones de años la luminosidad del Sol habrá aumentado en un 10%, lo cual provocará una subida considerable de la temperatura terrestre y la consiguiente pérdida al espacio del vapor de agua presente en la atmósfera. Las grandes formas de vida terrestre sucumbirán a este drástico cambio ambiental. La luminosidad solar continuará ascendiendo y en algún momento evaporará los océanos y calcinará los continentes. ¡Ni qué hablar del calentamiento global! Nuestro planeta quedará devastado.

No obstante, nuestra especie solo lleva habitando este planeta un par de centenares de miles de años, de modo que mil millones representan un periodo temporal interminable. Sin duda, habrá que superar muchas otras barreras antes de tener que preocuparnos por esta, la última de todas. Cuando comience la fusión del helio, dentro de unos cinco mil millones de años, la luminosidad del Sol aumentará en un factor 1 000 en un intervalo relativamente corto de tiempo de medio millón de años. La superficie de nuestro gigantesco Sol enrojecido se hinchará hasta casi alcanzar la órbita terrestre y cubrirá amenazante la mitad del cielo. En esta etapa final de su vida, el Sol lanzará al espacio grandes cantidades de gas y perderá una fracción considerable de su masa, por lo que disminuirá la atracción gravitatoria que ejerce sobre la Tierra y, en consecuencia, nuestro planeta se irá alejando poco a poco del Sol. Si el Sol se hinchara hasta alcanzar la órbita de la Tierra, esta se precipitaría lentamente hacia el Sol debido a la fricción con la atmósfera solar, y nuestro planeta, incinerado, pasaría al olvido. Pero si la Tierra lograra escapar del abultado Sol durante el alejamiento, tal vez conseguiría eludir esta muerte abrasadora, a medida que el remanente de la estrella se fuera enfriando y replegando hacia el centro, y acabaría congelada para siempre, sin memoria del pasado.

Lynette Cook
'85

La fertilización del espacio

Cortesía de Morrison Planetarium. Obra de Lynette R. Cook

Capítulo 2

El destino que le aguarda a una estrella cuando concluye la plácida etapa de su vida que se alimenta de la fusión del hidrógeno, depende de su masa. Algunas estrellas mueren mediante procesos violentos, mientras que otras se disipan lentamente.

Oro y platino

En el siglo XVIII descubrir un cometa era, como hoy, un camino rápido hacia la fama. De modo que el astrónomo francés Charles Messier (1730-1817) elaboró un catálogo de nebulosas (objetos que al telescopio muestran un aspecto nebuloso) para no confundirlas con posibles cometas y evitar, así, perder el tiempo. El primer objeto de ese catálogo, M1, se encuentra en la constelación de Tauro. Messier no podría haber imaginado cuando lo observó en 1758 que, unos doscientos años más tarde, M1 se convertiría en uno de los objetos más estudiados por los astrónomos. Desde luego, los astrónomos no consideran que hayan desperdiciado el tiempo estudiando esta nebulosa. William Parsons (1800-1867), astrónomo irlandés, tercer conde de Rosse y constructor del telescopio más grande del siglo XIX, observó M1 alrededor del año 1850. Este objeto recibe el nombre popular de nebulosa del Cangrejo, porque con algo de imaginación se aprecia cierto parecido entre los dibujos que hizo de ella Parsons y la forma de un cangrejo. Quienes observaban el cielo en la antigüedad ya notaban que en ocasiones alguna estrella experimentaba un aumento repentino de brillo que la hacía lucir con mucha intensidad durante un corto espacio de tiempo, en contra de la idea generalizada en la época que consideraba las estrellas inmutables. A veces hasta aparecía una estrella durante varias semanas o meses donde antes no se veía nada, de ahí que se las llamara *novas*.

Eso mismo se ha observado también en estrellas que se encuentran a distancias muy grandes, dentro de otras galaxias, y como eso indica con claridad que experimentan un incremento enorme de brillo, mucho mayor que las novas, a estas se las designó *supernovas*.

Según relatan las crónicas, en el año 1054 astrónomos chinos quedaron sorprendidos con la aparición de una estrella nueva en la constelación de Tauro. Lucía con un brillo seis veces mayor que el del planeta Venus, que suele ser el astro más brillante del firmamento nocturno, y su posición coincidía con la ubicación de la nebulosa del Cangrejo. Esta nebulosa dista de nosotros unos 5 000 años-luz, es decir, se halla dentro de nuestra Galaxia, ya que, como recordará, esta mide 100 000 años-luz. Los estudios del gas en la nebulosa realizados al inicio del siglo pasado revelaron que se estaba expandiendo a la vertiginosa velocidad de unos 1 500 km/s, lo que equivale a la increíble cifra de 5 millones de kilómetros por hora. Al extrapolar hacia el pasado (es decir, ver la película al revés), se demostró sin lugar a dudas que se trata del vestigio de la estrella nueva observada por los chinos en el año 1054. Es curioso que no hayamos encontrado crónicas europeas donde se mencione este evento, acaso porque a nadie le interesó reseñarlo, o tal vez porque simplemente no se creía que algo así pudiera ocurrir, dado que las estrellas se suponían «fijas e inmutables». Las propiedades de la nebulosa del Cangrejo coinciden con lo esperable tras una explosión. En efecto, lo que observamos es lo que quedó después de que una estrella con una masa 8 veces mayor que la del Sol pereciera en un cataclismo colosal tras desencadenar todas las reacciones nucleares posibles: una supernova. De las dos estrellas tenues que se divisan cerca del centro de la nebulosa, la más meridional resulta muy peculiar porque tiene una superficie extremadamente caliente. Esta estrella, que en apariencia se halla en el centro de la explosión, guardaba una sorpresa para los astrónomos, como veremos más adelante.

El hierro, el elemento más abundante de la Tierra, es especial no solo porque aquí lo usamos para fabricar gran variedad de objetos, sino porque en el contexto de esta historia establece un punto crítico en la evolución de esas estrellas poco frecuentes cuya masa supera en unas 8 veces la del Sol. En términos cósmicos, estas estrellas tienen una vida corta que apenas dura unos pocos millones de años, esto es, un instante cósmico. Una vez que la mayoría del material del centro de una estrella masiva se convierte en hierro debido a los procesos de nucleosíntesis, el astro no puede continuar *produciendo* energía. Ahí estriba la razón de que el hierro sea un elemento especial. Cuando carece de la fuente de energía que genera la presión interna necesaria para mantener el equilibrio, la estrella se colapsa bajo su propio peso. En un santiamén se forma el infierno. Por un breve instante, mientras la estrella se colapsa, la temperatura aumenta a valores sin precedentes y ocasiona un relámpago de reacciones nucleares. En una fracción de segundo, la masa central de la estrella se compacta en un factor de un millón y alcanza densidades increíblemente altas. Los protones y electrones del centro se combinan para formar neutrones, lo cual genera un neutrino por cada neutrón que se crea en el proceso.

De este modo se producen cantidades prodigiosas de neutrinos, mientras que el material que rodea el centro adquiere una densidad altísima, mil millones de veces superior a la de la Tierra. Los neutrinos, que emergen del centro a la velocidad de la luz, empujan hacia el espacio a gran velocidad las densas capas exteriores de la estrella agonizante. Entonces el astro se aniquila en una explosión titánica dando lugar a uno de los sucesos más energéticos que se conocen en el universo. En unos pocos días, el brillo de la estrella moribunda aumenta en un factor de 100 millones y la hace visible desde vastas distancias. Las capas exteriores de la antigua estrella forman una envoltura de gas que se expande hacia el espacio a una velocidad de varios millones de kilómetros por hora y va esparciendo por una región cada vez más extensa sus restos. A estas velocidades se tardaría pocas horas en alcanzar el Sol desde la Tierra. Durante los primeros segundos de la explosión, los neutrones y protones viajan tan rápido que chocan violentamente con los elementos livianos que fueron producidos en el interior de la estrella a lo largo de su vida, de

Mil años después de la explosión de una estrella, los escombros llenan una vasta región del espacio cuyo diámetro mide unos 15 años-luz. Esta imagen espectacular se obtuvo con un telescopio de 8 metros del Observatorio Europeo Austral en Chile. El destello de la explosión viajó hacia nosotros durante cinco mil años hasta ser observado por astrónomos chinos en el año 1054 en la constelación de Tauro. Los diversos colores observados en la luz de la nebulosa del Cangrejo se deben a diferentes procesos físicos que ocurren en el gas de la nebulosa. En el centro de la explosión se formó un púlsar, que es la estrella más inferior de las dos que se aprecian en el centro de la nebulosa en esta imagen obtenida por el telescopio espacial Hubble (abajo, derecha). La energía de esta estrella de neutrones que gira 30 veces por segundo calienta el gas circundante y genera la fantasmal luz verdiazul del gas cercano, así como el arco azul visible a la derecha del púlsar. La colorida red de filamentos es producida por material que fue expulsado a gran velocidad de las capas exteriores de la estrella. La imagen más pequeña muestra una secuencia de tan solo 2.5 segundos en la que se observan las dos estrellas centrales y se aprecia que una cambia de intensidad y la otra (además de otra estrella más tenue visible en la parte superior) deja un trazo continuo. Este púlsar es uno de los pocos que se pueden observar en luz visible, ya que la mayoría solo emite ondas de radio.
a, c: ESO; b: NASA-STScI

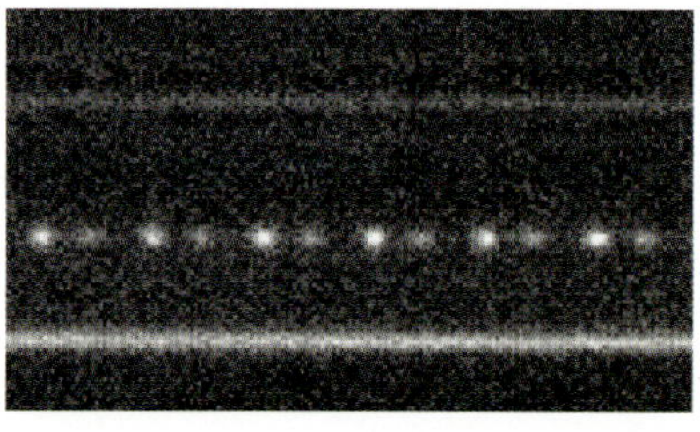

manera que en un breve instante se fabrican todos los elementos de la tabla periódica más pesados que el hierro, como el oro, el iridio y el platino. Como estos elementos se gestan de esta manera tan especial, existen en una abundancia muchísimo menor que los elementos más livianos.

LA ABUNDANCIA CÓSMICA DE LOS ELEMENTOS

Las reacciones de fusión en estrellas masivas van produciendo elementos cada vez más pesados hasta llegar al hierro (Fe). Algunos ejemplos:

$3\times{}^{4}He \rightarrow {}^{8}Be+{}^{4}He \rightarrow {}^{12}C$ $\quad {}^{12}C+{}^{4}He \rightarrow {}^{16}O$ (a 100 millones °C)
$2\times{}^{12}C \rightarrow {}^{4}He+{}^{20}Ne$ (a 600 millones °C)
$2\times{}^{16}O \rightarrow {}^{4}He+{}^{28}Si$ o $2\times{}^{16}O \rightarrow {}^{32}S$ (a 1 500 millones °C)
$2\times{}^{28}Si \rightarrow {}^{56}Fe$ (a 4 000 millones °C)

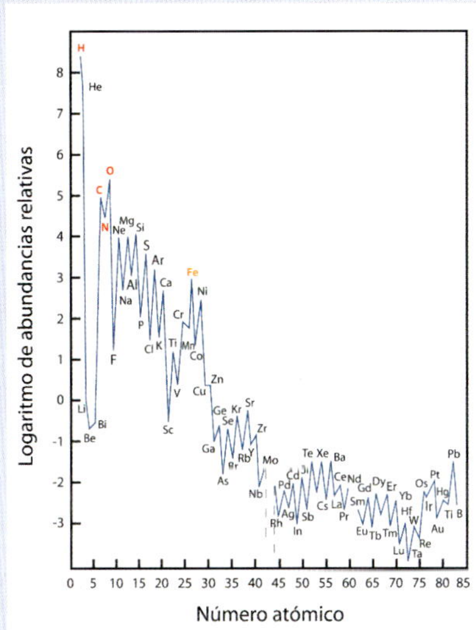

En esta gráfica cada intervalo vertical de la izquierda representa un cambio en un factor de diez. Las abundancias se obtienen a partir de estudios del Sol y de meteoritos. El 98% por ciento de la masa es hidrógeno y helio. El patrón en zigzag se debe a que las reacciones nucleares favorecen núcleos con número atómico par (el número de protones en el núcleo). Por cada 1 000 000 de átomos de hidrógeno hay aproximadamente 50 000 de helio, 350 de carbono, 110 de nitrógeno, 670 de oxígeno, 60 de neón, 34 de magnesio, 34 de hierro, 35 de silicio y 6 de azufre. Nótese el máximo relativo del hierro (Fe), y que el litio, el berilio y el boro son muy raros. Nótese, además, que la abundancia de los elementos con número atómico mayor que el hierro desciende ostensiblemente de manera que es entre diez mil y un millón de veces menor.

Algunos de los elementos producidos de esta forma son radiactivos, como el uranio, el torio y el potasio. Como la vida media de estos asciende a miles de millones de años, perdurarán lo suficiente para incorporarse en grandes cantidades durante la formación de sistemas planetarios futuros, de manera que en el transcurso del tiempo irán liberando su energía para desencadenar procesos geológicos en los planetas que surjan. Cada explosión supernova devuelve varias masas solares de material enriquecido con elementos pesados al medio interestelar.

Tal vez ahora aprecie de manera diferente el oro y el platino de sus joyas. Sin duda, se trata de materiales costosos porque son raros y bellos, pero lo que les confiere su verdadero valor es saber que lo que llevamos en la mano se formó hace más de cinco mil millones de años durante la explosión de una estrella gigante en algún rincón de la Galaxia. Como estas estrellas escasean, tampoco abundan las supernovas y estos eventos solo se producen unas tres veces cada cien años en nuestra Galaxia. No obstante, a pesar de su rareza, en el transcurso de los doce mil millones de años de historia que tiene nuestra Galaxia, estas supernovas han enriquecido el medio interestelar con alrededor de mil millones de masas solares de elementos pesados sin los cuales no podrían haberse formado planetas como la Tierra.

Tumbas cósmicas

Desde las primeras observaciones realizadas por Galileo con su pequeño telescopio hasta los años 30, los descubrimientos astronómicos se lograron mediante una serie de telescopios ópticos cada vez más perfeccionados. Sin embargo, aún quedaba oculta toda una faceta del universo que la nueva ciencia de la radioastronomía comenzó a descubrir entre finales de la década de 1940 y principios de la de 1950 y que abrió otra ventana al universo. A través de ella se pudo estudiar por primera vez el universo invisible y descubrir objetos nuevos, muchos de los cuales no emiten luz, o saber que otros que a primera vista parecían estrellas eran, en cambio, los objetos más distantes del universo, los cuásares (del inglés *quasi stellar object)*. La radiación de fondo de microondas, descubierta con un radiotelescopio, constituye uno de los hallazgos más trascendentes de este o de cualquier siglo. Se trata del residuo que dejó la mayor explosión de toda la historia, la que comenzó el espectáculo y se conoce como la Gran Explosión (en inglés, *Big Bang)*. El estudio de la *línea de 21 centímetros* (ondas de radio con una longitud de onda de 21 cm emitidas por átomos de hidrógeno) ha permitido medir la masa de las galaxias y ha contribuido a conocer la estructura del universo. Estos magníficos descubrimientos podrían servir de tema a otro libro, pero en esta ocasión me limitaré a mencionar que la nebulosa del Cangrejo es una de las fuentes de radio más intensas del cielo. Fue el primer objeto detectado por un radiotelescopio para el cual se encontró una identificación óptica.

A finales de 1967, Jocellyn Bell, entonces estudiante graduada que trabajaba con Anthony Hewish en Cambridge, Inglaterra, descubrió algo inesperado y extraordinario. Usando un nuevo radiotelescopio construido expresamente para investigar las propiedades de los cuásares, Bell observó una serie de rápidos pulsos procedentes de una dirección particular del cielo.

El telescopio más grande del mundo se encuentra cerca de la localidad de Arecibo en la verde isla de Puerto Rico. El enorme reflector, suspendido por cables sobre una concavidad en el terreno (un sumidero en el carso y no un volcán extinto como piensan algunos), mide 305 metros de diámetro. El reflector captura las débiles ondas de radio que produce el gas interestelar de galaxias distantes o los púlsares de nuestra Galaxia, entonces las refleja hacia un foco y las transforma en una señal eléctrica que es analizada por los astrónomos que utilizan el telescopio. Este instrumento también se utiliza como potente radar para estudiar las propiedades de planetas y sus lunas, y de objetos menores del Sistema Solar, tales como cometas y asteroides, en especial aquellos que se acercan a la Tierra. Es un enorme *ojo* que escudriña el universo capturando señales débiles que nos traen noticias de lugares distantes. Quizá algún día también nos traiga noticias de seres de algún lugar remoto. NAIC-Observatorio de Arecibo, dependencia de la NSF. Foto cortesía de Stéphane Aubin, Ciel & Espace

Pronto se comprendió que tales pulsos, de gran regularidad temporal, no eran señales de una civilización distante (sin duda, una desilusión para algunos), sino la manifestación de un fenómeno natural desconocido y que pronto se bautizó con el nombre de *púlsar*. Los estudios teóricos no tardaron en revelar que se trataba de *estrellas de neutrones*, objetos que hasta entonces parecían más apropiados para una novela de ciencia-ficción. Las estrellas de neutrones se forman cuando la materia se comprime hasta adquirir la misma densidad que un núcleo atómico. Si la Tierra se comprimiera hasta esos niveles, cabría dentro del estadio Centenario de Montevideo, Uruguay. En realidad, no importa qué estadio tomemos como referencia, pero este lo conozco personalmente y, además, en él ganó Uruguay el primer campeonato mundial de fútbol. Otro modo de hacerse una idea consiste en pensar que si la población de toda la Tierra (6 000 millones de almas) se comprimiera hasta caber en una lata de sardinas de las pequeñas, la masa de esta sería idéntica a la que tendría si la llenáramos de materia de una estrella de neutrones. El lugar donde esto puede ocurrir es precisamente en la parte central de una estrella durante el proceso de una explosión supernova. Las estrellas de neutrones tienen unas dimensiones reducidas de tan solo unos 15 km de diámetro, pero contienen tanta masa como el Sol. Como recordará del capítulo pasado, esto equivale a unas 330 000 veces la masa de la Tierra. La contracción del centro hace que la estrella gire muy rápido, de la misma forma que si alguien patinara sobre la superficie congelada del satélite de Júpiter, Europa, o sobre cualquier otra superficie, aumentaría su velocidad de giro al contraer los brazos hasta pegarlos al cuerpo.

La confirmación de que los púlsares nacen de las cenizas de una supernova llegó en 1968, cuando en la región central de la nebulosa del Cangrejo se descubrió un púlsar girando a la fantástica razón de 30 revoluciones por segundo, más rápido que su licuadora. Este objeto se identificó con la extraña estrella que ocupa el centro de la nebulosa, la más meridional, y con ello se demostró que esta es, sin lugar a dudas, el centro de la explosión. Este hallazgo estableció la identificación de los púlsares con las estrellas de neutrones. Desde entonces se han descubierto más de 1 000 púlsares, faros cósmicos que señalan, como si fueran tumbas, los restos de lo que otrora fueron majestuosas estrellas.

En realidad, los púlsares no pulsan. Estas esferas masivas en rotación rápida emiten dos haces de ondas de radio en dos direcciones opuestas a lo largo del eje de su campo magnético bipolar. La radiación la producen los electrones que se encuentran en estos intensos campos magnéticos. Como el eje del campo magnético no coincide con el eje de rotación, el haz barre el cielo una vez con cada rotación, de manera similar a la luz de un faro. Al observarlo desde la Tierra se recibe un corto pulso de radiación cada vez que el haz ilumina nuestro planeta. La regularidad del periodo es fenomenal. Los astrónomos pueden predecir con un año de antelación el momento de la llegada de un pulso con una precisión superior a una milésima de segundo. Parte de la vasta reserva de energía cinética de rotación que posee la estrella de neutrones se convierte (por un mecanismo todavía desconocido) en ondas de radio, y por eso la estrella va perdiendo velocidad de rotación. A medida que el púlsar radia energía, el periodo de sus pulsos va aumentando gradualmente (un efecto que se puede medir) y la energía emitida va disminuyendo hasta que, tras diez millones de años, desaparece del cielo observado en ondas de radio.

El premio Nobel de Física del año 1974 se le otorgó a Anthony Hewish (nacido en 1924) por el papel que desempeñó en el descubrimiento de los púlsares. Compartió el premio con sir Martin Ryle (1918–1984), a quien se le concedió por sus pioneros trabajos de investigación en el área de la radioastronomía.

Supernova 1987A

Hace ciento sesenta mil años, una estrella masiva llamada Sanduleak-69°202 terminó su vida en una explosión catastrófica. Este suceso fue observado como supernova en el año 1987 y se denominó 1987A, donde la *A* significa que se trató de la primera supernova detectada durante ese año. Ian Shelton, astrónomo canadiense, la descubrió el 24 de febrero de 1987 en la Nube Mayor de

La Nube Mayor de Magallanes es la más grande de dos pequeñas galaxias satélites de la Galaxia. Se trata de las galaxias más cercanas a la nuestra. Cada una contiene *tan solo* algunos miles de millones de estrellas, de modo que son sistemas *pequeños* en comparación con las grandes galaxias como la Galaxia y la galaxia de Andrómeda, las cuales contienen un número de estrellas 100 veces mayor. La primera supernova de 1987 fue descubierta en la rojiza nebulosa de la Tarántula, la cual se aprecia en la parte superior derecha de la Nube. Esta foto se tomó con el telescopio de 4 metros Víctor Blanco (bautizado en honor de un astrónomo puertorriqueño) del Observatorio Interamericano de Cerro Tololo en los Andes chilenos. AURA/NOAO/NSF

La supernova 1987A fue descubierta el 24 de febrero de 1987 en la nebulosa de la Tarántula. Brilló tanto durante un tiempo que podía distinguirse a simple vista a pesar de encontrarse a 160 000 años-luz de distancia. La supernova es la estrella brillante que se aprecia en la parte inferior izquierda de la foto. Compárese esta imagen con la figura anterior, donde no aparece la supernova. La luz que dio lugar a esta foto comenzó su largo viaje hace ciento sesenta mil años. Mientras ella viajaba hacia la Tierra, un homínido descendiente de monos iniciaba un viaje evolutivo. Comenzó a caminar erguido y sus descendientes, con un cerebro más grande, inventaron herramientas, lenguaje y, por último, una tecnología que incluía telescopios para capturar a tiempo la luz de la supernova cuando llegara a la Tierra. [BN]

Magallanes justo después de revelar unas fotografías que había tomado usando un telescopio instalado en los Andes chilenos. Al salir a mirar el cielo vio la supernova con toda claridad. Debió de ser un momento sublime, puesto que presenció la muerte de una gran estrella y, al mismo tiempo, el proceso de creación de los elementos. Sabemos que el fulgor de la explosión llegó a la Tierra entre las 9:30 y las 10:30 del 23 de febrero porque a las 9:30 el astrónomo aficionado Albert Jones no vio nada desacostumbrado al observar la Nube Mayor, mientras que a las 10:30 la supernova ya aparece en fotografías.

El telescopio espacial Hubble tomó esta foto detallada de una pequeña región de la Nube Mayor de Magallanes centrada en la supernova 1987A. Cerca de los restos de la supernova se aprecian varias estrellas brillantes y azuladas, rodeadas de nubes de gas, que son astros masivos pertenecientes a la misma generación que la que explotó. Otra de ellas podría explotar muy pronto, digamos dentro de unos pocos millones de años. La zona está llena de nubes de gas en las que se están formando estrellas nuevas. El remanente de la supernova es el punto brillante del centro que aparece rodeado de anillos brillantes de gas que, se entiende, fueron producidos por la estrella progenitora miles de años antes de explotar. El material de la explosión se expande a tanta velocidad que dentro de algunos años alcanzará el anillo interior. Este choque calentará el gas del anillo y producirá efectos que los astrónomos esperan poder observar. Hubble Heritage Team (AURA/STScI/NASA)

Ambas Nubes de Magallanes, la Mayor y la Menor, se aprecian a simple vista desde el hemisferio sur. Se trata de dos pequeñas galaxias satélites de la nuestra que distan alrededor de 160 000 años-luz de la Tierra. Recuerde que la luz recorre la distancia que media entre el Sol y la Tierra en tan solo 8 minutos, pero la que vemos de las Nubes de Magallanes comenzó su viaje hace ciento sesenta mil años, cuando aquí en la Tierra un descendiente de los simios, el *Homo sapiens*, hacía su primera aparición en las sabanas de África. Estas galaxias llevan el nombre de Fernão de Magalhães (Fernando de Magallanes; *ca.* 1470-1521), el navegante portugués que emprendió por primera vez la vuelta al mundo.

Magallanes zarpó el 20 de septiembre de 1519 del puerto español de Sanlúcar de Barrameda, al mando de una flota de cinco navíos con una tripulación de unos 250 marineros. Después de un difícil viaje en el que sufrieron los estragos del escorbuto, el frío y el hambre, Magallanes logró acallar varios intentos de amotinamiento y encontrar un paso del Atlántico al Pacífico en el extremo meridional de América del Sur (el estrecho que hoy lleva su nombre).

Su aventura continuó hasta que arribó a las Filipinas, donde fue muerto en la isla de Mactan el 29 de abril de 1521 por entrometerse en una disputa local (quizás haya que extraer una moraleja de ello). La historia cuenta que Juan Sebastián Elcano asumió el mando de la expedición con el único navío que sobrevivió a aquella aventura de tres años, la nave *Victoria*, y retornó a Sevilla el 6 de septiembre de 1522 con la escasa tripulación de 18 hombres. La mayoría había perecido de desnutrición o en las diversas batallas libradas, pero quienes regresaron pudieron contarlo: *no quedaba duda de que la Tierra era redonda.*

La supernova 1987A nos dio una sorpresa. El detector de neutrinos Kamiokande II está instalado a 1 000 metros bajo tierra en una mina de cinc perteneciente a la empresa Kamioka Mining and Smelting Company en Japón. Este detector contiene un enorme tanque con varios miles de toneladas de agua de una pureza excepcional escudriñada por gran número de detectores de luz de alta sensibilidad. En los antípodas de ese lugar hay un instrumento similar construido por la Colaboración IMB (Irvine-Michigan-Brookhaven) a 600 metros bajo tierra en una mina de sal cerca de las orillas del lago Erie, al norte de Estados Unidos, perteneciente a la corporación Morton-Thiokol. Estos detectores, instalados bajo tierra para aislarlos de la radiación que pudiera confundirlos, se construyeron con el propósito de detectar neutrinos emitidos por la posible desintegración de un protón (aunque no se detectaron, porque el protón resulta ser estable). El 23 de febrero de 1987, a las 7 horas y 36 minutos, hora de Greenwich, ambos detectores captaron un único impulso de neutrinos. Como los neutrinos apenas interaccionan con la materia, los pocos que se detectaron implicaban que por cada centímetro cuadrado de la superficie del detector pasaron unos 10 000 millones de ellos durante ese breve instante. Los neutrinos se generaron en el centro de la supernova 1987A solo tres horas antes del destello de luz y fueron detectados después de viajar durante ciento sesenta mil años. Las observaciones permitieron llegar a la asombrosa conclusión de que la supernova convirtió el equivalente de 30 000 masas terrestres en energía. La detección de neutrinos procedentes de la supernova 1987A significó un logro de gran importancia. Permitió *ver* por vez primera el centro de la explosión y confirmar las ideas teóricas acerca de estas explosiones y de la formación de estrellas de neutrones. En particular, los neutrinos evidenciaron que los protones y electrones del centro de la estrella se combinaron para formar neutrones, tal como predecía la teoría. Asimismo, fue la primera vez que se detectaron neutrinos originados fuera de nuestro Sistema Solar.

Tycho y Kepler

La última supernova apreciable a simple vista antes de la aparición de 1987A fue observada en 1604 por el eminente astrónomo y matemático alemán Johannes Kepler (1571–1630). Con anterioridad, en el año 1572, también había aparecido otra estrella nueva en la constelación de Casiopea que Tycho Brahe (1546–1601), célebre astrónomo danés cuyo escrupuloso registro de las posiciones de las estrellas y de los planetas permitió a Kepler descubrir sus leyes planetarias, observó en noviembre de ese mismo año. Tycho, el mejor conocedor del cielo en aquella época, apenas podía creer lo que estaba viendo y relata:

> Asombrado y como si estuviera aturdido y pasmado, me quedé quieto por un buen rato con los ojos fijos en ella, viendo esta estrella próxima a las estrellas que la antigüedad atribuye a Casiopea. Cuando me convencí de que ninguna estrella como esta había brillado en ese lugar con anterioridad, me quedé tan perplejo ante este hecho increíble, que comencé a dudar de mi vista, de modo que, volviéndome hacia los sirvientes que me acompañaban, les pregunté si también ellos divisaban aquella estrella brillante en la dirección que yo les indicaba.

La razón de su incredulidad y asombro se debía a que la observación de una estrella nueva no era compatible con la idea aristotélica de que la octava esfera celeste, la que contenía las estrellas, era perfecta e inmutable. De hecho, este evento observado por Tycho se cuenta entre los que contribuyeron al gran cambio intelectual que conocemos como *revolución copernicana*.

Kepler, contemporáneo de Galileo, nació en 1571 en Weil der Stadt, una localidad alemana próxima a Stuttgart. Aquel niño triste y enfermizo, criado por sus abuelos en un hogar con escasos recursos, tuvo una historia muy distinta a la del adinerado y noble Brahe. Cursó estudios en la Universidad de Tubinga, donde estudió astronomía con Michael Mästlin, uno de los astrónomos más distinguidos de la época. En 1597 comenzó a trabajar como profesor de matemáticas y astronomía en una pequeña escuela en Graz, Austria. En el año 1600 aceptó una oferta para trabajar como asistente de Brahe en su nuevo observatorio cerca de Praga. Tan solo un año más tarde, y como consecuencia de la muerte repentina de Brahe, fue nombrado su sucesor en el cargo de matemático imperial de la corte del emperador Rodolfo II. Basándose en las excelentes mediciones de Brahe, Kepler se dedicó al estudio del movimiento del planeta Marte. Por más que lo intentaba no conseguía que las medidas concordaran con un movimiento circular de velocidad constante, y, al final, después de varios años, abandonó la idea de que los planetas siguen órbitas circulares. En su libro *Astronomia Nova*, publicado en 1609, demostró que la órbita de Marte era una elipse, con el Sol en uno de sus dos focos. Este paso significó un cambio revolucionario porque hasta entonces se daba por supuesto que la *perfección* de los objetos celestes los obligaba a moverse siguiendo órbitas circulares *perfectas* y a una velocidad constante. En 1619, Kepler publicó su obra *Harmonice Mundi*, con la que completó sus estudios sobre el movimiento de los planetas. Con

Aspecto del cielo boreal el 28 de noviembre de 2000 sobre la ciudad portuaria de Nome, en la costa oeste de Alaska, cuando una tormenta solar alcanzó la Tierra y pintó el cielo nocturno. Este impresionante despliegue de auroras boreales se produce cuando las partículas de alta energía que componen el viento solar chocan contra la atmósfera e ionizan átomos de oxígeno y nitrógeno que, en consecuencia, emiten luz de distintos colores. John Russell

su formulación de las leyes del movimiento planetario, el sistema heliocéntrico funcionaba a la perfección sin la necesidad de recurrir a los engorrosos epiciclos del sistema geocéntrico. La puerta quedó abierta para que Isaac Newton explicara estas órbitas elípticas como consecuencia de su ley de la gravitación. Kepler murió el 15 de noviembre de 1630, dejando tras de sí una vida difícil y nada feliz.

Evolución

La evolución de una estrella depende ante todo de su masa, ya que, como hemos visto, esta determina la cantidad de «combustible» de que dispone, así como el máximo de su temperatura central, lo cual resulta determinante para las reacciones nucleares que puedan desencadenarse en su centro. Durante el transcurso de su vida las estrellas liberan poco a poco masa al espacio. Por ejemplo, el Sol emite protones y electrones, dando lugar a lo que se conoce como *viento solar*. Este viento de partículas de alta energía produce las hermosas auroras polares visibles en los cielos del Ártico y el Antártico. ¿Sabía que la cola de los cometas siempre se aleja del Sol con independencia de la dirección en la que se desplace el cometa? Esto se debe a que el viento solar empuja los gases del cometa de forma análoga a lo que ocurre con el humo de una vela cuando usted sopla para apagarla.

La expansión que experimenta una estrella cuando envejece causa el enfriamiento de la superficie y la torna roja. Su luminosidad aumenta enormemente, cesa el proceso de fusión de hidrógeno en el centro, comienza la fusión del helio o de otros elementos, y se convierte en una gigante roja. Esta transformación incrementa en un factor prodigioso la intensidad del viento estelar, tal vez hasta en un millón. Si la estrella tiene una masa inferior a unas 8 veces la del Sol, no explotará como supernova, sino que, en el transcurso de varios millones de años, podrá perder una fracción sustancial de su masa deshaciéndose de manera paulatina de sus capas exteriores, mientras su centro se irá contrayendo al mismo tiempo. El gas expulsado se irá enfriando a medida que se aleje de la estrella y, en el proceso, se condensarán microscópicas partículas interestelares compuestas de carbono y silicatos. Millones de años después, estos gránulos formarán oscuras nubes interestelares al mezclarse con material producido por supernovas. Como veremos en el próximo capítulo, de este fértil abono surgirán estrellas nuevas.

Al carecer de la masa suficiente para que aumente la temperatura del residuo central que queda de la estrella, las reacciones termonucleares se detienen y la estrella se transforma en lo que se llama una *enana blanca*. Son estrellas blancas porque tienen una superficie muy caliente (con temperaturas de 100 000 °C, unas 15 veces superiores a la del Sol), y son enanas porque tienen un tamaño reducido para tratarse de una estrella (aproximadamente el tamaño de la Tierra). Estas estrellas minúsculas no brillan mucho en luz visible porque las altas temperaturas de sus superficies hacen que la mayor parte de la energía se emita en forma de radiación ultravioleta invisible. Estos objetos exóticos tienen la misma masa que el Sol y una densidad muy alta, aunque menor que una estrella de neutrones. La densidad es tan elevada que los electrones ejercen *presión*, de modo que la estrella no se puede comprimir más a pesar de que en la superficie impera una fuerza gravitatoria enorme. Si una persona de 60 kg acudiera a su superficie, se sentiría como si pesara 400 000 kg; desde luego, no es un lugar para visitar.

Hace unos mil años, un par de estrellas que distan de nosotros 2 100 años-luz y se encuentran en la constelación de Ofiuco, se acercaron demasiado entre sí. Como consecuencia, se generó un viento estelar de altísima velocidad emitido por una de las estrellas en dos direcciones opuestas. El resultado es esta espectacular nebulosa fotografiada con el telescopio espacial Hubble en 1997 llamada M2-9. La luz roja y azul la producen átomos de oxígeno; la luz verde la producen átomos de nitrógeno. Bruce Balick (Universidad de Washington), Vincent Icke (Universidad de Leiden, Países Bajos), Garrelt Mellema (Universidad de Estocolmo) y NASA

La intensa radiación ultravioleta que produce la enana blanca central ioniza la envoltura de gas formada por el material expulsado y hace que emita luz. Esta envoltura luminosa se va expandiendo a una velocidad que solo asciende a la centésima parte de la velocidad de expansión de una supernova, y se denomina *nebulosa planetaria* (porque se asemeja a un disco luminoso al observarla con un telescopio pequeño), aunque no guarda ninguna relación con los planetas. Las nebulosas planetarias se cuentan entre los objetos más hermosos del cielo, como puede apreciar en las fotografías.

Este proceso dispersa al medio interestelar los elementos producidos dentro de una estrella listos para reincorporarse a nuevas generaciones de estrellas y sistemas planetarios. Una fracción importante del carbono y otros materiales del medio interestelar se produce de este modo en el seno de gigantes rojas. Por otro lado, los elementos que se incorporan a una enana blanca son sacados de circulación para siempre. Aunque no resulte tan espectacular como una supernova, la muerte apacible de las gigantes rojas aporta cada año varias masas solares de material reciclado al medio interestelar. En el transcurso de la larga historia de nuestra Galaxia, este proceso ha generado unos 12 000 millones de masas solares de elementos químicos que enriquecen el medio interestelar. Dentro de cinco mil millones de años, la nebulosa que se formará alrededor del Sol al final de su vida, y que en el capítulo anterior se tragaba la Tierra, se disipará lentamente en el espacio hasta que no quede ni una traza de su existencia.

El descubrimiento de los procesos de generación de energía en el interior de las estrellas constituye, sin duda, uno de los logros más relevantes de la astrofísica moderna, pero en el contexto de esta historia lo que importa es que estos procesos causan la transmutación de elementos químicos livianos a elementos más pesados realizando una especie de alquimia cósmica. Si consideramos un universo compuesto por nada más que el elemento más sencillo de la tabla periódica, el hidrógeno, podemos imaginar de qué modo estos procesos de transformación completarían la tabla periódica de los elementos con el correr del tiempo. Es decir, que tras varias generaciones de estrellas, el medio interestelar pudo enriquecerse con los elementos más pesados, indispensables para la formación de un planeta como la Tierra. En efecto, así sucedió.

La magnífica nebulosa planetaria del Reloj de Arena se encuentra a unos 8 000 años-luz de nosotros. El color rojo es producido por nitrógeno. La luz del centro es emitida por hidrógeno (verde) y oxígeno (azul). La nebulosa tiene forma de reloj de arena y se formó mediante episodios sucesivos de expulsión de masa por parte de la estrella central. El gas se expande lentamente y se disipará con el tiempo hasta confundirse con el medio interestelar. La estrella enana blanca del centro perdurará durante mucho tiempo después de que se disipe la nebulosa. STScI/NASA

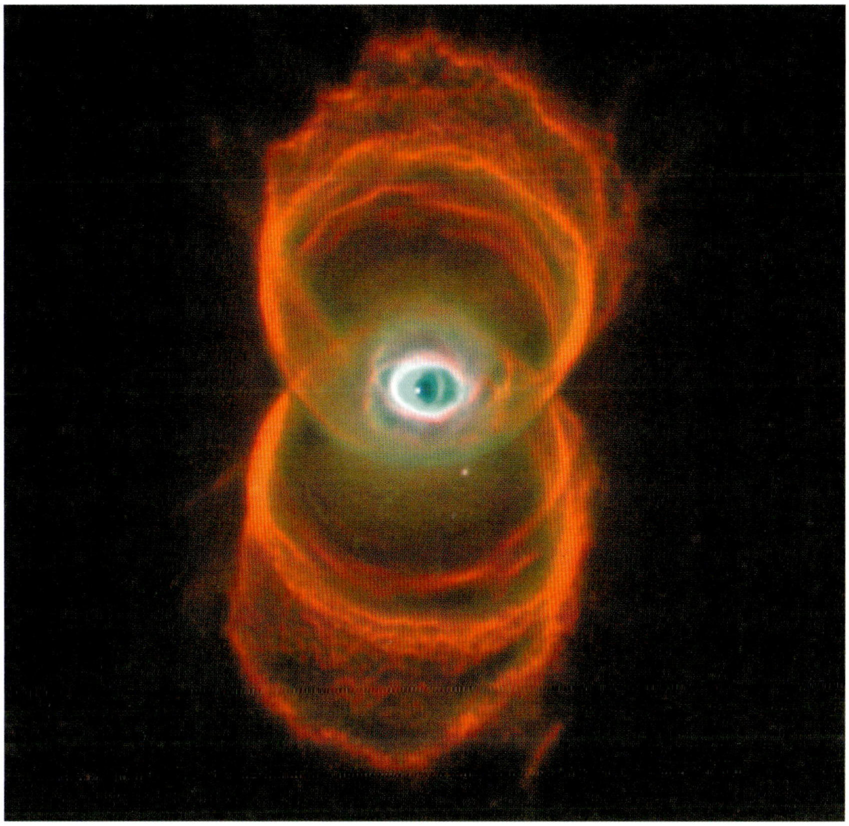

El universo

Allá por los años 20, el astrónomo estadounidense Edwin Hubble (1889-1953) determinó que las galaxias, entonces conocidas como nebulosas, eran sistemas estelares independientes ubicados a grandes distancias de nosotros y que no pertenecían a nuestra Galaxia. Con ello, nuestra Galaxia pasó a convertirse en otra más entre millones de galaxias y nuestro lugar en el universo se volvió todavía más insignificante. Hubble también descubrió que todas las galaxias se alejan entre sí debido a la *expansión* del universo, uno de los pilares de la cosmología moderna. Como es natural, esto llevó a la idea de que en el pasado toda la materia y radiación del universo se hallaba concentrada en un volumen infinitesimal, con una densidad casi infinita y a una temperatura inconcebiblemente elevada: la Gran Explosión. Las investigaciones teóricas predecían que, a medida que el universo se expande, la radiación que alberga se irá enfriando cada vez más, de modo que en el presente, tras unos quince mil millones de años de expansión, deberíamos estar inmersos en un mar de radiación a una temperatura de pocos grados por encima del cero absoluto, que es la temperatura más baja posible. Los estudios predecían asimismo que esta radiación tendría las propiedades de la radiación de un *cuerpo negro*, las cuales se pueden medir en laboratorio y dependen de la temperatura.

La curva continua de esta gráfica es la calculada para el espectro (la intensidad de la emisión como función de la longitud de onda) de un cuerpo negro a una temperatura de 2.73 grados por encima del cero absoluto. Las medidas fueron obtenidas por el instrumento FIRAS a bordo del satélite COBE (Cosmic Background Explorer) de la NASA, el cual operó durante más de cuatro años. La concordancia entre las medidas y la predicción teórica es tan buena que los puntos experimentales no se distinguen de la curva calculada. Esto es asombroso y representa la mejor verificación que tenemos de la teoría de la Gran Explosión. El satélite tiene el tamaño aproximado de una camioneta con una masa de 2 000 kg. Los instrumentos del COBE apuntaron en una dirección opuesta a la Tierra y un escudo protector impedía que la radiación reflejada por la Tierra o procedente del Sol entrara en los detectores, de manera que el instrumento obtuviera únicamente datos del universo lejano. NASA Goddard Space Flight Center y COBE Science Working Group

En 1965, Arno Penzias (nacido en 1933), un astrónomo de origen alemán, y el estadounidense Robert Wilson (nacido en 1936), se encontraban sintonizando una antena de comunicación de gran sensibilidad perteneciente a los laboratorios Bell de Holmdale, en el estado de Nueva Jersey, Estados Unidos. En el transcurso del trabajo notaron que la antena recibía radiación que no venía de ninguna dirección en particular, es decir, que se detectaba en todas las direcciones. Investigando la fuente de esta radiación, como detectives tras una pista reciente, llegaron a la conclusión de que estaban captando el remanente de la radiación de la Gran Explosión. En el año 1989 se puso en órbita terrestre el satélite de la NASA Cosmic Background Explorer (COBE) para que estudiara durante varios años las propiedades de esta radiación, y confirmó sin lugar a dudas que coincidían con gran exactitud con las propiedades de un cuerpo negro a una temperatura de tan solo 2.7 °C por encima del cero absoluto. Este magnífico descubrimiento constituye el segundo pilar de la cosmología moderna.

Resulta sorprendente que desde el insignificante lugar que ocupamos dentro de este inmenso universo podamos conocer algo acerca de eventos que ocurrieron hace quince mil millones de años, cuando aún no existían ni galaxias, ni estrellas, ni planetas. Lo que nos permite estudiar la historia del universo (su génesis) es el hecho de que la velocidad de la luz, aunque muy alta, no es infinita. De modo que observamos las galaxias distantes tal como eran hace miles de millones de años, cuando la luz de sus estrellas partió rumbo a nuestros telescopios. De esta forma, los telescopios se convierten en máquinas para viajar en el tiempo. La radiación de fondo procede de una época en que la edad del universo solamente sumaba unos pocos cientos de miles de años, un abrir y cerrar de ojos en la historia del cosmos.

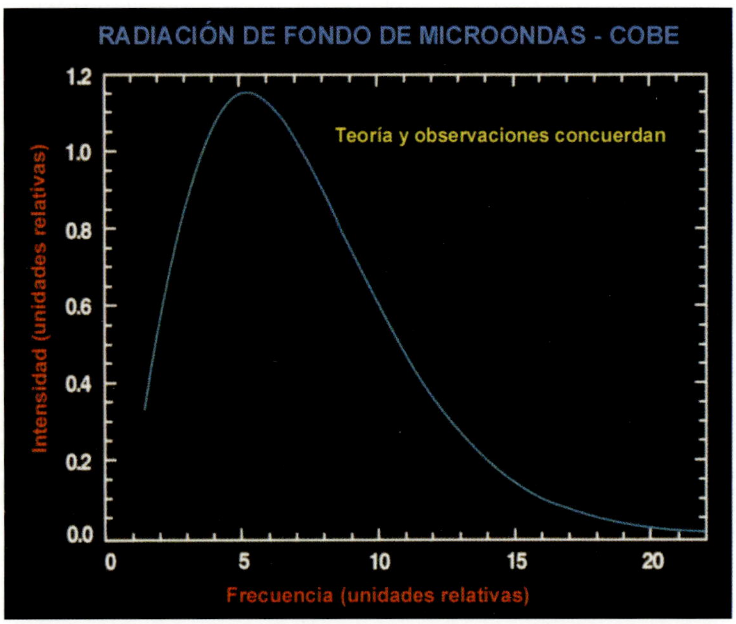

El premio Nobel de Física de 1973 se le otorgó a Penzias y a Wilson por su descubrimiento de la radiación de fondo de microondas. Ya que estamos en el tema, le cuento que el premio Nobel de Física de 1983 lo compartieron Subrahmanyan Chandrasekhar (1910-1994), físico de origen hindú, a quien se le atribuyó el premio por sus importantes contribuciones a las teorías de la estructura de las estrellas, y el estadounidense William Fowler (1911-1995), quien lo recibió por sus contribuciones a la teoría de nucleosíntesis en las estrellas.

Los estudios de nucleosíntesis tienen por objeto predecir y analizar el sinnúmero de reacciones nucleares que pueden ocurrir en los distintos tipos de estrellas y en las diferentes etapas de sus vidas, incluyendo las reacciones que ocurren durante una explosión. Los resultados de estas investigaciones y la abundancia observada de elementos muestran concordancias notables, y ahora tenemos la respuesta a un interrogante crucial para nuestro conocimiento del mundo que nos rodea: *el origen de los elementos*. Se trata de uno de los descubrimientos más trascendentes del último siglo del segundo milenio, que nos ha permitido saber que el oxígeno y el nitrógeno que respiramos, el aluminio y otros metales usados en nuestros aviones, el oro y el platino de su anillo, y el carbono y el resto del material que componen nuestro cuerpo, se crearon mediante procesos estelares. Sin las estrellas, no existiría ni el mundo que nos rodea ni nosotros, y sin la fuente de energía constante que representa el Sol, la vida no podría haber aflorado en nuestro planeta. *Somos hijos de las estrellas.*

Al observar nuestra Galaxia se divisan zonas que contienen grupos de estrellas jóvenes y restos del gas y el polvo interestelar a partir del cual se formaron. Son regiones donde las estrellas han debido de formarse recientemente, puesto que albergan astros muy brillantes y masivos, que *solo* durarán unos diez millones de años. En el próximo capítulo veremos cómo sucede todo ello.

El nacimiento de los planetas

Capítulo 3

Una vez producidos los elementos necesarios para la vida, el universo estuvo pronto para construir planetas donde esta prosperara. Las naves espaciales que hemos enviado a explorar casi todos los planetas del Sistema Solar y la visita que hicimos a la Luna nos han permitido entender la cantidad de diferencias que existen entre todos esos mundos.

Nubes oscuras

En los fríos y oscuros rincones cósmicos de algún lugar cercano a un brazo espiral de la Galaxia que dista de nosotros miles de años-luz, la onda de choque producida por una explosión supernova distante puede ir acumulando material del medio interestelar del mismo modo que un quitanieves amontona la nieve pero tardando millones de veces más, para crear poco a poco una nube de material interestelar gigantesca aunque tenue. Tal concentración molecular

A los astrónomos les gustaría conocer los detalles de los procesos que formaron la variedad de planetas que observamos, desde los planetas interiores rocosos, hasta los planetas exteriores gigantes. Esta composición de imágenes obtenidas por varias sondas espaciales muestra los tamaños relativos de los planetas en dos escalas diferentes, una para los rocosos y otra para los gigantes. Todos los planetas gigantes se muestran más pequeños de lo que les correspondería en relación con la Tierra. NASA/JPL/Caltech

Este *agujero en el cielo* dentro de la constelación austral de Ofiuco lleva el nombre de Barnard 68. El astrónomo Edward E. Barnard (1857-1923) incluyó este objeto en su catálogo de nebulosas oscuras. Esta nube oscura compuesta de gas y polvo se define con claridad contra el fondo rico en estrellas de la Vía Láctea. No se distingue ninguna estrella delante de la nube porque esta se encuentra muy cerca de nosotros, a una distancia de tan solo 500 años-luz. La nube mide alrededor de un año-luz de extensión. ESO-FORS Team, VLT Antu

comenzará a contraerse lentamente por el efecto de su propia gravedad y se irá volviendo cada vez más densa hasta que millones de años más tarde bloquee el paso de la luz de las estrellas, de manera que al mirar en su dirección con un telescopio se muestre como una nube oscura parecida a un agujero en el espacio. Se trata de nubes realmente descomunales, tan vastas que la luz tarda centenares de años en atravesarlas, compuestas casi en su totalidad por hidrógeno y helio, los dos elementos más simples, igual que el resto del universo observable.

Al apuntar un radiotelescopio hacia una nube de este tipo, descubrimos que también contiene trazas de otros compuestos tales como el monóxido de carbono (CO), formaldehído (H_2CO), metanol (CH_3OH), agua (H_2O) y ácido cianhídrico (HCN). Además, encontramos gran variedad de otras moléculas más complejas, casi todas compuestas por átomos de carbono ligados a átomos de hidrógeno, oxígeno y nitrógeno, que son los elementos más abundantes del universo. A esto se debe que las denominemos *nubes moleculares*. Ese material procede de las estrellas innumerables que lo fueron produciendo a lo largo de su existencia y al morir lo dispersaron por el medio interestelar. Estas moléculas muestran una complejidad asombrosa, como ocurre con el azúcar glicoaldehído ($C_2H_4O_2$), una molécula compuesta por 8 átomos. Pero más sorprendente aún resulta el hecho de que subsistan en las duras condiciones del medio interestelar bañado por la radiación ultravioleta que producen muchas estrellas cercanas y que podría destruirlas. Pero la nube también contiene gránulos interestelares del tamaño de partículas de humo, compuestos por silicatos (minerales formados por silicio, oxígeno, magnesio, hierro y otros átomos comunes) y por moléculas diversas construidas con carbono. Estos granos se condensaron a partir de los vientos estelares emitidos por estrellas gigantes rojas al final de sus vidas. En estas frías regiones del espacio, los hielos de sustancias volátiles (aquellas que hierven fácilmente), tales como el agua y el metano, se condensan y forman una cubierta helada sobre los gránulos que permite la formación de moléculas aún más complejas, algunas semejantes a las que se encuentran en organismos vivos, sobre la superficie de los mismos. Estas partículas protegen frente a la radiación ultravioleta las moléculas que hay en el interior de la nube una vez que se forman y evitan de este modo que sean destruidas. El material posee una densidad tan baja que aquí en la Tierra se consideraría un buen vacío, de hecho, las mejores cámaras de vacío de los laboratorios terrestres ni siquiera se aproximan a esos niveles de vacío. Así y todo, la densidad de estas nubes es unas 1 000 veces mayor que la densidad generalizada del espacio que queda entre las estrellas, donde casi no hay nada. Como se trata de nubes extensísimas, contienen gran cantidad de material, a pesar de la baja densidad. Algunas nubes llegan a albergar un millón de masas solares de materia. Por lo tanto, aunque las moléculas detectadas mediante radiotelescopios equivalen únicamente a una fracción minúscula de la masa total, una porción diminuta de tan solo la cienmilésima parte del total, repre-

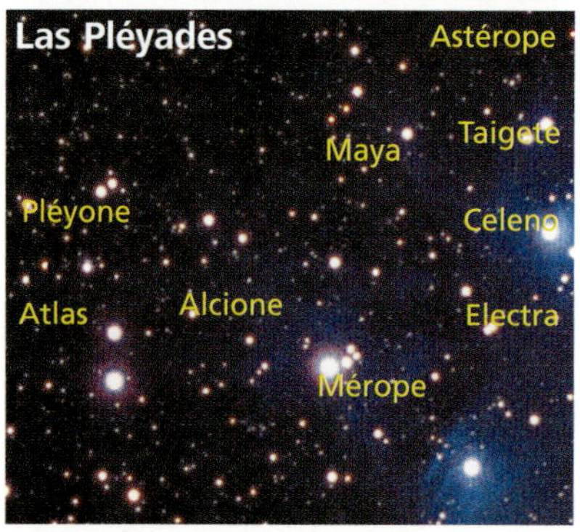

El cúmulo de las Pléyades contiene miles de estrellas, pero a simple vista solo se llegan a observar entre 6 y 12 de sus miembros. Estas estrellas se encuentran rodeadas por una nebulosidad azul que resulta del reflejo de la luz estelar en los gránulos de polvo interestelar que hay en la vecindad. La estrella más brillante de las Pléyades es Alcione. Matt BenDaniel

senta 10 masas solares. Eso bastaría para formar 3 millones de planetas como la Tierra, aunque esto no implica que tenga que ocurrir.

Al contraerse por su propia gravedad, la nube fría y oscura se fragmenta y las nubes resultantes continúan contrayéndose cada vez más rápido, del mismo modo que un objeto se acelera al caer. La densidad y la temperatura de las nubes escindidas aumentan paulatinamente y cualquier pequeña rotación inicial incrementa su velocidad, del mismo modo que al patinar sobre el hielo de Europa, luna de Júpiter, la velocidad de giro del patinador aumenta si pega los brazos contra el cuerpo. Después de unos pocos millones de años, un breve intervalo para un fenómeno cósmico, cada subnube habrá llegado a tal punto que en su centro se forme una esfera luminosa y, entonces, *habrá nacido una protoestrella*. En algunas de estas nubes, una pequeña fracción del material formará un disco en rotación alrededor de la protoestrella, un disco protoplanetario que albergará la materia a partir de la cual se formarán planetas nuevos.

Si observáramos todo esto desde la distancia y pudiéramos acelerar el proceso en un factor de varios millones, veríamos algo así como fuegos artificiales. El cielo oscuro se iluminaría con varios centenares de puntos de luz de diferente color y brillo. Los más brillantes perdurarían solo un año y luego desaparecerían con un gran destello, mientras que otros menos brillantes y de coloración rojiza persistirían durante largo tiempo. Las miles de estrellas que forman el cúmulo de las Pléyades, que se encuentra a unos 400 años-luz de distancia, crean ese juego de fuegos artificiales, pero detenido en el tiempo porque en realidad no podemos acelerar la acción. El número de estrellas que usted logre distinguir a simple vista en las Pléyades depende en parte de su visión. La mayoría de las personas divisa siete estrellas, por eso en algunos países también se conoce este cúmulo como las Siete Cabritas o las Siete Hermanas. Pero si lo observamos con binoculares vemos el hermoso espectáculo que nos brindan las decenas de estrellas del cúmulo.

Esta foto de Orión muestra sus características principales. Las estrellas que forman esta constelación no guardan ninguna relación física como lo hacen las estrellas de las Pléyades, ya que se encuentran a diferentes distancias. Betelgueuse, la estrella brillante en la parte superior izquierda, es una supergigante roja que se encuentra a unos 500 años-luz de nosotros, mientras que Rigel, en la parte inferior derecha, dista 1 000 años-luz. Betelgueuse, con una superficie más fría que la del Sol, es más masiva y 1 000 veces mayor que el Sol. Se está aproximando al final de su vida y pronto (en términos cósmicos) explotará como supernova. Podría ser mañana o dentro de un millón de años. La nebulosa de Orión se ve como la *estrella* central de la Espada de Orión. También se ve un tenue arco de luminosidad rojiza llamada Bucle de Barnard. Till Credner

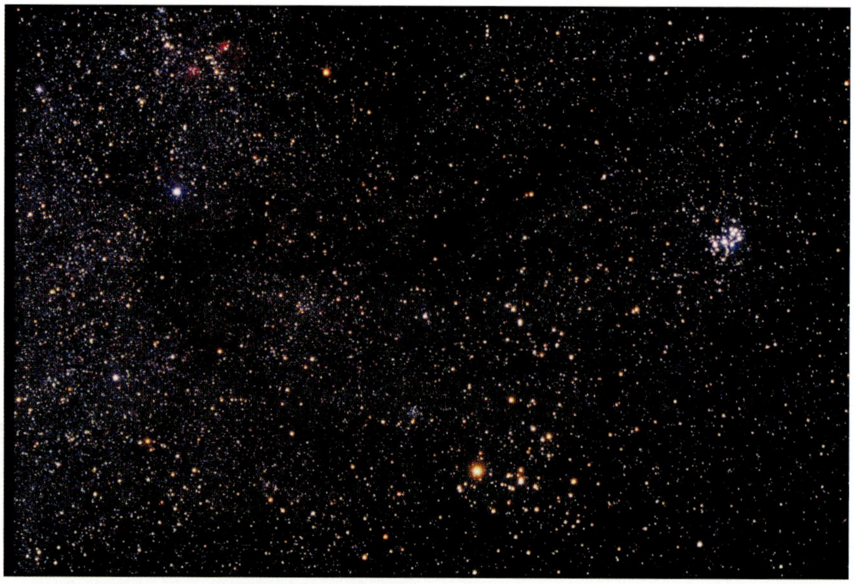

Las estrellas del cúmulo de las Pléyades (M45), a una distancia aproximada de 400 años-luz, lucen como diamantes en el firmamento boreal. La brillante anaranjada de la imagen es Aldebarán («la perseguidora» —de las Pléyades—), la decimotercera estrella más brillante del cielo, y dista de nosotros 61 años-luz. Al sur de ella se ve otro cúmulo de estrellas, el de las Híades, que se encuentra a 150 años-luz. La estrella brillante en el borde izquierdo y a un tercio del borde inferior es zeta Tauri y dista unos 500 años-luz. Su entorno se muestra ampliado en la imagen de la izquierda, en cuyo centro se distingue una manchita rojiza que es la nebulosa del Cangrejo. Orión se encuentra hacia abajo fuera del campo de la foto. Algunas de las estrellas en la izquierda inferior son las mismas que se ven en la foto de Orión. ¿Consigue identificarlas? (Tenga en cuenta que las fotos no están a la misma escala.) Till Credner

Aunque usted no conozca las constelaciones, no le resultará difícil localizar Orión, el gran cazador y guerrero, porque destaca con claridad en el firmamento cruzando el ecuador celeste. Mire la fotografía de este libro y la reconocerá. Orión se caracteriza por cuatro estrellas que forman un cuadrilátero: la brillante gigante roja Betelgueuse se encuentra a la izquierda superior según se mira al cielo (desde el norte); Bellátrix, menos brillante y amarillenta, ocupa la derecha superior; la azulada Rigel se sitúa a la izquierda inferior, y Saiph, menos brillante pero también destacada, completa el rectángulo en el extremo inferior derecho. El centro del cuadrilátero está atravesado en diagonal por una línea prominente de tres estrellas, Mintaka, Alnilam y Alnitak, que forman el cinturón de Orión (o las Tres Marías o los Tres Reyes Magos). Del cinturón cuelga la espada de Orión, formada por tres estrellas menos brillantes. Si observa la estrella central de la espada con binoculares o un telescopio, notará que en realidad no se trata de una estrella, sino de un objeto nebuloso, el que ocupa el cuadragésimo segundo puesto en el catálogo de Messier (M42) y se conoce con el nombre de nebulosa de Orión. No muy lejos de ella, a unos 14 grados al norte de Betelgueuse, en la constelación de Tauro, se encuentra la nebulosa del Cangrejo, la cual conocimos en el capítulo anterior, y unos 30 grados al oeste y un tanto al norte encontrará las Pléyades. Búsquelas.

El telescopio espacial Hubble ha obtenido imágenes de alta resolución de la nebulosa de Orión, una región relativamente pequeña al borde de una gran nube molecular que dista de nosotros alrededor de 1 500 años-luz. Este instrumento maravilloso obtiene imágenes de una nitidez incomparable porque se encuentra por encima de la atmósfera terrestre, la cual distorsiona las imágenes. En el seno de la nebulosa de Orión hallamos miles de estrellas brillantes recién formadas (donde *recién* significa varios millones de años), algo así como una guardería estelar.

Nacimiento de planetas

Hace unos cinco mil millones de años, la nube de gas y polvo interestelar que más tarde dio lugar al Sistema Solar se contrajo y en su centro, de alta densidad, se formó el proto-Sol. Alrededor de este se desarrolló un disco de material que hoy denominamos la *nebulosa solar*. El disco se extendía hasta regiones muy distantes, mucho más allá de la órbita de Plutón (que por entonces aún no existía), el planeta más alejado del Sol. La densidad del material era menor en las regiones más apartadas del Sol recién nacido, y la temperatura, que era elevadísima cerca del centro, también descendía con la distancia. Estas circunstancias determinaron en gran medida la composición química de los planetas que se gestaron a partir del material de la nebulosa. En las zonas de la nebulosa con mayor densidad, los diminutos gránulos recubiertos de hielo comenzaron a chocar entre sí hasta adherirse e ir formando partículas cada vez más grandes. Este proceso continuó hasta desarrollar objetos de varios kilómetros de tamaño cuya gravedad les permitió seguir captando material de la nebulosa y crecer aún más. La velocidad relativa durante las colisiones entre estos objetos, llamados *planetésimos*, determinó que se combinaran para adquirir un volumen mayor o que se fragmentaran en múltiples pedazos. Al final quedaron varios centenares de cuerpos tan grandes como la Luna en órbita alrededor del Sol, y los choques entre todos ellos terminaron dando lugar a los planetas.

La gran nebulosa de Orión (M42) fotografiada por el telescopio espacial Hubble. La imagen cubre una pequeña fracción, de 2.5 años-luz de tamaño, de esta gigantesca nebulosa que se encuentra a unos 1 500 años-luz de nosotros. Cerca del centro se aprecia un cúmulo de estrellas brillante, llamado el Trapecio, y en las cercanías se ven regiones de formación estelar con estrellas jóvenes y discos protoplanetarios. Las estructuras filamentosas son ondas de choque, es decir, frentes donde el material que se desplaza a grandes velocidades choca con material estacionario. En el sector inferior izquierdo de la imagen se aprecia una gran onda de choque.
C. O'Dell y S. Wong (Rice U.), STSCI/NASA

La densidad de la nebulosa descendía con el alejamiento del centro y, de acuerdo con las leyes descubiertas por Kepler, en las regiones más distantes el material se movía con mayor lentitud. Por lo tanto, lejos del Sol, las colisiones se producían con menos frecuencia y el surgimiento de planetas llevó más tiempo. Más allá de Plutón, nunca llegaron a formarse. La alta temperatura que reinaba cerca del joven Sol evaporó el agua y otros compuestos volátiles que pudieran albergar los gránulos de la nube, de modo que en esta región de la nebulosa se formaron los planetas telúricos (del latín *tellus, -uris*, tierra) Mercurio, Venus, la Tierra y Marte. Su aparición se produjo en un tiempo relativamente corto, de varios millones de años, a lo largo del cual el fuerte viento solar característico de las estrellas jóvenes fue despejando la nebulosa de los alrededores del Sol.

Más afuera, en la zona donde surgieron los gigantes Júpiter y Saturno, el agua congelada se mantuvo estable. Una vez que se formaron los núcleos rocosos de estos mundos, aún lograron atraer material de la nebulosa antes de que se disipara barrida por el viento solar. Como resultado final, aparecieron planetas con un núcleo similar al de los planetas terrestres, pero envueltos por una capa enorme de hidrógeno y helio de composición no muy distinta a la de la nebulosa original o el Sol. En regiones aún más exteriores, donde impe-

El cúmulo de estrellas NGC 2244 se encuentra a 5 200 años-luz de nosotros dentro de la Galaxia. Contiene varias estrellas brillantes, algunas con más de 20 veces la masa de Sol. Estas estrellas tienen una vida relativamente corta y alguna explotará como supernova de un momento a otro. Los intensos vientos estelares generados por estas estrellas despejan la región circundante y, cuando el gas acumulado se comprima, acabará formando estrellas nuevas. El fulgor rojo es producido por átomos de hidrógeno. J.-C. Cuillandre y G. Fahlman CFHT (Canada-France-Hawaii Telescope)

ran temperaturas más bajas y densidades menores, se formaron hielos de amoníaco (NH_3), metano (CH_4) y dióxido de carbono (CO_2), compuestos importantes construidos con los elementos más comunes. Mientras el agua se congela a 0 °C, el amoníaco lo hace a 33 grados bajo cero, el dióxido de carbono a 57 grados bajo cero y el metano a unos gélidos 182 grados bajo cero. El amoníaco se utiliza en fertilizantes como fuente de nitrógeno para las plantas, y en solución es un solvente excelente, razón por la cual se utiliza para detergentes. El metano es un gas inflamable, el ingrediente principal del gas natural, y en los intestinos animales se produce como derivado de los procesos digestivos. El dióxido de carbono constituye una fuente importante de carbono para generar moléculas vitales en los organismos, controla la temperatura de la superficie de nuestro planeta, pone las burbujas a las bebidas y cuando se encuentra en estado sólido lo llamamos hielo seco. Se trata, sin duda, de compuestos importantes.

Los planetésimos más distantes del Sol estaban formados por estos hielos y pequeñas cantidades de silicatos. En esas regiones surgieron Urano y Neptuno, aunque tardaron mucho más tiempo que el resto debido a la menor densidad del material en esta zona de la nebulosa. Cuando se gestó el núcleo rocoso de estos mundos, la nebulosa ya había comenzado a desvanecerse, de manera que no pudieron acumular mucho material y se quedaron bastante más pequeños que Júpiter o Saturno.

Más allá de Neptuno, las colisiones entre planetésimos no se produjeron tan a menudo y no pudieron formarse planetas. De hecho, aquella remota región está poblada por una cantidad enorme de cuerpos helados que conforman el llamado cinturón de Kuiper. Plutón, el primer objeto descubierto en esa zona (en 1930), ni siquiera es el cuerpo mayor de los objetos transneptunianos, pero con su masa inferior a un quinto de la Luna y su órbita excéntrica constituye un buen representante de ese colectivo de planetésimos, verdaderos restos del origen del Sistema Solar, ricos en materiales volátiles y que tardan más de dos siglos en completar cada vuelta alrededor del Sol. Plutón se clasificó en principio como planeta, pero hoy se incluye en una categoría de rango inferior, la de los planetas enanos, junto a varios de sus compañeros.

Gerald Kuiper (1905-1973) fue un astrónomo de origen holandés que en 1951 postuló la existencia de un disco poblado por miles de millones de planetésimos en órbita alrededor del Sol. El cinturón de Kuiper se extiende hasta unas 500 au, que corresponde a una distancia de 100 km en el modelo del primer capítulo donde el Sol se encontraba a 200 metros de la Tierra. En este espacio se han descubierto ya varios cuerpos de tamaños comparables, o incluso superiores, al de Plutón, y sin duda hay muchos más, aunque a distancias tan vastas resulta muy difícil encontrarlos. A pesar de la polémica que cundió en 2006 con el cambio de clasificación de Plutón (de planeta a planeta enano), a este cuerpo celeste no le importa cómo lo clasifiquemos los humanos, aunque en caso de que pudiera opinar quizá prefiera ser uno de los mayores objetos del cinturón de Kuiper que el menor de los planetas.

Durante los primeros quinientos mil años de su existencia el Sol emitió vientos intensos que despejaron el material de la nebulosa solar. El proceso de colisiones fue eliminando poco a poco los planetésimos de las regiones interiores de la nebulosa. Muchos planetésimos salieron despedidos fuera de la nebulosa por el impulso gravitatorio recibido al pasar cerca de alguno de los planetas recién formados, y los planetas alteraron sus órbitas de formas que no conocemos con certeza. Miles de millones de planetésimos acabaron formando una nube gigantesca en órbita alrededor del Sol que denominamos nube de Oort en honor de Jan Oort (1900-1992), astrónomo holandés que en 1950 dedujo su existencia a partir de un estudio de las órbitas de los cometas. La nube comienza en los confines más alejados del cinturón de Kuiper y puede llegar hasta los 50 000 au. En nuestro modelo a escala, esto equivaldría a 10 000 km, una distancia comparable al tamaño de la Tierra. En estas regiones distantes y heladas del Sistema Solar, el material de la nebulosa solar nunca fue alterado por el calor del Sol ni por colisiones, y las moléculas que contenía sobrevivieron a los violentos eventos que dieron lugar a los planetas. Es decir, la nube de Oort y el cinturón de Kuiper forman reservas descomunales de planetésimos, un congelador inmenso donde se conserva el material original de aquellos tiempos remotos en que se formó el Sistema Solar. Si tuviéramos oportunidad de estudiar estos objetos aprenderíamos mucho acerca de la época de aparición del Sistema Solar, y, como veremos, de vez en cuando recibimos alguna muestra gratuita.

La formación de los planetas del Sistema Solar consistió en un proceso muy complejo cuyo resultado final dependió de muchos factores. La distribución de temperaturas y densidades en la nebulosa solar y su evolución, depen-

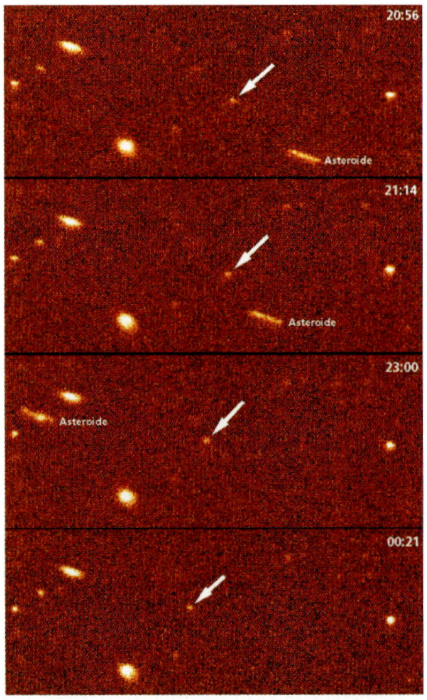

Estas cuatro imágenes, tomadas en el transcurso de varias horas, muestran el movimiento de un objeto tenue visible en el centro con respecto a las estrellas del fondo. Es el objeto del cinturón de Kuiper 1992 QB_1, el primero de las docenas de objetos similares que se han descubierto desde entonces. Fue observado con el telescopio de 2.2 metros perteneciente a la Universidad de Hawái, ubicado en Mauna Kea. El objeto tiene un diámetro estimado de 150 km. Se calcula que en el cinturón de Kuiper hay alrededor de 1 000 millones de objetos mayores de 5 km. Plutón podría ser el mayor de ellos, y no nos sorprendería que hubiera más objetos de este tamaño que aún no hemos encontrado. El objeto alargado que aparece en las tres primeras imágenes desplazándose de derecha a izquierda es un asteroide que se encontraba por casualidad en esa zona del cielo. David Jewitt y Jane Luu

dientes en gran medida de las propiedades de la estrella central, fueron los factores más determinantes y favorecieron la gran variedad de mundos que se observa en el Sistema Solar. Desconocemos muchos detalles del proceso y queda mucho por aprender de futuras exploraciones del Sistema Solar. Hace poco descubrimos algunos residentes del cinturón de Kuiper, pero por ahora la nube de Oort, tan distante, no es más que una hipótesis bien fundada. Si partiéramos de otra nebulosa con una estrella central de masa diferente, las cosas evolucionarían de una forma muy distinta.

Planetas en otra comarca

Desde finales del siglo XX, se ha podido comprobar que existen planetas que orbitan alrededor de otras estrellas, lo cual responde al fin a una pregunta milenaria. Los planetas son demasiado tenues para verlos de manera directa contra el fondo brillante de la luz de sus estrellas, alrededor de 1 000 millones de veces más intensa. Sería como tratar de detectar la brasa de un cigarrillo situado ante un potente faro. Pero los planetas provocan un ligero balanceo en la estrella que orbitan debido a la fuerza de gravitación que ejercen sobre ella. Esto se manifiesta como un diminuto cambio cíclico en la velocidad de la estrella que podemos medir. En 1994, dos astrónomos suizos del Observatorio de Ginebra, Michel Mayor y Didier Queloz, consiguieron medir este efecto diminuto en la estrella 51 Pegasi, similar al Sol y a 42 años-luz de distancia, usando un telescopio francés desde el Observatorio de Haute-Provence. Sus mediciones indicaron que un planeta con una masa similar a la de Júpiter seguía una órbita muy cercana a la estrella (8 veces más próxima a ella que Mercurio al Sol). El planeta solamente invierte cuatro días en completar una órbita, su año. La lista de estrellas con planetas a su alrededor ha aumentado desde entonces, y ahora disponemos de una gran variedad de mundos extraños a la espera de telescopios mejores que nos permitan conocer sus propiedades y de estudios teóricos que expliquen cómo se formaron. Estas investigaciones nos ayudarán además a entender mejor los detalles de la formación de nuestro propio sistema planetario.

Beta Pictoris es una estrella joven similar al Sol que dista de nosotros 50 años-luz. Se encuentra rodeada por un disco de material que observamos casi de perfil y que brilla gracias a la luz reflejada de la estrella. Este disco se ha estudiado con telescopios desde la Tierra y desde el espacio. Es un objeto del máximo interés, puesto que se trata con toda claridad de una estrella sorprendida en el momento de gestación de sus planetas. Por desgracia, no podemos acelerar el tiempo y ver qué pasará dentro de unos cuantos millones de años, pero tenemos la suerte de haber encontrado varias estrellas con discos similares en diferentes etapas de formación, de modo que el estudio de todas ellas nos puede aportar una buena idea sobre la evolución de estos discos. Si solo le concedieran un segundo para observar una persona, usted no podría decir mucho

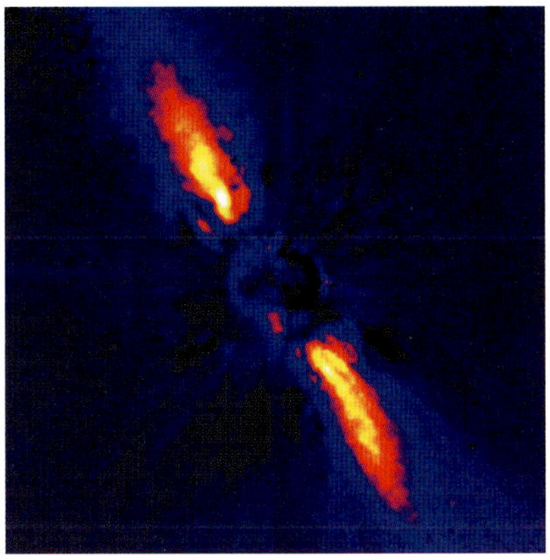

Beta Pictoris, una estrella a solamente 50 años-luz de nosotros, está rodeada de un disco de material que vemos de perfil. Se trata de una estrella joven similar al Sol que está completando su formación. En esta imagen obtenida en luz infrarroja (los colores son artificiales) se bloqueó la luz de la estrella para poder ver la luz del disco, que es mucho más tenue. Estudios detallados del disco revelan que sus partes interiores están deformadas, posiblemente como resultado del efecto gravitatorio de un planeta en órbita demasiado tenue para detectarlo. ESO

acerca del modo en que se desarrolla. Pero si durante ese segundo le permitieran observar a unas cien personas escogidas al azar, podría deducir que el desarrollo de los humanos comienza con los bebés, pasa por la infancia, continúa con los adultos y concluye con la vejez. En astronomía, este método es de gran utilidad porque pretendemos estudiar sistemas que evolucionan a escalas temporales de millones de años (como, por ejemplo, las estrellas) por medio de imágenes congeladas. El telescopio espacial Hubble obtuvo una hermosa instantánea de estrellas rodeadas de gas y polvo en la nebulosa de Orión.

Luna y Tierra

La Luna, con mucho el objeto más notable del firmamento, ha despertado en nosotros gran interés y fascinación a lo largo de la historia. Es un satélite único e incomparable, bastante diferente de las lunas de otros planetas, y el más grande con relación a su planeta. Tiene la combinación perfecta de tamaño y distancia a la Tierra como para que su disco cubra el del Sol y produzca uno de los fenómenos más espectaculares que nos brinda la naturaleza, los eclipses solares. La Luna nos muestra siempre la misma cara mientras gira alrededor de la Tierra siguiendo una órbita casi circular con un periodo de 29.5 días, el tiempo entre dos Lunas llenas consecutivas y llamado periodo sinódico.

Otros seres vivos también notan la presencia de la Luna porque la regularidad de las mareas y de las noches levemente iluminadas por su luz (la cual es luz solar reflejada) afectan a la vida. Sabemos que muchos procesos biológicos de las plantas y los animales están relacionados con el ciclo lunar. Durante la Luna llena las noches son más claras y las mareas más altas, ya que entonces la Luna y el Sol se alinean a lados opuestos de la Tierra, un efecto que era mucho más intenso hace millones de años, cuando la Luna se encontraba más cerca de la Tierra, como explicaré más adelante. En el pasado, las formas de vida simples que moraban en las orillad de los mares estaban sujetas a estos eventos geofísicos, y aún perduran algunas de estas relaciones. Pero debemos ser cautelosos y no exagerar. Muchos creen que la Luna nos afecta directamente por el hecho de que causa «mareas» en nuestros cuerpos y que esto produce distintos estados emocionales. Pero los estudios estadísticos que se han realizado no revelan relación alguna entre la Luna, sus fases, y comportamiento humano. Además, no es cierto que la Luna cause mareas en nuestro cuerpo. Se trata de una falsa analogía. A pesar de esto el mito se mantiene.

Aunque en términos cósmicos nuestro Sistema Solar es un paraje diminuto, un mero pedacito de polvo microscópico, tiene unas dimensiones bastante grandes a escala humana. Así, para darle una vuelta completa a la Tierra habría que viajar en avión durante dos días seguidos y para llegar a la Luna necesitaríamos veinte días. Contemple la Luna cuando esté visible durante el día (es una imagen impresionante de un objeto que parece estar ahí colgando solitario del cielo) y piense mientras la mire que podría llegar a ella en avión en veinte días.

Este primer plano de la nebulosa de Orión obtenido por el telescopio espacial Hubble muestra cinco estrellas rodeadas por nubes difusas de gas y polvo. Se trata de sistemas planetarios en formación. La imagen, que cubre tan solo la décima parte de un año-luz, muestra cuatro estrellas rodeadas de nebulosas brillantes y una oscura (a la derecha), cuya silueta se dibuja contra la luminosidad de la nebulosa. El tamaño de este disco oscuro es de unas 10 veces el tamaño del Sistema Solar. C. R. O'Dell y S. Wong (Rice U.), STScI/NASA

Eso le dará una idea de cuán lejos se encuentra. Si continuara viajando durante otros *veinte años,* llegaría al Sol. Para visitar Plutón, en los confines del sistema planetario, invertiría ochocientos años. Si quisiera seguir hasta alcanzar la estrella más cercana, Próxima Centauri, tardaría unos mil millones de años, un cuarto de la edad de la Tierra, y no crea que habría viajado muy lejos. La luz, como hemos visto, puede cubrir esa distancia en tan solo cuatro años.

Hace unos treinta años, el 20 de julio de 1969, los astronautas de la misión *Apollo* de la NASA, Neil Armstrong y Edwin Aldrin, se convirtieron en los primeros humanos que caminaron sobre la Luna tras posarse en un lugar bautizado como Base de la Tranquilidad después de un viaje de tres días para atravesar 386 000 km. Mientras, Michael Collins, el tercer astronauta de la misión, los esperaba en el Módulo Lunar para regresar a salvo a la Tierra. Detrás del comandante, el espíritu de Isaac Newton guiaba la nave. Aquel fue, sin lugar a dudas, un momento histórico para nuestra especie, el *Homo sapiens*, porque con aquel evento cruzamos una gran distancia, y no me refiero únicamente a la que media entre la Tierra y la Luna. Si vio las escenas iniciales de la memorable película de Stanley Kubrick *2001: una odisea del espacio*, sabrá a qué me refiero. Se ha enviado a la Luna un total de siete misiones tripuladas por veintiún astronautas, la última, *Apollo 17*, en diciembre de 1972, y doce afortunados humanos vivieron la aventura sublime de caminar por su superficie, «un gran brinco para la humanidad». (La *Apollo 13* no pudo bajar a la Luna por un accidente.)

Nuestro satélite natural tiene tan solo 1/80 de la masa de la Tierra y además es más pequeño que esta, así que al situarnos sobre su superficie nos hallamos más cerca de su centro. Por lo tanto, nuestro peso varía cuando visitamos la Luna. Si usted pesara 100 kg aquí en la Tierra, sobre la Luna su peso sería de tan solo unos 20 kg[1]. Esto explica que los astronautas del *Apollo* pudieran dar grandes saltos a pesar de llevar pesados trajes espaciales. Aunque en la Luna pesaban menos, su masa (la cantidad de materia de su cuerpo) era la misma. La Luna ha estado geológicamente muerta durante más de dos mil millones de años, y como no tiene atmósfera ni agua que puedan erosionar la superficie, esta nos ofrece un registro intacto de la historia de esta parte del Sistema Solar que guarda muchos secretos sobre la época de la formación de los planetas telúricos. Ya hemos descubierto algunos de estos misterios, pero quedan otros que deberán descubrir exploradores futuros.

Miles de fotografías, unos 400 kg de roca lunar y los resultados de decenas de experimentos realizados sobre la superficie de la Luna integran los tesoros recolectados por estas expediciones, riquezas mucho más valiosas que todo el oro que los conquistadores españoles se llevaron de las tribus indígenas americanas. En este material se fundamentan los conocimientos que tene-

[1] En realidad, es la masa lo que se mide en kilogramos (kg); el peso, que es la fuerza con la que nos atrae la gravedad, se mide en newtons (N). Una persona de 100 kg de masa pesa 980 N. En el lenguaje común confundimos peso y masa.

Apollo 17 llegó a la Luna el 11 de diciembre de 1972. La región de Taurus-Littrow donde alunizó la nave se encuentra entre el mar de la Serenidad y el de la Tranquilidad (donde se posó *Apollo 11*). El científico-astronauta Harrison Schmitt examina una gran roca durante la última misión tripulada a la Luna. NASA

mos acerca de la historia de la Tierra y la Luna. Quizá el descubrimiento más trascendente consistió en comprobar que las rocas lunares tienen una composición química muy similar a la de rocas terrestres (¡nada de quintaesencia!), pero con menos materiales volátiles (aquellos con puntos de fundición bajos) y mayor cantidad de elementos refractarios (aquellos con puntos de fundición altos), como si se tratara de rocas terrestres calentadas a temperaturas muy elevadas. La densidad de la Luna es un 40% menor que la de la Tierra, lo cual quiere decir que no tiene un núcleo metálico o, si lo tiene, es muy pequeño.

La exploración de la Luna también aclaró el interrogante acerca del origen de los cráteres lunares. Son el resultado de impactos que en tiempos pasados dejaron su huella sobre la superficie del satélite. Es lo esperado y confirma la teoría de que los planetas surgieron a partir de incontables choques entre los diversos objetos que se formaron en la nebulosa solar. Si observa la Luna llena con binoculares, verá claramente el cráter Tycho en el hemisferio sur, uno de los más conspicuos de la Luna. Mide 80 km de diámetro y 2 km de profundidad, y tiene un pico central de 1 km de altura, un detalle típico de muchos cráteres de impacto. Tycho es posiblemente el más joven de los grandes cráteres lunares y su edad se estima en cien millones de años. Puede que incluso divise una serie de rayos claros y radiales que parten del cráter en todas direcciones: se trata de una marca que dejó el material arrancado de su interior por el impacto de un objeto con un tamaño aproximado de 5 km. Hacia el norte se encuentra el cráter Copérnico, ubicado en el centro de uno de los mares lunares, las zonas oscuras y casi carentes de cráteres.

Se cree que la Luna se formó como resultado de una colisión violenta entre la Tierra y un cuerpo del tamaño de Marte, hace cuatro mil quinientos millones de años, cuando nuestro planeta aún se estaba formando. Detengámonos a considerar esta edad difícil de concebir. Podemos medir su edad usando técnicas basadas en el decaimiento radiactivo de ciertas sustancias que componen las rocas; podemos anotar esta cifra y hablar acerca de ella, pero nos resulta bastante difícil de imaginar porque cuesta relacionarla con nuestra experiencia cotidiana, que, por desgracia, es mucho más breve. Con gran suerte, nuestra estadía en este planeta durará cien años, por eso es complicado tratar de imaginar un millón de años, pero, además, estamos hablando de un intervalo temporal 10 000 veces más largo. Si pudiera viajar hacia el pasado en una cápsula del tiempo como ocurre en las películas y avanzara un año cada segundo, tardaría seis años en llegar al Cretácico y saludar (desde una distancia prudencial) a un *Tyrannosaurus rex* e invertiría ciento cincuenta años en viajar hasta la época de la formación de la Tierra. La cuestión es que

Durante el viaje que emprendió para explorar el sistema de Júpiter, la nave *Galileo* tomó esta fotografía de la Luna el 7 de diciembre de 1992. El prominente cráter de impacto Tycho se ve en la parte inferior circundado por una serie de rayos que salen con claridad del centro del cráter como producto del impacto. Las áreas oscuras son mares de lava solidificada (en latín, *maria)*. Entre el océano de las Tempestades (en el extremo izquierdo) y el mar de las Lluvias (hacia el centro superior izquierdo), se aprecia el destacado cráter Copérnico. El cráter que hay a la izquierda de Copérnico es Kepler, y el cráter oscuro en el borde norte del mar de las Lluvias es Platón. El mar de la Serenidad, el de la Tranquilidad y el de la Fecundidad son las tres grandes áreas circulares que cruzan la imagen en diagonal desde el centro hacia la izquierda. El mar de las Crisis se encuentra más arriba que el de la Fecundidad, cerca del borde derecho. NASA/JPL/Caltech estamos hablando de un intervalo muy, pero muy largo. Nuestra especie, *Homo sapiens*, se ha movido por estos pagos durante unos doscientos mil años, un periodo bastante largo en relación con nuestras vidas, pero en términos geológicos somos unos recién llegados. *Si concentráramos la historia de la Tierra en una larga película de tres horas, entonces nuestra especie aparecería en el último segundo.* Si parpadea puede que ni nos vea.

El choque que dio lugar a la Luna liberó tanta energía que vaporizó gran parte del material de la superficie de la Tierra e imprimió al planeta mayor velocidad de rotación, de modo que el día duraba apenas unas horas. La colisión también inclinó el eje de rotación de la Tierra, de tal manera que no se mantiene en ángulo recto con respecto al plano de la órbita que sigue nuestro planeta alrededor del Sol. Esto originó las estaciones, un aspecto fundamental de las condiciones terrestres. Parte del material de la Tierra, fundido por el enorme calor que produjo el choque, salió despedido hacia el espacio y formó un disco alrededor de nuestro planeta. La Luna surgió siguiendo un proceso similar al de la formación de los planetas a partir del material de la nebulosa solar. Esto no solo explica los resultados obtenidos por los exploradores de las misiones *Apollo*, sino también el hecho de que la Luna se vaya alejando lentamente de la Tierra. La distancia a la Luna se ha medido con alta precisión después de que los astronautas de *Apollo 12* dejaran un espejo sobre su superficie. Un rayo láser reflejado por este espejo nos da la distancia, y esta aumenta unos 4 centímetros cada año. Tal vez no parezca gran cosa, pero significa que hace varios miles de millones de años la Luna se encontraba mucho más cerca de la Tierra, más cerca de su origen.

Como hemos visto, la fuerza de atracción gravitatoria entre dos objetos aumenta con la masa y con la proximidad entre ambos. Las marcas resultan de la diferente fuerza gravitatoria lunar que incide en dos puntos opuestos de la Tierra. El lado terrestre más cercano a la Luna soporta una atracción mayor que el lado opuesto a ella o que la zona intermedia entre ambos. Al restarle la fuerza centrífuga, que es igual y opuesta a la de la Luna en el centro de la Tierra, se obtienen dos fuerzas que «tiran» de la Tierra a lo largo de la línea Tierra-Luna. Esto afecta sobre todo a los océanos, porque los fluidos se deforman con mayor facilidad, y provoca *dos* abultamientos, uno a cada lado opuesto de la Tierra, que en promedio son de un metro de altura. A medida que la parte sólida de la Tierra rota bajo estos abultamientos, en cada punto de la superficie observamos dos mareas altas al día, aunque, debido al movimiento de la Luna, ocurren más bien cada trece horas. La rotación de la Tierra y el hecho de que los océanos no pueden responder de inmediato al cambio de posición de la Luna hacen que las mareas se arrastren por delante de la línea Tierra-Luna, y la fuerza que ejerce la Luna en esta configuración frena la rotación de la Tierra. En consecuencia, la Luna se aleja y el periodo sinódico va aumentando lentamente.

La rápida rotación inicial de la Tierra se ha frenado hasta llegar al valor actual en que los días duran veinticuatro horas. Usando los relojes atómicos

Hace algo así como cuatro mil millones de años ocurrió una colisión titánica entre un cuerpo del tamaño de Marte y la Tierra, tal como ilustra el artista Don Davis. Este choque oblicuo generó tanta energía que vaporizó gran cantidad del material terrestre. Parte del material salió despedido al espacio y dio lugar a un disco en órbita terrestre. La Luna se formó del mismo modo que los planetas surgieron a partir del disco de material alrededor del Sol. Ilustración de Don Davis reproducida con permiso de Sky Publishing Corporation

más precisos se ha podido determinar que la duración del día aumenta alrededor de una milésima de segundo cada cien años. No es necesario que ajuste su reloj, pero conviene advertir que dentro de mil millones de años la diferencia acumulada será de horas.

Nuestra Luna causa que el eje de la Tierra, que mantiene una inclinación de 23.5 grados con respecto al plano de la órbita terrestre, se desplace lentamente describiendo un cono en el espacio (lo que llamamos *precesión)* que completa una vuelta en unos veintiséis mil años. Si alguna vez ha jugado con un trompo, entenderá qué es la precesión. Así, aunque hoy en día el eje de la Tierra apunta a la estrella Polar (el nombre no es casual), dentro de unos trece mil años apuntará a la estrella Vega. Pero la inclinación de 23.5 grados con respecto al plano de la órbita se mantendrá con pequeños cambios. Si no fuera por la fuerza gravitatoria de la Luna, el eje de la Tierra podría cambiar drásticamente de dirección y causar grandes cambios climáticos a escalas temporales de decenas de millones de años. La influencia estabilizadora de la Luna sobre la rotación de la Tierra ha tenido gran relevancia para el desarrollo de la vida en la Tierra.

Fertilización de la Tierra

Cuando se formaron los planetas telúricos, en esta región de la nebulosa solar reinaban temperaturas tan elevadas que los elementos volátiles no pudieron condensarse. La proto-Tierra, caliente y parcialmente fundida por su calor interno y por los numerosos impactos, era un lugar estéril. Sin embargo, la Tierra alberga gran cantidad de agua, alrededor de cuatro milésimas de su masa. Tal vez parezca poca, pero si tomáramos toda el agua de la Tierra y la reuniéramos dentro de un recipiente esférico, este tendría el tamaño de la mitad de la Luna. Entonces, la pregunta que surge es: ¿de dónde vino toda esta agua que permitió que la Tierra fuera fértil y que la vida aflorara en ella? También sabemos, como veremos en el capítulo 5, que la vida surgió no mucho después de formarse la Tierra, y debemos averiguar de dónde salieron los materiales orgánicos esenciales para la vida.

La respuesta se encuentra grabada sobre la superficie de la Luna, cuyos cráteres resultaron, como hemos aprendido después de las exploraciones *Apollo*, de impactos de planetésimos que bombardearon su superficie y la de la Tierra tras su formación. Los planetas gigantes, Júpiter, Saturno, Urano y Neptuno, surgieron después de los estériles y secos planetas telúricos en una región donde los

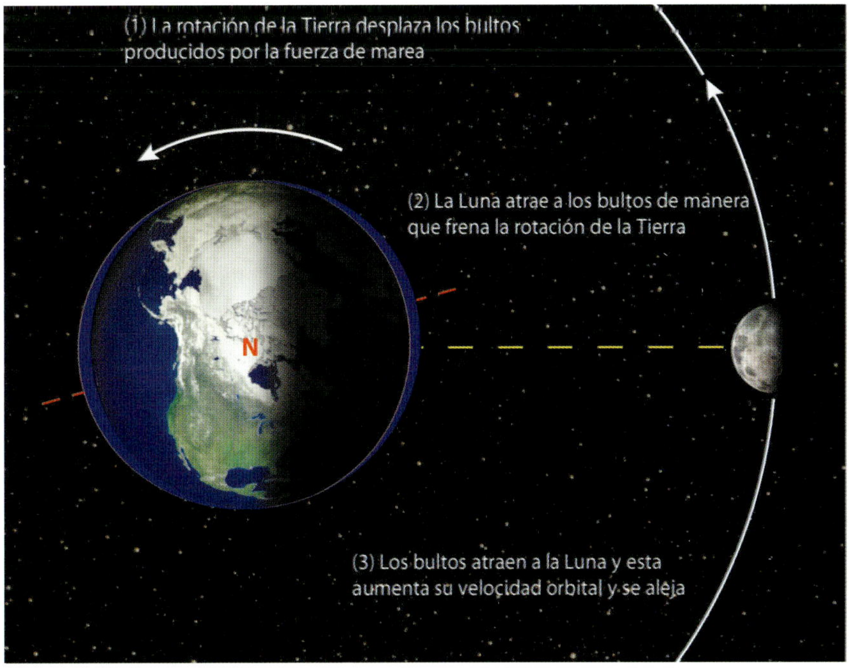

Las mareas oceánicas (muy exageradas en este diagrama) son arrastradas por delante de la línea Tierra-Luna (en amarillo) por la rotación terrestre, de modo que se alinean a lo largo de la línea roja. La protuberancia más cercana a la Luna acusa una fuerza mayor que la protuberancia opuesta, y de ahí resulta una fuerza (un par de fuerzas) que frena la rotación de la Tierra. Al mismo tiempo, la Luna recibe una fuerza que la acelera en su órbita y la hace alejarse lentamente. Es interesante considerar que si la Luna se moviera por casualidad en una dirección contraria a la rotación de la Tierra, entonces las fuerzas de marea serían opuestas, acelerarían la rotación de la Tierra y acercarían la Luna hasta que chocara con nosotros. José F. Salgado

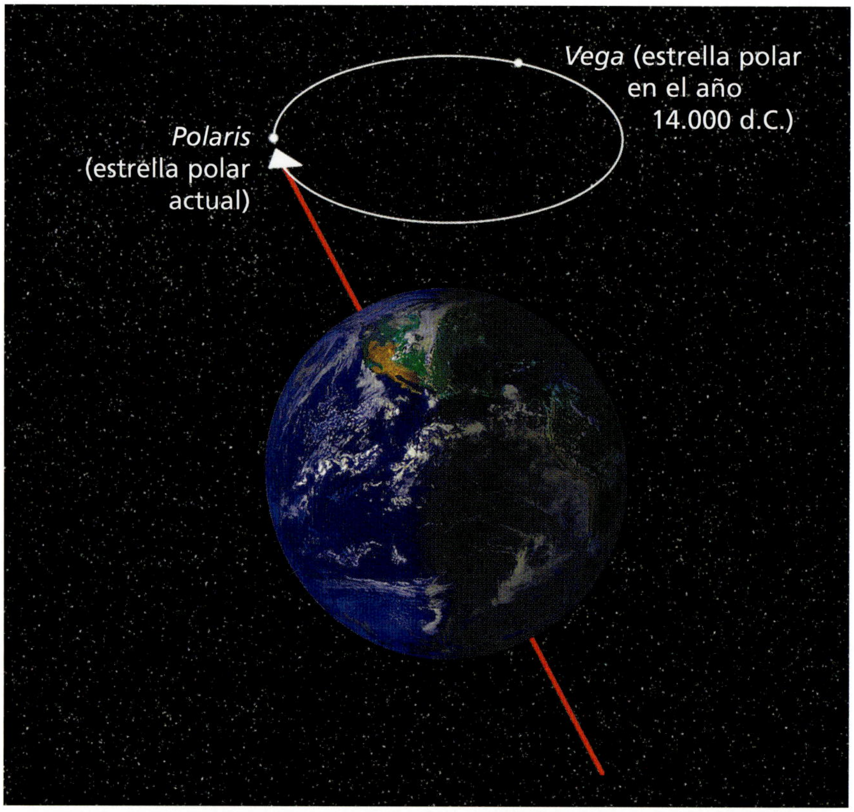

El eje de rotación de la Tierra, al igual que el de un trompo, se traslada lentamente en el espacio describiendo un círculo cada veintiséis mil años, pero no se trata de un círculo uniforme porque, durante este movimiento, el eje se tambalea y causa pequeños cambios regulares en la inclinación del eje con respecto a la eclíptica. En el presente, el eje apunta a la estrella Polar (de ahí su nombre), pero dentro de doce mil años apuntará a la estrella Vega. Este movimiento del eje terrestre se llama precesión y hace que la posición del Sol con respecto a las estrellas de fondo en el momento del equinoccio vaya variando con el tiempo. José F. Salgado

planetésimos contenían abundante cantidad de hielo. A menudo, la gran fuerza gravitatoria de estos gigantes lanzaba los planetésimos que se les acercaban hacia la nube de Oort o hacia las regiones interiores del Sistema Solar. Hubo millones de ellos que, como una lluvia torrencial, se precipitaron sin cesar contra los planetas terrestres antes de que se despejara el cielo. Esto no es una mera y bonita analogía; aquella lluvia suministró realmente a la Tierra gran parte del agua que formó sus océanos. Durante algunos cientos de millones de años esta última gran tormenta, que terminó hace tres mil ochocientos millones de años, aportó a la Tierra los ingredientes necesarios para la vida, incluyendo moléculas orgánicas complejas que se formaron en la superficie de pequeños gránulos interestelares. Por supuesto, este bombardeo afectó también a la Luna y al resto de los planetas telúricos. De hecho, la superficie de Mercurio se parece mucho a la de la Luna, con cráteres por doquier, aunque las diferencias físicas entre ambos objetos, como el tamaño y la masa, y las distintas distancias que los separan del Sol, determinaron resultados finales dispares.

La *velocidad de escape* de un cuerpo, ya sea un cohete o una molécula del gas atmosférico, es la velocidad que necesita para poder contrarrestar la atracción gravitatoria del planeta en que se encuentra y escapar al espacio lejano. Pero también es la velocidad con que un objeto, por ejemplo un meteorito, llegaría a nuestro planeta si viniera de un lugar lejano del espacio e iniciara su viaje con velocidad nula atraído por la gravedad de la Tierra. (Retomaremos esta idea en el capítulo 6.) Para la Tierra, esta velocidad es de 11 kilómetros por segundo, lo que equivale a 40 000 kilómetros por hora, y en Venus es casi igual porque tiene una masa y unas dimensiones similares a la Tierra. Un objeto que no llega a esta velocidad vuelve a caer sobre la Tierra por mucha altura que alcance. En la Luna, de masa mucho menor que la Tierra, la velocidad de escape es de solo 8 000 kilómetros por hora. En Marte y Mercurio, ambos menores que la Tierra pero mayores que la Luna, la velocidad de escape es de unas 2 veces la de la Luna.

En un gas como la atmósfera, los átomos y moléculas se encuentran en movimiento en todas direcciones y a diversas velocidades. La velocidad promedio viene determinada por la temperatura, de tal modo que aquella aumenta cuanto esta se incrementa. A una temperatura determinada, las moléculas más livianas se mueven con mayor velocidad que las pesadas, de manera que el hidrógeno se mueve más rápido que su isótopo pesado, el deuterio, y mucho más deprisa que las moléculas de oxígeno. Por lo tanto, el hidrógeno puede alcanzar con más facilidad la velocidad de escape y escapar al espacio. En realidad, las moléculas de la atmósfera tienen una amplia variedad de velocidades y las que están muy por encima del promedio escapan fácilmente. En un día caluroso, la velocidad media de una molécula de oxígeno en la atmósfera es de unos 3 kilómetros por segundo, mientras que una molécula de hidrógeno se mueve a 13 kilómetros por segundo. En consecuencia, el hidrógeno atmosférico escapa con más facilidad que el oxígeno (esto se puede medir). Lo que importa realmente es la temperatura de las capas superiores de la atmósfera, ya que los gases escapan al espacio desde ellas. Esta capa atmosférica, llamada exosfera, comienza a unos 500 kilómetros de altura.

La gravedad de la Luna, que asciende a tan solo un sexto de la de la Tierra, es muy débil para retener los elementos volátiles vaporizados en la atmósfera lunar como resultado de los choques con los planetésimos, de modo que escaparon al espacio sin formar océanos ni atmósfera. Aunque la velocidad de escape en Mercurio es 2 veces la de la Luna, su temperatura es tan alta que tampoco retuvo una atmósfera. Marte, en cambio, aunque tiene poca masa, dista tanto del Sol que alberga temperaturas bajas y aún conserva una tenue atmósfera que en sus inicios fue bastante densa. Venus se encuentra más cerca del Sol que la Tierra, y recibe alrededor del doble de energía solar. Incluso en el pasado, cuando el Sol era un 30% menos luminoso que en el presente, reinaban temperaturas tan altas en su superficie que el agua nunca llegó a condensarse en ella. La radiación ultravioleta dividió el vapor de agua atmosférico en sus componentes, hidrógeno y oxígeno, favoreciendo que escapara la mayor parte del hidrógeno. El oxígeno se combinó con otros elementos para formar varios óxidos, y con azufre y algún resto de hidrógeno para formar el ácido sulfúrico que hoy reside en las nubes venusianas. Los procesos geoquímicos que acabaron con el dióxido de carbono de la atmós-

El 11 de marzo de 1997, Alessandro Dimai, miembro de la Associazione Astronomica Cortina, tomó esta fotografía del cometa Hale-Bopp cerca de Cortina d'Ampezzo, en las montañas Dolomitas del norte de Italia. La cola azulada de gas (el color se debe a iones de monóxido de carbono) sale despedida por el viento solar, y la cola más brillante, que está formada de polvo y debe su color a la luz solar reflejada, sale despedida por la presión que ejerce la luz solar. Ambas colas apuntan en dirección opuesta al Sol. Alessandro Dimai

fera terrestre requieren agua, por eso jamás operaron en Venus. Esto provocó en gran medida un desarrollo divergente de ambos mundos, aunque inicialmente no tuvieran grandes diferencias. Hoy podemos describir la superficie de Venus como un infierno.

El agua líquida, el compuesto de mayor importancia para el desarrollo de la vida, solo es estable si se encuentra bajo presión, como la que proporciona una atmósfera. Con menor presión el agua hierve a temperaturas más bajas, algo que, como usted sabe, influye incluso en el tiempo de cocción de un huevo duro si, por ejemplo, lo cocinamos en Plaza de Mulas, a 4 200 metros de altura en la falda del Aconcagua. La superficie de un planeta sin atmósfera no puede albergar agua líquida, aunque sí agua sólida (hielo) si cuenta con una temperatura lo bastante baja. De hecho, resultó muy sorprendente el hallazgo de evidencias de hielo en el fondo de algunos cráteres situados en los polos de Mercurio, cuya ubicación impide que reciban luz solar y, por tanto, tienen temperaturas extremadamente bajas a pesar de la cercanía del Sol. Es probable que el bombardeo inicial sobre la superficie marciana haya aportado una cantidad suficiente de compuestos volátiles como para formar una atmósfera de dióxido de carbono y crear océanos. Vemos evidencias de ello en los lechos de ríos, secos hace tiempo, que atraviesan la superficie de Marte, y en la ausencia de cráteres en algunas regiones del hemisferio norte que podrían haber estado bajo agua. Los fríos polos de Marte se encuentran cubiertos por una capa de hielo compuesta de dióxido de carbono y los restos de antiguas aguas. No hace tanto que se pensaba que las regiones oscuras de la Luna carentes de cráteres eran océanos, por eso se las llamó mares (en latín, *maria).* En cierto sentido se trata de mares, residuos solidificados de océanos de lava que mucho tiempo atrás cubrieron algunas zonas de la superficie lunar.

Es posible que durante los primeros millones de años posteriores a su formación, la vida haya aflorado en Marte y Venus. Pero la diferente evolución de estos planetas ha concluido en unas condiciones que hoy no parecen apropiadas para la vida tal como la conocemos. Solo en la Tierra, ubicada en lo que llamamos la *zona habitable* del Sistema Solar, imperaron unas condiciones ambientales que no solamente favorecieron el surgimiento de la vida, sino que además permitieron que se desarrollara y mantuviera a lo largo de los miles de millones de años transcurridos desde su aparición. La vida misma provocó ciertos cambios ambientales a los que logró ir adaptándose. En la actualidad nos preocupa el impacto ambiental de las actividades humanas porque podrían conllevar cambios tan drásticos que tal vez la vida no consiga adaptarse a ellos o no tenga el tiempo necesario para hacerlo.

Hoy en día aún no ha cesado por completo la lluvia que comenzó hace cinco mil millones de años, pero se ha convertido en una fina lluvia de planetésimos que ocasionalmente se acercan hasta el interior del Sistema Solar procedentes de regiones más remotas que la órbita de Plutón. Los reconocemos porque el gas que se evapora de ellos y el polvo que expelen se tornan visibles a medida que se acercan al calor del Sol y acusan los efectos del viento solar. Entonces desarrollan un halo difuso y una magnífica cola de millones de kilómetros de largo: son los *cometas*. Aunque los cometas actuaron como los manantiales de la vida, otras condiciones resultaron de igual importancia para que esta se estableciera y desarrollara. De nada habría servido que recibiéramos los elementos vitales si luego los hubiéramos liberado rápidamente al espacio por carecer de la fuerza gravitatoria suficiente (tal como ocurrió en la Luna) o por contar con temperaturas demasiado altas en la superficie (como en el caso de Mercurio y Venus). Más adelante veremos que los cometas también pueden provocar en ocasiones la desaparición de la vida. En el próximo capítulo consideraremos nuestro planeta con más detalle.

Madre Tierra

Capítulo 4

Dentro de la zona habitable del Sol y a 150 millones de kilómetros de él se encuentra un hermoso planeta, una joya azul y blanca con tonos verdes y amarillos: *la Tierra*. Es el mayor de los cuatro planetas terrestres y el único que posee una Luna grande. En esta imagen, obtenida el 25 de agosto de 1992 por ojos artificiales a bordo del satélite GOES-7 de NOAA, se ve la parte del planeta iluminada por la luz del Sol que aporta energía a la vida. Tres cuartas partes de la superficie están cubiertas por los océanos. En el golfo de México se distingue el huracán Andrew.
NASA-NOAA

Nuestro hogar es un planeta singular, un lugar muy especial del Sistema Solar que alberga agua líquida en la superficie. Es un planeta dinámico que ha atravesado grandes cambios en el correr de su historia de cuatro mil quinientos millones de años. Dondequiera que miramos encontramos que la vida y el medio ambiente se relacionan de una forma compleja y equilibrada. Una intrincada red de procesos biológicos y geofísicos mantiene una armonía que es bastante estable, pero no necesariamente permanente.

Tierra

La zona habitable de un sistema planetario es la región alrededor de la estrella central en la que la temperatura superficial de un planeta en órbita es inferior al punto de ebullición y superior al punto de congelación del agua. Esto quiere decir que es posible que en dicha superficie exista agua líquida, algo que consideramos esencial para la vida tal como la conocemos. Dentro de la zona habitable del Sol, alejado de él 150 millones de kilómetros, hay un hermoso planeta, una joya azul y blanca con alguna que otra tonalidad amarilla ocasional y un delgado halo atmosférico: *es la Tierra*. La zona habitable del Sistema Solar no es muy amplia; si trasladáramos la Tierra a la órbita de Venus se transformaría en un infierno, y si la lleváramos a la órbita de Marte el infierno se congelaría.

En el transcurso de nuestras vidas, incluso en el de toda la historia humana, la Tierra aparenta tener una estabilidad tranquilizadora que nos da motivos para sentirnos seguros. Es cierto que de vez en cuando ocurren terremotos, erupciones volcánicas, *tsunamis*, huracanes y tornados, pero, en general, la Tierra parece inalterable. Sin embargo, esto no es más que una ilusión causada por nuestra breve estadía (qué lástima, ¿no cree?) en este planeta. A una escala de millones de años, la Tierra ha cambiado mucho: los continentes han variado de posición, en las zonas que han dejado libres han surgido océanos profundos y allí donde chocaron han surgido altas montañas y volcanes. Además, la composición de la atmósfera y el clima también han sufrido una transformación.

La Tierra es una esfera de unos 13 000 kilómetros de diámetro compuesta en su mayoría por unos pocos elementos en las siguientes proporciones: un 35% de hierro, un 30% de oxígeno, un 15% de silicio y el 13% de magnesio, mientras que el 7% restante lo cubre el resto de elementos que componen este complejo y maravilloso mundo. La mayoría de estos elementos se combinan para formar la gran variedad de minerales que hallamos sobre y dentro de la Tierra.

Quienes se plantearon estas cuestiones en la antigüedad ya dedujeron que nuestra Tierra es una esfera, pero el viaje de Magallanes demostró la veracidad de esta suposición. Pero por si aquello no nos convenció, las fotos tomadas desde el espacio no dejan lugar a dudas. Hay gente que prefiere creer que la Tierra es plana, que nunca estuvimos en la Luna y que el mundo fue crea-

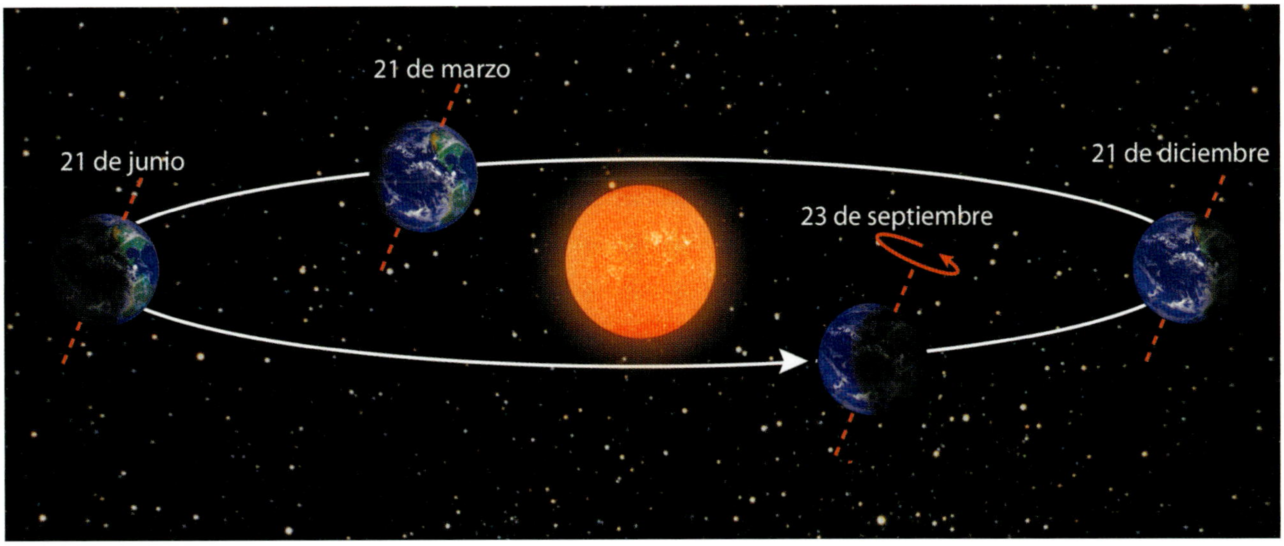

Dos factores determinan la cantidad promedio de luz solar que recibe la superficie de la Tierra y, por lo tanto, su temperatura promedio: la cantidad de horas de luz (más horas calientan más) y el ángulo con el que la luz incide sobre el suelo. Cuando la luz incide perpendicular a la superficie, se concentra más que si cae oblicua, de manera que al mediodía y en el verano, cuando el Sol se encuentra más alto en el cielo, se genera más calor. Las estaciones son causadas por el cambio en la cantidad y ángulo de luz solar recibida debido a que el eje terrestre mantiene su dirección con respecto a las estrellas a medida que se desplaza alrededor del Sol. En consecuencia, el 21 de diciembre el extremo norte del eje apunta en dirección opuesta al So,l mientras que el extremo sur apunta hacia el Sol, y, por tanto, en el hemisferio sur terrestre es verano y en el hemisferio norte es invierno. Seis meses más tarde, la situación es la contraria. El 23 de septiembre y el 21 de marzo, la noche y el día tienen la misma duración en ambos hemisferios: son los llamados equinoccios. José F. Salgado

do en el año 4004 a.C. y se acabará cualquier día de estos. Bueno, espero que sean felices así, yo desde luego no puedo coincidir con ellos. La realidad, aunque algo más complicada, es mucho más interesante que todo eso y no puedo entender qué se gana ignorándola.

La órbita de la Tierra alrededor del Sol no forma un círculo perfecto, sino que es un poco excéntrica; es, como constató Kepler, una elipse, de modo que a lo largo del año la distancia de la Tierra al Sol varía de 147 a 152 millones de kilómetros. En nuestro modelo del primer capítulo, la distancia entre el Sol y la Tierra cambiaría de 197 a 203 metros, lo cual, como puede ver, no supone una variación demasiado grande. Muchas personas piensan que este cambio de distancia con respecto al Sol es lo que causa las estaciones, creyendo que cuando estamos más cerca del Sol es verano y cuando estamos más lejos es invierno. Sin embargo, como usted bien sabe, cuando es verano en el hemisferio sur terrestre, en el hemisferio norte es invierno, de manera que la diferente distancia que mantenemos con respecto al Sol no puede motivar las estaciones del año. En efecto, la variación de distancia consiste tan solo en un 3%, y esto no bastaría para explicar los cambios climatológicos que observamos entre verano e invierno. De hecho, las estaciones se deben a que, como hemos visto en el capítulo anterior, el eje de rotación terrestre mantiene una inclinación de 23.5 grados con respecto al plano de la órbita de la Tierra. Como puede apreciar en la figura, esta circunstancia determina la cantidad de luz solar que incide sobre cada hemisferio terrestre en el transcurso de un año, lo cual provoca el aumento o el descenso de las temperaturas medias en cada mitad del planeta. A esta inclinación se debe, además, que el punto más alto al que llega el Sol en un lugar particular de la Tierra varíe a lo largo del año. Dos veces al año, el 21 de marzo y el 22 de septiembre, el Sol se sitúa directamente sobre el ecuador, y la noche y el día tienen la misma duración en todo el planeta: son los llamados equinoccios. Imagínese cómo cambiaría el clima terrestre si, por ejemplo, el eje de la Tierra no tuviera inclinación alguna. En este caso, los días serían igual de largos que las noches (doce horas) y en cualquier punto de la Tierra el Sol llegaría a la misma altura durante todo el año (más bajo al alejarnos del ecuador), de modo que no habría estaciones. Notaríamos un poco más de calor en la época del año durante la cual la Tierra se encontrara más cerca del Sol, debido a la excentricidad de su órbita, pero no habría primaveras para celebrar el resurgimiento de la vida, ni otoños para componer melancólicos poemas. Sería, cuando menos, un planeta mucho más aburrido.

Aunque es estable, el eje de la Tierra experimenta un ligero tambaleo que poco a poco modifica su dirección entre 22 y 25 grados a lo largo de un ciclo que dura unos cuarenta mil años. Algunos cambios climáticos significativos del pasado se relacionan con esta variación en la dirección del eje de la Tierra, puesto que una inclinación mayor conllevará cambios más drásticos entre las estaciones. La última gran glaciación cubrió un tercio del planeta con una capa de hielo de un kilómetro de espesor hace tan solo quince mil años. Resulta asombroso que un cambio de unos pocos grados en la temperatura media bastara para causar semejante transformación en el clima terrestre. Estamos acostumbrados a esperar que los cambios pequeños tengan consecuencias pequeñas: pise un poco el acelerador y la velocidad de su auto aumentará levemente, suba un poco el fuego del horno y la temperatura se incrementará un tanto. Sin embargo, las cosas no funcionan así en sistemas complejos como la Tierra, y un pequeño cambio en un aspecto que forma parte de una larga cadena de causas y efectos puede repercutir en varios procesos de la cadena de tal forma que acaben sumándose todos ellos y causen una alteración final considerable. Es esto lo que preocupa a muchos científicos que estudian el clima global terrestre que, sujeto a una compleja cadena de retroalimentaciones, tiene la posibilidad de que las alteraciones que estamos imponiendo en la composición de la atmósfera lleven el sistema climático a un cambio abrupto e irreversible.

En comparación con otros planetas, el nuestro presenta la mayor variedad de climas y condiciones ambientales debido justamente a que se encuentra en la zona habitable. Además, tiene una actividad geológica que produce cadenas de montañas y océanos profundos. La montaña más alta de la Tierra es el monte Everest, en el Himalaya, con 8 848 metros de altura. Su cima fue conquistada por primera vez el 29 de mayo de 1953 por sir Edmund Hillary (1919-2008), de Nueva Zelanda, y Tensing Norgay (*ca.* 1914-1986), un alpinista nepalés del pueblo sherpa. El pico más alto de toda América, el Aconcagua o «El Centinela de Piedra», con 6 960 metros de altura, fue conquistado por primera vez en el verano austral de 1897 por el suizo Mattias Zurbriggen. La cumbre más alta de África, con 5 900 metros, es el Kilimanjaro, y su legendaria cumbre nevada se encuentra solo tres grados al sur del ecuador. Los lugares más profundos bajo el mar son la Fosa de las Marianas, en el océano Pacífico, que tiene 11 033 metros de profundidad, y la Fosa de Puerto Rico, con 9 219 metros. Para nosotros, que apenas medimos 2 metros de altura, se trata de lugares con alturas o profundidades enormes, pero considerándolo desde otra perspectiva, si la Tierra tuviera el tamaño de una pelota de fútbol, su superficie sería mucho más lisa que la de una pelota real. En la estación de investigación rusa *Vostok*, en la Antártida, se ha llegado a medir la bajísima temperatura de 89 grados Celsius bajo cero, mientras que en el bien llamado Valle de la Muerte (el lugar más bajo del continente americano), en el estado de California, Estados Unidos, se ha registrado la elevadísima temperatura de 57 grados Celsius sobre cero.

La Tierra es un planeta *diferenciado*, es decir, no está compuesto por un material uniforme, sino por capas casi concéntricas de diferente composición. Tras el bombardeo inicial durante la época de su formación, la Tierra estaba incandescente y era una enorme masa de material derretido. Del mismo modo que en el horno de una fundición el metal líquido se deposita en el fondo y el resto flota por sus diferentes densidades, los materiales de la Tierra se separaron y los metales se concentraron en su núcleo. De no haber sido por esta diferenciación y por los procesos de tectónica de placas que crearon los continentes y la atmósfera, la vida se habría desarrollado de una forma muy diferente, o quizá ni siquiera habría surgido. A medida que se avanza desde la

El pico Aconcagua, conocido como «El Centinela de Piedra», es la cumbre más alta de toda América, con 6 960 metros de altura. En esta imagen se ve a la izquierda del centro, en el segundo grupo nevado de los cinco que cruzan la imagen en diagonal de norte (izquierda) a sur. La imagen mira hacia el nordeste. Por el angosto valle que atraviesa la cordillera al sur del Aconcagua cruza la carretera panamericana que conecta Mendoza con Santiago. El nombre Aconcagua deriva de la lengua aimará, donde *Acon* significa «nieve» y *Khawa* es «monte», según lo cual la traducción de *Aconcagua* equivale al nombre mucho menos poético de «monte nevado». El suizo Mattias Zurbriggen fue el primero en conquistar su cumbre en 1897. El célebre Juan Jorge Link ascendió hasta el pico en cuatro ocasiones entre 1936 y 1942; en 1940 lo acompañó su esposa Adriana Bance, y ella fue la primera mujer en escalar la cumbre. En 1944, Link, Bance y Alberto Kneidl quedaron atrapados por una tempestad tras alcanzar la cumbre y perecieron entre el 17 y el 20 de febrero. Sus cuerpos, encontrados un año más tarde, yacen en un pequeño cementerio en Puente del Inca, junto a otros que corrieron la misma suerte. Unos días antes, el 13 de febrero de 1944, Tibor Sekelj, Juan Zechner y Mario Bertone, pertenecientes al grupo de Link, habían escalado la cima y sobrevivieron para contar la historia. NASA superficie hacia el centro de la Tierra, la temperatura y la presión aumentan. La parte central, el núcleo de hierro y níquel, es una gigantesca esfera caliente con un diámetro de unos 6 800 km (aproximadamente el mismo tamaño que el planeta Marte) que contiene un tercio de la masa de la Tierra y es muy diferente del material que la rodea. La temperatura en el centro de la Tierra continúa siendo muy alta y coincide con la que impera en la superficie del Sol: unos 6 000 °C. Aunque el hierro funde a temperaturas mucho más bajas (unos 1 500 °C), la mitad interior del núcleo de la Tierra es de metal sólido debido a la elevada presión que ejercen las capas exteriores de la Tierra. La mitad exterior del núcleo, en cambio, es de metal líquido porque soporta menos presión, y, a medida que la Tierra gira, este líquido metálico genera el campo magnético que convierte al planeta en el gigantesco imán utilizado por los pájaros y nosotros para orientarnos.

La energía que mantiene la Tierra caliente después de tanto tiempo es, en parte, producto del proceso de su formación, pero sobre todo procede del decaimiento radiactivo de isótopos que tienen una vida media larga, como el uranio, el torio y el potasio, los cuales se incorporaron a la Tierra durante su formación. La Tierra sería un lugar muy distinto, geológicamente muerto, si no fuera por el calor que generan estos elementos radiactivos creados en un pasado remoto como consecuencia de la explosión supernova de una estrella.

El manto de la Tierra, que tiene un espesor de unos 2 800 kilómetros, rodea el núcleo metálico. Se compone de roca semisólida de densidad intermedia que contiene compuestos de oxígeno con magnesio, hierro y silicio. La delgada capa sólida que cubre el exterior de la Tierra, la litosfera (del giego *lithos*, «roca»), de unos 100 kilómetros de grosor, se compone de materiales livianos formados en su mayoría por minerales que contienen oxígeno, silicio, aluminio, calcio, magnesio, sodio y potasio. La litosfera se divide en varios pedazos, o placas, de roca sólida que cubren el planeta. La parte exterior de estas placas está formada por

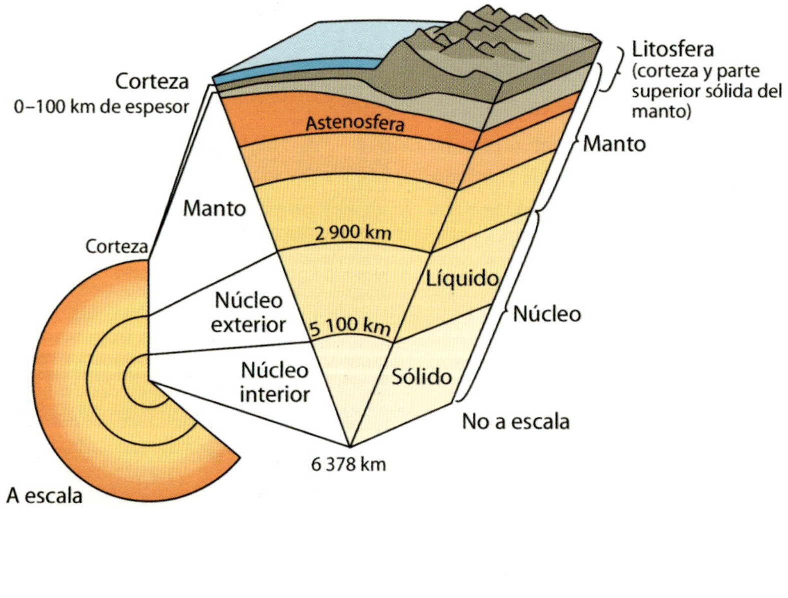

La estructura de la Tierra.
José F. Salgado

La Tierra está circundada por un delgado halo gaseoso compuesto en su mayoría de oxígeno y nitrógeno que nos proporciona el aire que respiramos, mantiene la superficie templada, nos protege de la letal radiación ultravioleta y nos escuda de pequeños proyectiles cósmicos. Por desgracia, también lo usamos como basurero. En esta imagen del amanecer visto desde la misión STS-101 del transbordador espacial, la luz del Sol se refracta en varios colores por la atmósfera. El pequeño espesor de la atmósfera se aprecia si mentalmente continúa la curvatura del horizonte para completar la esfera terrestre. NASA

la corteza continental, de entre 25 y 50 km de espesor, y la corteza oceánica, más fina y densa, de unos 10 km de espesor, que cubre el fondo de los océanos. Debajo de las rígidas placas de la litosfera yace una capa parcialmente derretida llamada astenosfera (del griego *asthenic*, «débil»).

Aire

De espaldas, sobre la prístina arena de aquella playa del primer capítulo, disfrutará del hermoso firmamento celeste y de la contemplación de algunas nubes blancas de vapor de agua, que como ovejas etéreas deambulan lentamente por los aires. Está mirando la atmósfera, una delgada capa de gas que rodea nuestro planeta y contiene el oxígeno que necesitamos para respirar. Además, contribuye a mantener la superficie del planeta a una temperatura agradable y nos protege de la dañina radiación ultravioleta del Sol y de morir acribillados por pequeños proyectiles cósmicos (los meteoros) que bombardean la Tierra sin cesar. Por desgracia, también la utilizamos como vertedero de desperdicios.

La atmósfera desempeña un papel fundamental en el control del flujo de energía procedente del Sol que calienta la superficie de la Tierra y del flujo de energía que parte desde la superficie terrestre hacia el espacio, lo cual provoca un enfriamiento de la misma. La capacidad reflectora de la superficie terrestre (su albedo) determina la cantidad de energía que se libera al espacio, y, claro está, cuanta más se refleja, menos se absorbe. El balance entre estos dos flujos opuestos de energía establece la temperatura promedio de la superficie de la Tierra. Si, por ejemplo, la inclinación del eje de la Tierra aumentara, los inviernos se tornarían más fríos, y esto incrementaría la cantidad y duración de la cobertura de hielo y nieve. Esto, a su vez, elevaría la fracción de la energía solar reflejada y las temperaturas bajarían aún más, rompiendo así el delicado balance que mantiene un clima constante. Un proceso como este puede llegar a desencadenar una edad de hielo.

Cuando usted siente el calor del Sol, se debe a que su piel absorbe parte de la energía contenida en la luz solar, que es una forma de radiación electromagnética. Esta radiación viaja a la velocidad de la luz, que, como hemos visto, tarda 8 minutos en llegar a la Tierra desde el Sol. Los distintos tipos de radiación electromagnética se diferencian por su longitud de onda, o lo que es igual, la frecuencia de la oscilación de sus campos eléctricos y magnéticos (de ahí su nombre). El físico y matemático escocés James Clerk Maxwell (1831–1879), otro gran héroe de las ciencias físicas, determinó por primera vez la naturaleza de las ondas electromagnéticas. Maxwell se suma a Newton y Einstein como uno de los físicos más ilustres de todos los tiempos. Sus relaciones matemáticas (las ecuaciones de Maxwell) sirven de base a todos los cómputos necesarios para producir los modernos instrumentos electrónicos que todos utilizamos. Las ondas electromagnéticas portan noticias de las regiones más remotas del universo que nosotros captamos a través de grandes telescopios ópticos y radiotelescopios instalados en la Tierra, o de telescopios muy sensibles de rayos X o ultravioleta que operan desde el espacio. Ondas similares nos traen también las noticias que emiten estaciones de radio y televisión. Así pues, la próxima vez que vea a su equipo favorito jugando en la televisión, dele gracias a Maxwell por sus ecuaciones.

La longitud de onda de la luz visible es muy pequeña, 100 000 veces menor que un centímetro. La luz roja, por ejemplo, tiene una longitud de onda de

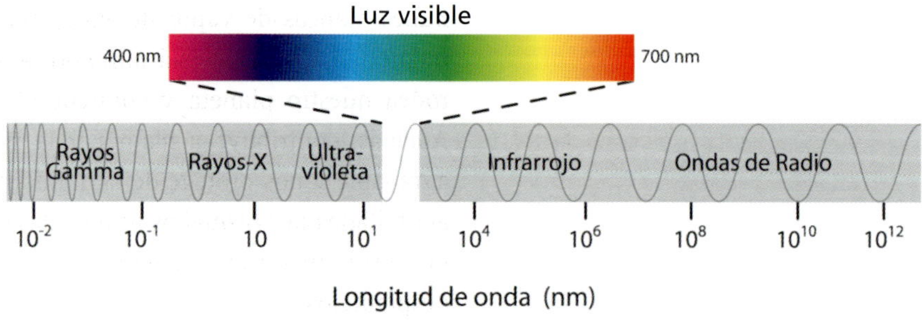

El espectro electromagnético. La luz visible es solo una pequeña fracción (de 400 nm a 700 nm) del espectro de ondas que abarca desde los rayos gamma, con longitudes de onda muy pequeñas, a las ondas de radio, con longitudes de onda largas. Un nanómetro (1 nm) es la mil millonésima parte de un metro.
José F. Salgado

650 nanómetros (nm; un nanómetro es una unidad muy útil que equivale a la mil millonésima parte de un metro). La longitud de onda de la luz azul es menor, alrededor de 475 nm, y los invisibles rayos ultravioleta tienen una longitud de onda aún más corta. Por otro lado, la radiación infrarroja tiene una longitud de onda mayor que la roja. Los prefijos *infra* y *ultra* aluden a la frecuencia de la onda, la cual es inversa a la longitud de onda, de modo que la luz *infra*rroja tiene una frecuencia *menor* que la roja.

La luz visible del Sol es más intensa entre 400 y 800 nm, aunque parte de la energía solar se produce en frecuencias no visibles, tales como las del infrarrojo y el ultravioleta. Al atravesar nuestra atmósfera, una parte de la luz solar es absorbida y dispersada por los gases atmosféricos, de manera que la luz que llega a la superficie no tiene la misma composición que la producida por el Sol y esto conlleva consecuencias importantes para la biología. Esta es la razón de que el Sol muestre un color distinto cuando lo contemplamos desde el espacio que cuando lo vemos desde la Tierra. Las invisibles radiación infrarroja y ultravioleta son absorbidas por la atmósfera y no llegan a la superficie. Por eso la fracción de energía solar que alcanza la superficie del planeta y se compone de luz visible es mucho mayor que la emitida por el Sol.

El término *visible* no se refiere a ninguna propiedad particular de las ondas electromagnéticas, sino a una característica concreta de nuestros maravillosos sensores de luz, los ojos. Nuestra vista es sensible a luz con una longitud de onda de entre 400 nm (azul) y 700 nm (rojo), aproximadamente, y es mucho más sensible a la luz amarillo-verdosa, lo cual resulta de gran utilidad si su interés principal consiste en buscar y comer sustancias verdosas. No es extraño que nuestros ojos sean sensibles al rango de luz visible; no resultarían muy útiles de otro modo. Se presume que en un planeta en órbita alrededor de una estrella distinta del Sol, digamos una más pequeña y fría, que emitiría sobre todo en el infrarrojo, los ojos serían sensibles a la luz infrarroja.

Un método eficaz de obtener energía consiste en extraerla de una onda electromagnética. Esto es lo que sucede en los hornos de microondas, unos aparatos que generan ondas electromagnéticas a una frecuencia fácilmente absorbida por las moléculas de agua. Como el agua es el componente principal de cualquier sustancia que queramos cocinar para comer, al introducirla en el horno de microondas absorbe la energía de las ondas y se calienta. La fotosíntesis de las plantas, el proceso principal para extraer energía solar por parte de la vida, se produce mediante la absorción de luz roja y azul. La mayoría de las cosas que vemos, las vemos por luz reflejada. Si algo absorbe la porción roja y azul de la luz solar, lo que queda para ser reflejado es verde, y ahí estriba la razón de que las plantas sean de este color.

Cuando la luz del Sol se encuentra con las moléculas atmosféricas o con pequeñas partículas de polvo, estas la dispersan, es decir, la desvían en todas las direcciones. Este proceso depende de la longitud de onda, de tal forma que la luz azul se dispersa más que la roja. Por eso, el cielo es azul. En cambio, si miramos el Sol directamente vemos mayor proporción de luz roja, ya que la azul ha sufrido una dispersión mayor, y por lo tanto el Sol parece más rojo de lo que es en realidad. Cuanto más gas se interponga en el camino de la luz, tal como ocurre cuando el Sol se encuentra cerca del horizonte, más notable será el efecto. Si hay mucho polvo en la atmósfera, el efecto será más pronunciado y nos brindará el hermoso espectáculo de una puesta de Sol escarlata. Aunque no resulte tan hermosa, la bruma marrón que en ocasiones usted puede ver hacia el horizonte también se debe a que en esa dirección su visual atraviesa una mayor cantidad de gas. Si en lugar de mirar hacia el horizonte volvemos la vista hacia arriba, el aire parece transparente, pero, en realidad, está igual de contaminado que el aire que vemos a distancia en el horizonte.

Como la Luna carece de atmósfera, muestra un cielo negro tachonado de estrellas similar al firmamento nocturno terrestre, aun cuando está presente el Sol, el cual parece más amarillo de como nosotros lo vemos. Usted, que salió a ver las estrellas tal como le sugerí al principio (¿es posible que aún no lo haya hecho?), sabe que los astros titilan en el cielo. El temblor se debe a que, cuando su luz penetra en la atmósfera terrestre, se desvía primero en una dirección y luego en otra debido a las burbujas de aire turbulento que encuentra a su paso.

La atmósfera se enrarece rápidamente con la altura. El 99% del aire se localiza en los 30 kilómetros más bajos de la atmósfera y la mitad del mismo se concentra en los primeros 5 kilómetros, por debajo de la cima de las montañas más altas. El aire se compone en un 78% de nitrógeno molecular (dos átomos de nitrógeno, N_2) y en un 21% de oxígeno molecular (O_2) con trazas de dióxido de carbono, agua, y argón (Ar). Una forma triatómica de oxígeno molecular, llamada ozono (O_3), se encuentra en una tenue capa de la estratosfera, entre 15 y 30 kilómetros de altura.

Hace cuatro mil millones de años la atmósfera era muy diferente, estaba compuesta en su mayoría por dióxido de carbono, nitrógeno, agua y dióxido de azufre (SO_2). En aquella época, nuestro Sol era alrededor de un tercio menos luminoso que hoy. A partir de esa composición inicial, nuestra atmósfera evolucionó aumentando gradualmente su contenido de oxígeno como consecuencia de procesos fotosintéticos, y disminuyendo su contenido de dióxido de carbono con la proliferación de las formas de vida basadas en el carbono y con la formación de minerales ricos en este elemento, como el carbonato de calcio.

El dióxido de carbono, que constituye la diminuta cuarta parte de una diezmilésima de la atmósfera, el vapor de agua y otros gases menos comunes aún, se llaman gases de invernadero porque ejercen el mismo efecto que el cristal de un invernadero. Estos gases son transparentes a la luz visible pero no a la radiación infrarroja. En consecuencia, la luz solar puede alcanzar la superficie de la Tierra, donde el suelo absorbe su energía y se calienta. El suelo se desprende del calor, se enfría, irradiando en el infrarrojo. Pero como la atmósfera *no* es transparente a la radiación infrarroja, debido a los gases de invernadero que contiene, esta queda atrapada y calienta el ambiente en la superficie de la Tierra. Cuanta más concentración haya de gases de invernadero, mayor será la temperatura. La alta concentración inicial de dióxido de carbono en la atmósfera hace cuatro mil millones de años sirvió para contrarrestar la escasa luminosidad que tenía entonces el Sol, e impidió que nuestro mundo se congelara para siempre.

Todavía hoy, sin la capa atmosférica, la superficie de nuestro planeta sería 30 °C más fría y se transformaría en un lugar congelado casi por entero e inhóspito. Así, la vida en la Tierra depende de los buenos servicios de unas trazas de determinados gases. Sin embargo, lo bueno en exceso puede resultar fatal. Un aumento en la concentración de dióxido de carbono en la atmósfera incrementará el calentamiento de la superficie. Esto no es mera teoría. Basta echar una ojeada a nuestro «hermano» Venus, cuya superficie, como consecuencia de este proceso, ha alcanzado temperaturas tan altas que el plomo se funde. A esto se debe la preocupación de muchos científicos ante los cambios ambientales que pueden causar nuestras actividades, entre las que se incluye un aumento precipitoso en la emisión de gases de invernadero, en particular de dióxido de carbono, como consecuencia del uso de combustibles fósiles y la producción de alimentos. La deforestación a gran escala agrava la situación, ya que reduce la cantidad de dióxido de carbono que se extrae de la atmósfera por fotosíntesis. Otros gases de invernadero, como el metano (CH_4), producido por procesos de fermentación bacteriana y por la digestión animal, o el óxido nítrico (N_2O), un producto secundario del uso de fertilizantes y de la combustión de gasolina, también contribuyen al calentamiento global. Sus efectos a largo plazo son, sin embargo, menos importantes que los del dióxido de carbono, ya que permanecen en la atmósfera por menos tiempo.

Dondequiera que miramos y cuanto más aprendemos, descubrimos que la vida y el ambiente guardan una relación íntima, compleja y equilibrada. Una enmarañada red de procesos biológicos y geofísicos mantiene el equilibrio, que es bastante estable, pero no necesariamente permanente. Un pequeño cambio, en una dirección u otra, en la tasa de estos procesos podría conllevar unos efectos en el medio ambiente y en la vida que no podemos predecir con certeza por la complejidad del sistema, lleno de sutilezas difíciles de incluir en los cómputos.

Así ocurrió, por ejemplo, con el ozono estratosférico cuando de pronto nos dimos cuenta de que nos enfrentábamos con un problema gravísimo. Como veremos en el capítulo 8, se descubrió un «agujero» en el ozono localizado en los polos y una disminución de la concentración global de ozono provocada por lo que considerábamos productos químicos inofensivos.

«CARIÑO, CREO QUE SERÁ MEJOR QUE TE PONGAS UN POCO DE LOCIÓN SOLAR.»

Una serie de reacciones desencadenadas por la luz solar ultravioleta en las partes bajas de la estratosfera se encargan de convertir en ozono el oxígeno molecular común para crear una delicada y vulnerable capa. Si todo el ozono de esta capa se encontrara en la superficie terrestre sometida a la presión atmosférica normal, su espesor no pasaría de 3 milímetros. El ozono de esta capa absorbe la radiación ultravioleta y se separa en oxígeno molecular y oxígeno atómico siguiendo un ciclo que se mantiene en equilibrio. Estas reacciones absorben la letal radiación ultravioleta de manera que impiden que llegue a la superficie y protegen de ella la vida.

Es curioso que el ozono que nos protege desde la estratosfera sea un gas tóxico cuando se encuentra en la superficie de la Tierra producido por reacciones fotoquímicas en el aire contaminado por productos de combustión. Su elevada reactividad produce daños en las plantas y en los tejidos animales. La capa de ozono, que ha protegido la vida de la superficie de la Tierra durante más de quinientos millones de años, surgió como consecuencia del aumento en la cantidad de oxígeno atmosférico producido por fotosíntesis. Debemos tener mucho cuidado de no destruir este delicado escudo protector. Antes de formarse la capa de ozono, la vida en la superficie no era posible, tenía que refugiarse bajo el agua, donde la radiación ultravioleta no penetra.

Además de respirarlo, el oxígeno sirve para que los meteoritos que se adentran en la atmósfera a gran velocidad se incineren y, por lo tanto, causen menos daño en caso de llegar a la superficie. Sin embargo, demasiado oxígeno también podría representar un problema.

Cada año muchos millones de rayos causan incendios forestales, daños en las redes eléctricas y cientos de muertes. Se estima que si la cantidad de oxígeno presente en la atmósfera aumentara desde el actual 21% a un 25%, la vegetación se quemaría con mucha facilidad y tendríamos graves problemas.

Los millones de rayos que caen a tierra cada año causan incendios forestales, problemas en redes de electricidad y cientos de muertes. Sin embargo, verlos resulta espectacular. La velocidad del sonido en el aire es de 340 m/s, casi un millón de veces menor que la velocidad de la luz, por eso, aunque el rayo genera el trueno, usted ve la luz mucho antes de oír el trueno. Esta fotografía capturó un relámpago sobre Cabo Rojo en Puerto Rico. El planeta Júpiter es el punto blanco a la derecha de la foto.
Frankie Lucena, Cabo Rojo, Puerto Rico

Historia

El obispo James Ussher (1581-1656), prelado angloirlandés, calculó a partir de un estudio genealógico de la Biblia que la Tierra fue creada en el año 4004 a.C. Hasta fue capaz de precisar (no me pregunte cómo) que la Tierra data del ¡23 de octubre de 4004! En aquella época prevalecía la idea de que la Tierra tiene una historia corta. En el siglo XIX, el tema de la edad de la Tierra creó gran polémica entre quienes aceptaban las ideas de Ussher y los geólogos que entendían que los procesos de sedimentación y erosión, y la formación de montañas y cañones, necesitaban tiempos inmensos, de entre 100 y 400 millones de años. Aquellos que seguían las ideas de Darwin y postulaban un largo proceso evolutivo también pensaban en intervalos temporales mucho más largos que los bíblicos. Esta suposición pasó a conocerse como la visión *uniformitaria* de la evolución geológica, la cual sostenía que la historia de la Tierra consiste en lentos cambios graduales. El eminente geólogo sir Charles Lyell (1797-1875), amigo de Darwin, expuso estas ideas en su obra *Principles of Geology*[1], publicada en 1830. Este libro pasó a ser uno de los textos más influyentes de la época, un volumen que acompañó a Darwin en su viaje a bordo del *Beagle*.

El naturalista francés y contemporáneo de Lyell, Georges Leopold Cuvier (1769-1832), considerado el fundador de la ciencia de la paleontología (ciencia de la vida antigua), publicó en el año 1825 su obra *Discourse sur les Revolutions de la Surface du Globe*[2], basada en sus pioneros estudios del registro fósil. Cuvier usaba el término *revoluciones* para aludir a cambios catastróficos. Sus estudios indicaron que el registro fósil era discontinuo y contenía especies animales extintas que fueron reemplazadas por otras. Cuvier concluyó que el registro geológico y fósil demostraba que la historia de la Tierra había estado marcada por una serie de cataclismos, lo cual contradecía la visión uniformitaria de los lentos cambios graduales.

Quienes defendían la idea de una historia terrestre breve no encontraron más salida que afirmar que los abruptos cambios observados en el registro geológico y accidentes como montañas y cañones se habían debido a unos pocos cataclismos recientes, el último de ellos relacionado con el diluvio universal y el arca de Noé. Hoy sabemos que la Tierra es decenas de veces más antigua de lo que postulaban los uniformitarios, lo cual deja tiempo suficiente para que los lentos procesos geológicos, como la erosión y la sedimentación, hayan cambiado el paisaje. Pero también hemos aprendido que en el pasado hubo grandes cataclismos y que, sorprendentemente, nosotros surgimos como consecuencia de un evento así, tal como veremos más adelante.

La revolución copernicana nos desterró del centro del universo, y a medida que los astrónomos descubrían la inmensidad del cosmos nos fuimos con-

[1] «Principios de geología».

[2] «Discursos sobre las revoluciones de la superficie del globo».

virtiendo en una parte cada vez más insignificante del mismo. Si era fácil imaginar una historia de seis mil años de antigüedad, no lo era aceptar una de miles de millones porque eso convertía nuestra propia historia en un efímero instante de la existencia de la Tierra. Otro horizonte se expandía para mostrar que ocupamos no solo una parte infinitesimal del espacio, sino también una parte infinitesimal del tiempo. La pugna intelectual de aquellos tiempos consistía, en esencia, en definir nuestra posición en el universo. Sin embargo, sin métodos fiables para medir la edad de las rocas, muchos de los argumentos carecían de fundamento científico.

En las postrimerías del siglo XIX se intentó calcular la edad de la Tierra mediante argumentos científicos basados en las leyes de la física entonces conocidas, sin recurrir a la evidencia geológica, que se consideraba circunstancial. Entre los científicos de la época que estudiaron este problema encontramos al influyente físico británico William Thomson (1824-1907), que después de que la reina Victoria lo honrara con el título de caballero en 1892 pasó a ser conocido como lord Kelvin. Basándose en la hipótesis de que el calor interior de la Tierra era el remanente de su formación y usando los conceptos de termodinámica desarrollados en gran parte por él mismo, Kelvin calculó que la edad de la Tierra rondaba los cien millones de años, una cifra mucho mayor que la propuesta por Ussher, pero no lo suficiente como para convencer a los uniformitarios. Kelvin también concluyó que la edad del Sol no era muy superior a cien millones de años, que había sido mucho más caliente hace un millón de años y que seguiría enfriándose en el futuro, sin dejar tiempo suficiente para los uniformitarios ni para la evolución de la vida. En 1862, Kelvin escribió:

> Por tanto, parece muy probable que el Sol no haya iluminado la Tierra durante 100 millones de años y es seguro que no lo ha hecho durante más de 500 millones de años. Sobre el futuro podemos decir con igual certeza que los habitantes de la Tierra no podrán disfrutar de la luz y el calor tan esenciales para la vida durante muchos millones de años más, a menos que existan fuentes de energía desconocidas en el gran depósito de la creación.

Y, en efecto, así ocurrió: había fuentes de energía desconocidas en el «gran depósito de la creación». Posiblemente, la contribución más importante de Kelvin a la polémica sobre la edad de la Tierra fue su insistencia en que el asunto debía estudiarse usando las leyes de la física.

El descubrimiento de la radiactividad no solo desveló una fuente de energía desconocida hasta entonces que permitía que la edad de la Tierra fuera mucho más larga que la calculada por lord Kelvin, sino que también brindó un método riguroso para determinar la edad de rocas. El descubrimiento de la radiactividad y los procesos de la física nuclear condujeron además, como hemos visto, a comprender cómo funcionan las estrellas y el origen de los elementos.

El celebrado físico Ernest Rutherford (1871–1937), nacido en Nueva Zelanda y a la sazón joven profesor de la Universidad de McGill, Montreal (Canadá), fue quien determinó que las sustancias radiactivas pueden aportar energía, lo cual invalidó las conclusiones de lord Kelvin. Presentó estos resultados en 1904 con ocasión de una reunión a la que fue invitado por la Royal Institution de Londres, de la cual relata lo siguiente:

> Entré en el salón, que estaba oscuro, y divisé a lord Kelvin sentado entre la audiencia. Me di cuenta de que iba a encontrarme en apuros durante la parte final de mi presentación, que trataba acerca de la edad de la Tierra, donde mis opiniones contradecían las suyas. Para mi alivio Kelvin se durmió profundamente, pero al llegar a la última parte de mi exposición, vi al viejo lince incorporarse en su silla mirándome con ojos funestos. Una inspiración repentina me indujo a decir: «Lord Kelvin ha limitado la edad de la Tierra *siempre y cuando no hubiera nuevas fuentes de energía*, y ese presagio profético se refiere al tema que estamos considerando esta noche: el radio». El viejo muchacho quedó complacido.

Como hemos visto, los átomos expulsados a gran velocidad por una explosión supernova producen al chocar entre sí toda una variedad de átomos más pesados, algunos de ellos radiactivos. Aquellos que no colisionan siguen viajando por el espacio interestelar y millones de años más tarde chocan con las capas superiores de nuestra atmósfera. Estos *rayos cósmicos*, en su mayoría protones (los núcleos de hidrógeno), fueron descubiertos por el físico austriaco Victor Franz Hess (1883–1964), quien en 1912 investigó su naturaleza. Hess ascendía a una altura mayor de 5 000 metros en globos llenos del explosivo hidrógeno (recuerde el «Hindenburg»), y allí manejaba sus instrumentos jadeando por el frío intenso de aquella atmósfera enrarecida. Fue toda una proeza. En 1936, Hess fue galardonado con el premio Nobel de Física por su descubrimiento de los rayos cósmicos. Al chocar con la atmósfera, los rayos cósmicos causan reacciones que transmutan átomos de nitrógeno-14 (^{14}N) en átomos de carbono-14 (^{14}C), un isótopo poco común del carbono. Como, en última instancia, el carbono que compone la vida se obtiene del dióxido de carbono atmosférico, la proporción entre carbono-14 y carbono-12 en sus tejidos, es igual a la fracción atmosférica, aproximadamente una parte entre 10 000.

Cuando un organismo muere deja de incorporar carbono-14 a sus tejidos, y a partir de ese momento comienza a disminuir la cantidad de carbono-14 que contienen sus restos. Sabemos que la vida media del carbono-14 es de 5 730 años, y eso nos permite estimar el tiempo transcurrido desde la muerte de un organismo. Por ejemplo, si usted se muere en el año 2070, y algún arqueólogo encuentra su cuerpo fosilizado en el año 7800, sus restos tendrán la mitad del carbono-14 atmosférico que en la actualidad. Si alguien lo encuentra en el año 13530 (después de dos vidas medias), sus restos conservarán un cuarto del carbono-14. Este método para determinar la antigüedad de restos de origen biológico nos ha revelado la edad de cosas tales como el famoso sudario de Turín, o el hombre de los hielos, que murió hace cinco mil trescientos años en el valle de Ötz de los Alpes, en la frontera italo-austriaca. Antes de que el físico francés Antoine Henri Becquerel (1852-1908) descubriera la radiactividad en 1896, no era posible calcular estas edades con precisión. Tampoco podía determinarse la edad de la Tierra.

La determinación de edades usando las propiedades del decaimiento de elementos radiactivos pasó a convertirse en el difícil tema de muchas investigaciones a principios del siglo XX, y condujo rápidamente a la conclusión de que la edad de la Tierra era superior a mil millones de años, algo impensable hasta entonces. Esta conclusión se fundamentaba en el estudio de las propiedades de elementos radiactivos de vidas medias largas, aquellos creados en explosiones supernova e incorporados a nuestro planeta al formarse este a partir de granos interestelares. Por ejemplo, el uranio (^{238}U) decae a plomo (^{206}Pb) con una vida media de 4 500 millones de años, y el potasio (^{40}K) decae a argón (^{40}Ar) con una vida media de 1 300 millones de años. Las rocas más antiguas, encontradas en Groenlandia, tienen una edad de 3 800 millones de años, y se han encontrado diminutos cristales de zirconio en Australia cuya edad es de 4 400 millones de años.

Rutherford, cuyo trabajo sentó las bases para el desarrollo de la física nuclear, recibió el premio Nobel de Química en 1908. Becquerel compartió el premio Nobel de Física de 1903 con el físico francés Pierre Curie (1859-1906) y con su esposa Marie Sklodowska Curie (1867-1934), por sus estudios sobre radiactividad. Madame Curie fue la primera mujer nombrada profesora de la prestigiosa Sorbona de París, y recibió un segundo premio Nobel en 1911, esta vez en Química, por descubrir los elementos radio y polonio, este último nombrado en honor de su país de origen.

Aunque en lugares apropiados del texto he mencionado algunos de los científicos que han recibido el premio Nobel, la distinción más alta que se puede obtener en las ciencias (algo así como un Óscar, pero menos frívolo y menos abundante), se trata de una lista claramente incompleta. Si lo hago es por recordarle algunos nombres importantes, pero, como usted bien puede imaginar, hay docenas, si no cientos, de personas que, aunque no sean tan bien conocidas, han contribuido de forma importante a esta historia.

Es curioso que hoy en día los científicos debatan acerca de la edad del universo, es decir, el tiempo transcurrido desde la Gran Explosión. Es notable que podamos plantearnos eso. Varias investigaciones obtienen resultados que van de los diez a los veinte mil millones de años, una discrepancia de tan solo un factor 2. Para determinar esta edad se usan diferentes métodos que, al igual que en los tiempos de Kelvin, se basan en las leyes conocidas de la física, en particular la teoría de la gravitación de Einstein, conocida como relatividad general. El problema es que algunas de estas medidas parecen indicar una edad inferior a la de las estrellas más antiguas que conocemos, algo que, claramente, no puede ser. No puede haber un universo más joven que los objetos que contiene, de modo que debemos continuar con las investigaciones para entender qué está pasando. Sin duda, la realización de más mediciones y el desarrollo de las teorías cosmológicas y de evolución estelar contribuirán a aclarar la situación. Si al final las medidas no coinciden con las teorías de evolución estelar, o sobre la evolución del universo, entonces habrá que modificar estas últimas.

Agua

Casi tres cuartas partes de la superficie de la Tierra (el 71%) están cubiertas de agua, un compuesto de los dos elementos químicamente activos más comunes del universo, el oxígeno y el hidrógeno (el helio es el segundo más común, pero no se combina con nada por tratarse de un *gas noble)*. Nuestros océanos pueden almacenar una cantidad gigantesca de energía y actúan, por lo tanto, como esenciales estabilizadores del clima terrestre. La profundidad promedio de los océanos ronda los 4 kilómetros, y la masa total de agua, como mencioné más arriba, asciende a cuatro milésimas partes de la masa de la Tierra. La mayoría del agua que alberga el planeta (el 97%) es demasiado salada para el consumo humano, y contiene sodio, potasio, cloro, fósforo y calcio. Las tres cuartas partes del resto se encuentran solidificadas en los polos o en acuíferos demasiado profundos para su explotación. Solo cinco centésimas del 1% quedan disponibles para el consumo, un tesoro de agua dulce que se renueva con la lluvia y que debemos conservar. No digo esto porque sí, sin duda ha oído hablar de muchos lugares con graves dificultades de abastecimiento de agua potable, y el problema aumenta con el paso del tiempo y el incremento inexorable de la población.

El agua es un compuesto incomparable porque se mantiene en estado líquido a una temperatura a la que otros compuestos similares, como el amoníaco (NH_3), el metano (CH_4) y el ácido sulfhídrico (H_2S), son gaseosos. Es uno de los mejores solventes conocidos, y brinda un medio en el que elementos y moléculas en solución pueden moverse con facilidad y reaccionar entre sí. Las células de nuestros cuerpos, donde ocurre mucho de esto, consisten en su mayoría en agua. El agua es una de las pocas sustancias que en estado sólido (usted la usa para enfriar las bebidas) es menos densa que en estado líquido, de ahí que el hielo flote, lo cual es un detalle nada trivial. Si el hielo no flotara, no existirían témpanos de hielo para hundir el *Titanic*, pero tampoco tendríamos agua líquida para que los buques pudieran navegar. La cuestión es que, si el hielo se hundiera, se acumularía en el fondo de los lagos y océanos y con el tiempo acabaría congelándose toda el agua. En cambio, como el hielo se forma en la superficie, aísla del frío el resto del agua, como si fuera un gigantesco iglú, y la mantiene líquida. La vida, que comenzó en el agua, no se habría desarrollado en el hielo, ya que bajo condiciones heladas los procesos bioquímicos de la vida no progresan, o lo hacen muy lentamente. Justo por eso podemos conservar un pollo congelado durante mucho tiempo.

Fuego

Fueron dos las fuentes de los elementos que componen nuestra atmósfera y los océanos. Como hemos visto, la Tierra primordial carecía de estos elementos volátiles, pero llegaron formando parte de los planetésimos que colisionaron con ella en los albores de su existencia. Más tarde, las erupciones volcánicas liberaron a la atmósfera gases tales como el oxígeno, el hidrógeno, el carbono o el nitrógeno, los cuales componen ciertos minerales.

Si tres cuartas partes de la superficie terrestre están cubiertas de agua, no requiere un difícil cálculo matemático concluir que los continentes cubren nada más que un cuarto. Los continentes se componen en su mayoría de material bastante joven porque en menos de quinientos millones de años gran parte de la superficie se recicla por el efecto de la erosión y de los procesos tectónicos. Por lo tanto, es sumamente difícil encontrar rocas viejas, con más de tres mil millones de años de edad.

Si observa un mapa del mundo o, mejor aún, una fotografía de la Tierra tomada desde el espacio, verá que América del Sur encaja con África como si los continentes fueran piezas de un rompecabezas. De hecho, *son* piezas de un gigantesco rompecabezas, y este descubrimiento revolucionó la geofísica. Buena parte de lo que le ha sucedido a la Tierra desde que se formó se debe

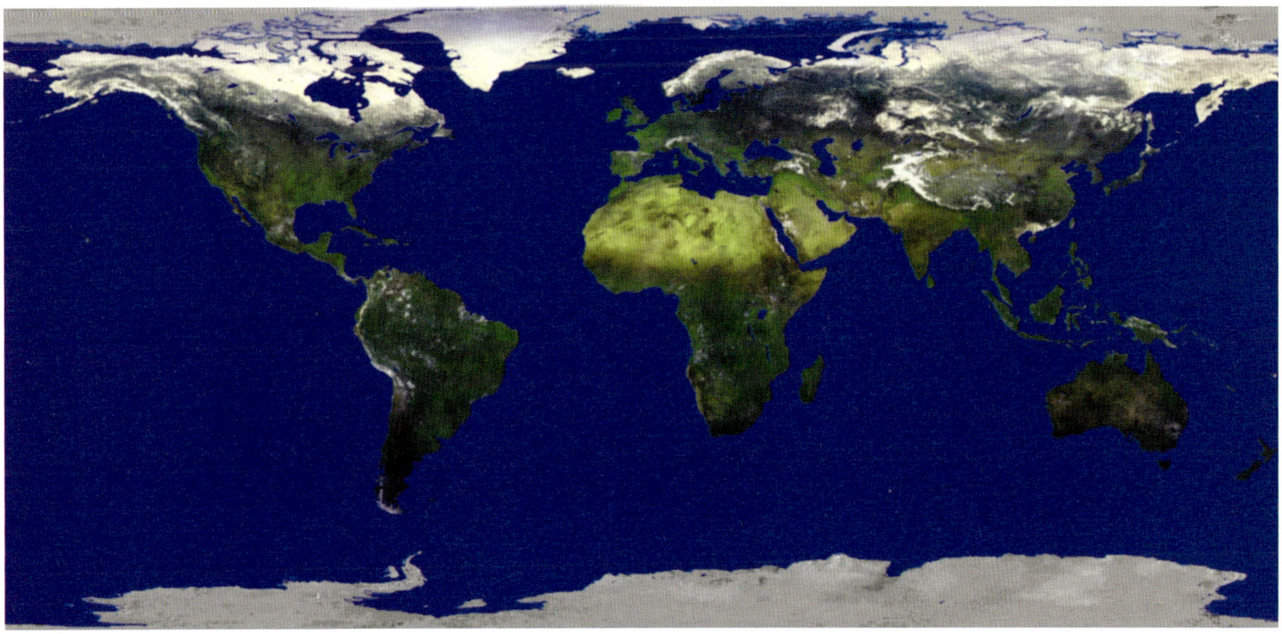

Por lo general, el 40% de la superficie terrestre se encuentra siempre cubierto de nubes. Esta imagen compuesta con imágenes escogidas muestra la Tierra tal como se vería sin nubes. Note cómo ambos lados del Atlántico encajan como si fueran piezas de un rompecabezas. NASA GSFC Scientific Visualization Studio al proceso llamado *tectónica de placas*. Este hallazgo y el desarrollo de la teoría son tan relevantes para la geofísica como la nucleosíntesis para la astrofísica o la estructura del ADN para la biología.

En 1912, el astrónomo y meteorólogo alemán Alfred Lothar Wegener (1880-1930) propuso, como otros antes que él, la idea entonces descabellada de la deriva de los continentes. A diferencia de sus predecesores, Wegener basó sus ideas en la similitud de los fósiles, las rocas y las estructuras geológicas observadas a ambos lados del Atlántico. Sin embargo, la mayoría de sus contemporáneos no aceptó estas ideas por considerar que las evidencias eran circunstanciales e incompletas y porque no se había identificado ningún mecanismo geofísico capaz de mover las masas continentales. Además, la idea no cuadraba con la visión, aceptada por la mayoría de los geofísicos de la época, de que los continentes siempre han estado donde están.

Sin embargo, estudios detallados del fondo de los océanos y el conocimiento más completo de la estructura interior de nuestro planeta a partir del análisis de las propiedades de las ondas sísmicas al propagarse por la Tierra, brindaron a comienzos de la década de 1960 la información necesaria para aceptar las ideas de Wegener y conocer el mecanismo que permite los desplazamientos. Este consiste en que las enormes placas de la litosfera flotan y se mueven sobre la flexible astenosfera arrastrando consigo los continentes y océanos. El calor interno generado por los isótopos radiactivos del uranio, el torio y el potasio, funde el material de la astenosfera y produce el movimien-

La dorsal del Atlántico central forma parte de una gigantesca cordillera de montañas submarinas. Corta el Atlántico de sur a norte a lo largo de unos 15 000 km. En su centro alberga un profundo valle de varios kilómetros de ancho, por el cual, como si fuera una enorme herida en el planeta, mana material derretido del interior que genera corteza oceánica. Este mapa batimétrico global del océano se obtuvo usando sondas de profundidad desde embarcaciones e información obtenida por los satélites Geosat y ERS-1.
En este mapa detallado de una parte del océano Atlántico se ven picos de más de 2 000 metros de altura sobre el fondo marino y se aprecian con claridad fracturas ortogonales a la dirección general sur-norte de la cordillera. NOAA

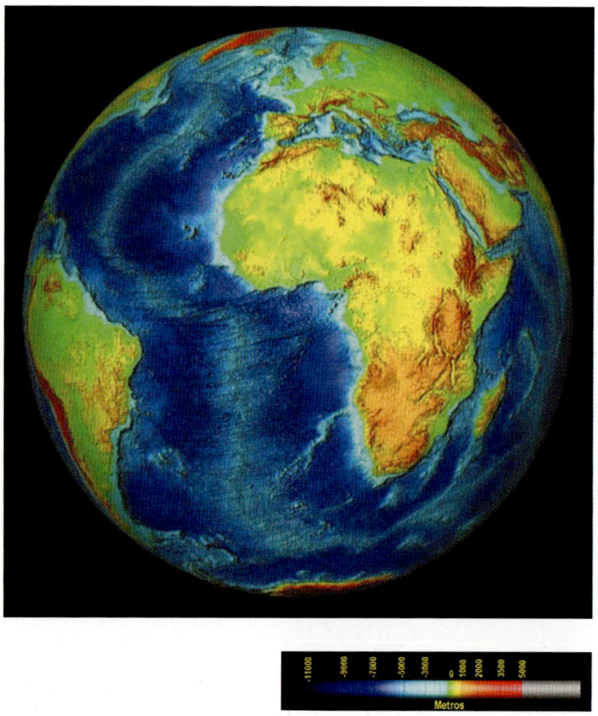

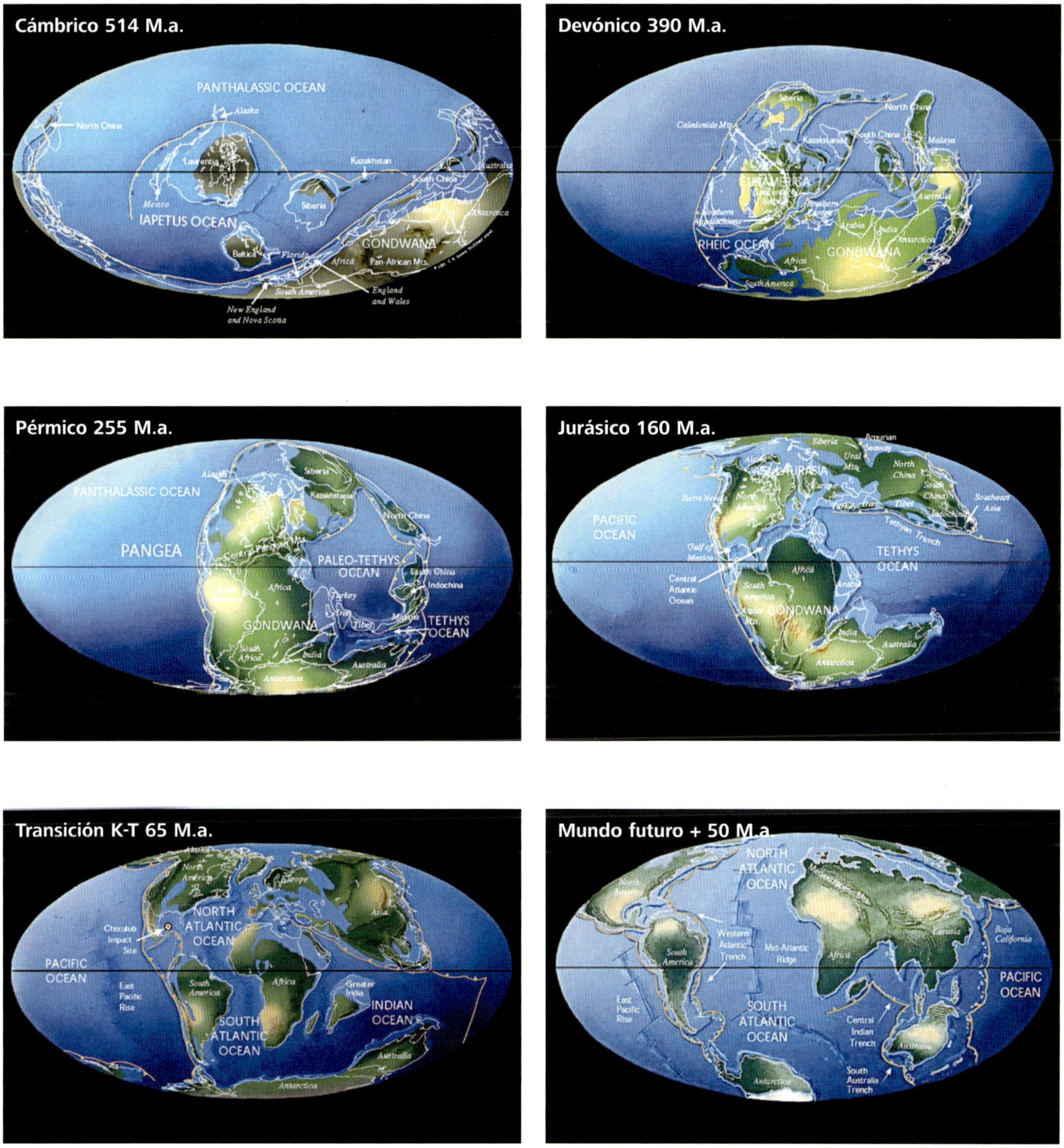

Reconstrucción de la posición que ocupaban las masas terrestres durante los pasados quinientos millones de años, cuando se formó Pangea y luego comenzó a separarse. El último panel muestra la geografía dentro de cincuenta millones de años, consecuencia del movimiento continuo que experimentan las placas tectónicas. El Atlántico se ensanchará, África chocará con Europa y cerrará el Mediterráneo, Australia chocará con Asia y California se desplazará hacia el norte hasta la costa de Alaska. C. R. Scotese (www.scotese.com) - Paleomap project

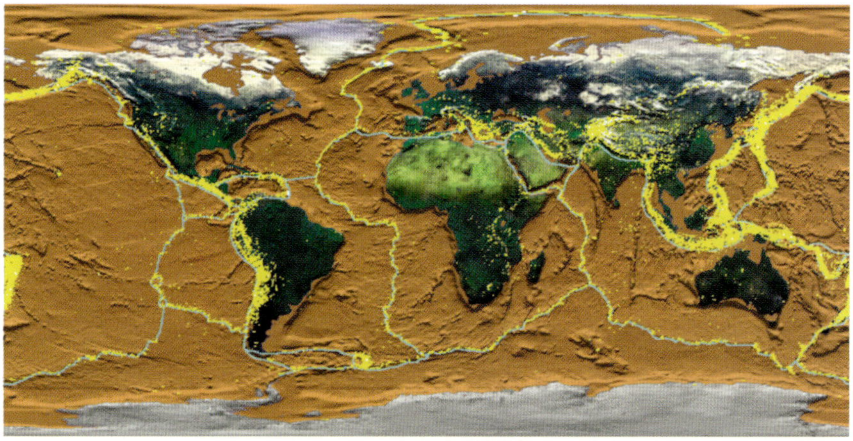

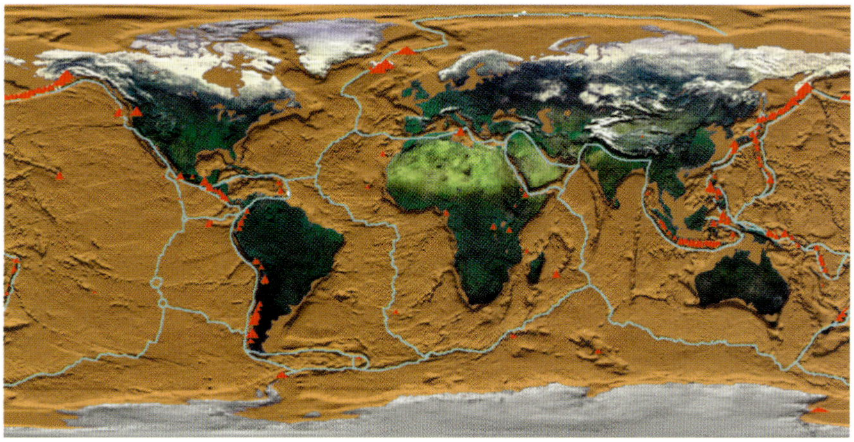

La superficie sólida de la Tierra se compone de un mosaico de placas tectónicas (líneas azules). Al moverse una placa con respecto a otra, libera enormes cantidades de energía en forma de terremotos. En los lugares donde la corteza oceánica se hunde debajo de la corteza continental surgen volcanes. Los puntos amarillos marcan los epicentros de terremotos de intensidad superior a 4.5 ocurridos entre 1980 y 1995, y los triángulos rojos del mapa inferior indican erupciones volcánicas acaecidas entre 1960 y 1994. Queda claro que la mayoría de estos eventos se producen cerca de los bordes de las placas tectónicas. NASA - Goddard Space Flight Center Scientific Visualization Studio

to de las placas. De modo que, a fin de cuentas, los continentes se desplazan impulsados lentamente por la energía que liberó una explosión supernova distante. *Somos hijos de las estrellas en más de un aspecto.*

El proceso de la tectónica de placas produjo los continentes y tuvo efectos fundamentales en el clima terrestre del pasado. La ubicación y el tamaño de los continentes determinó la reflectividad de la Tierra, la situación de los océanos y sus corrientes, la cantidad de tierras costeras, el espesor de los glaciares y la separación entre ecosistemas. Y todo ello tuvo una repercusión significativa en el curso de la vida.

Cada año se suman unos pocos centímetros a la corteza oceánica en las profundas fosas que hay en el fondo de los océanos Atlántico, Índico y Pacífico separando las placas y, en consecuencia, moviendo los continentes que se encuentran sobre ellas. Las fosas oceánicas son gigantescas heridas, de miles de kilómetros de largo, a través de las cuales el material fundido del interior de la Tierra escapa muy lentamente. Los métodos modernos de medida basados en el sistema de satélites de posicionamiento global (GPS) y en la técnica radioastronómica de interferometría de larga base (VLBI), han permitido medir el lento desplazamiento de las placas (pocos centímetros por año). La deriva de los continentes es un hecho del que ya nadie duda. A esta velocidad se necesitaron unos doscientos millones de años para abrir el océano Atlántico, casi un año galáctico. En aquel entonces, en el periodo Jurásico (hace unos doscientos millones de años), América del Sur estaba unida a África, y América del Norte a Europa. Este enorme continente, que Wegener bautizó con el nombre de Pangea (que quiere decir «todas las tierras»), cubría el mundo de polo a polo y contenía toda la tierra de nuestro planeta. Se ha identificado un total de diez placas enormes, junto a una veintena de otras más pequeñas. No hay duda de que cuando estas placas se separan en las fosas oceánicas tienen que chocar en algún otro lado, puesto que la superficie de la Tierra es constante. Durante la colisión, la placa más densa, la que se compone de corteza oceánica, se hunde bajo la otra en lo que se conoce como una zona de subducción, para dar lugar a volcanes y cordilleras.

Cuando la placa que desplaza el subcontinente indio hacia el norte comenzó a chocar con Asia hace unos cuarenta millones de años, la violencia del evento (un choque a cámara lenta) formó la majestuosa cordillera del Himalaya hace diez o veinte millones de años. En este caso se trató de la colisión de dos placas continentales, de modo que ninguna de las dos tenía tendencia a hundirse y se produjo un choque de consecuencias imponentes. Hasta el momento, el subcontinente indio ha penetrado en Asia hasta unos 2 500 kilómetros y el empuje continúa lentamente. No muy lejos de allí, la placa arábiga se desgarra poco a poco de la africana y la separación está creando un nuevo océano que dentro de diez millones de años medirá unos 250 kilómetros de ancho. El mar Rojo y los golfos de Suez y Aqaba marcan el comienzo de este proceso. En otros lugares, las placas se deslizan en paralelo y generan enormes fuerzas de fricción. Al tratar de desplazarse, la fuerza de fricción que lo impide va en aumento hasta que en cierto momento no basta para frenar el movimiento y las placas se zafan liberando de manera instantánea una cantidad enorme de energía, un terremoto. Cada año ocurren cientos de terremotos asociados al movimiento en los bordes de las placas. La famosa falla de San Andrés, en el estado de California, Estados Unidos, se encuentra al borde de la placa de América del Norte, la cual se desplaza unos cinco centímetros al año hacia el sudeste con respecto a la placa adyacente del Pacífico.

La teoría de la tectónica de placas fue un triunfo para el uniformitarismo, ya que explica los cambios geológicos observados en la superficie de la Tierra como consecuencia de procesos graduales que operan a lo largo de enormes lapsos de tiempo. No era necesario, ni había ninguna razón para pensar en eventos catastróficos pretéritos, aunque como veremos, el catastrofismo retornó como concepto científico encarnado en una nueva forma.

En septiembre de 1930, Wegener encabezó una expedición de quince trineos que acarreaban 2 000 kilos de material para abastecer una estación meteorológica en Groenlandia. Aunque trece de sus catorce hombres se retiraron debi-

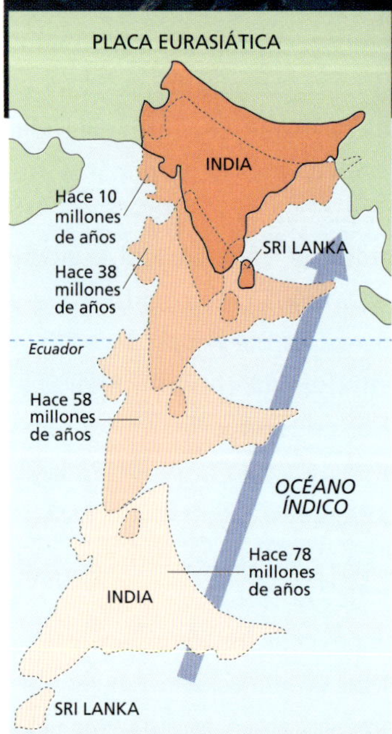

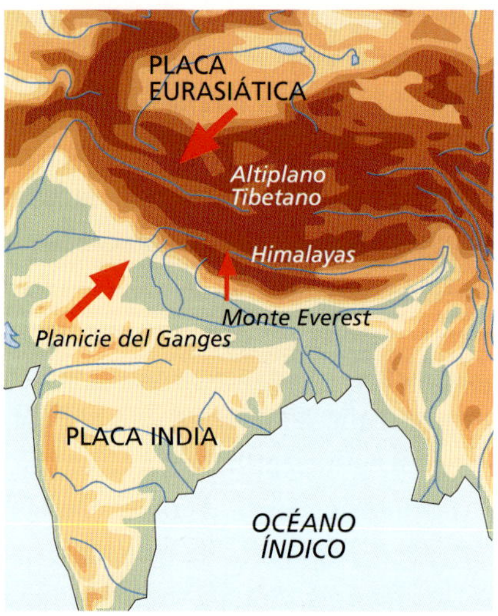

Hace unos cuarenta millones de años, la placa india chocó con la placa eurasiática tras moverse hacia el norte a una velocidad de unos 25 metros por siglo. El choque generó los montes Himalaya, una gigantesca cordillera de unos 3 000 km de longitud en la frontera entre India y Tíbet. El choque a cámara lenta continúa. Muchos de los picos nevados del Himalaya sobrepasan los 7 000 metros de altura. Hacia el horizonte, envuelta en bruma y polvo, se ve la planicie norte de la India, con el río Ganges (parte superior izquierda) y el desierto de Takla Makan (parte superior derecha). En el altiplano tibetano (en la parte derecha), una fría y desolada región azotada por los vientos en la «cima del mundo» se ven muchos lagos. Su elevación promedio es de 5 000 metros. USGS y NASA

La nave *Galileo* se encontraba a 500 000 km de distancia cuando tomó esta foto de la Tierra en diciembre de 1992. En ella se aprecia el largo y angosto mar Rojo, una brecha que se abre lentamente a medida que se separan la placa africana y la arábiga. Se ve con claridad el fértil delta del río Nilo en su desembocadura en el mar Mediterráneo. La foto detallada obtenida desde el transbordador espacial muestra la península del Sinaí, el nordeste de Egipto, el noroeste de Arabia Saudí, el sur de Israel y una pequeña parte de Jordania. El canal de Suez se encuentra al final del golfo de Suez, a la izquierda de la península, el golfo de Aqaba se encuentra a la derecha de la península, y el mar Muerto se aprecia en la parte superior derecha de la imagen.
NASA/JPL/Caltech

La falla de San Andrés, en California, Estados Unidos, es una gran fractura en la corteza terrestre y constituye la parte principal de una red de fallas que se extienden a lo largo de más de 1 200 km desde el nordeste de California hasta el golfo de California. Es la frontera entre la placa de Norteamérica, al este, y la del Pacífico, al oeste. La placa del Pacífico se mueve hacia el noroeste en relación con la de Norteamérica, y en el proceso genera una gran cantidad de terremotos. Esta perspectiva de una parte de la falla se elaboró con datos de la Misión de Radar Topográfico del Transbordador espacial (SRTM) y una imagen del satélite Landsat. La falla es la estructura lineal que se ve a la derecha de las montañas. Der.: NASA-Goddard Space Flight Center Scientific Visualization Studio; izq.: USGS

do al intenso frío, él continuó la marcha contra la inclemencia del tiempo y llegó a la estación después de cinco semanas de arriesgado viaje. Ansioso por regresar, partió al día siguiente, pero nunca llegó a su destino. Su cuerpo congelado fue hallado el verano siguiente. Nunca tuvo la satisfacción de ver sus ideas probadas y aceptadas.

Carbono vital

La composición de la superficie de la Tierra, incluyendo los océanos y la atmósfera, resulta de una serie de ciclos geoquímicos que transportan compuestos de varios tipos a varias partes de la Tierra. Estos ciclos naturales, que son extremadamente complejos, alcanzan un equilibrio tras largo tiempo manteniendo una proporción constante de dichos compuestos en el medio ambiente. Por ejemplo, el ciclo del agua transporta este compuesto vital de la atmósfera a los océanos, lagos y depósitos subterráneos, pasando por nosotros en algún momento. Si perturbáramos uno de estos ciclos, podríamos causar una distribución final de compuestos importantes muy distinta con consecuencias severas para la vida. Los sistemas biológicos forman una parte importante de estos ciclos, y han alterado y hasta determinado la naturaleza física y química de la superficie de la Tierra. A su vez, esto ha repercutido en el devenir de la evolución de la vida sobre la Tierra. El mundo biológico y el mundo físico se relacionan de una forma intrincada, como un tango cuidadosamente coreografiado que bailan diferentes procesos manteniendo el ritmo para no tropezar y caer. La vida es un tango, pero hay que saberlo bailar, y si tropezamos y caemos duele, como todas las caídas.

Uno de estos ciclos ha determinado el contenido gaseoso de nuestra delicada atmósfera y su evolución. La acumulación de oxígeno producido por fotosíntesis produjo una atmósfera tóxica para los seres que habitaban nuestro planeta hace unos mil millones de años, y exigió cambios drásticos en las formas de vida y el desarrollo de organismos aerobios. Para migrar de los océanos y conquistar la superficie de los continentes, la vida necesitó la recién creada capa de ozono para protegerse de la luz solar ultravioleta.

Además de su importancia en relación con el efecto de invernadero, el carbono es un elemento fundamental para la vida porque en él se basa la química de los seres vivientes. *La base de la vida es el carbono*, en el cual también se fundamentan nuestras sociedades industrializadas. La razón de esto estriba en que el carbono es un elemento muy singular porque, además de ser muy abundante, puede formar gran variedad de enlaces con otros elementos, incluyendo otros átomos de carbono, lo cual permite la formación de una enorme diversidad de moléculas de diferentes tamaños, estructuras y propiedades: las biomoléculas de la vida.

La combinación de un átomo de carbono con dos de oxígeno para formar dióxido de carbono produce energía que se libera en forma de calor. En esto se basa el proceso de combustión con el que generamos energía para mover automóviles y aviones, producir electricidad o preparar un asado. Lo mismo ocurre, aunque a un ritmo más lento, en las células de nuestro cuerpo para que se mantengan a la temperatura adecuada y para producir la energía que mueve mis dedos mientras escribo estas palabras o la que usted está empleando para leer estas líneas. Este proceso más lento es la respiración, y usa la carne asada, por ejemplo, como fuente de carbono, y el aire que respiramos como fuente de oxígeno. Usted exhala el dióxido de carbono y el agua que se produce. El agua también la elimina de otras formas. Ya que toco el tema, en Estados Unidos se utilizan veinte mil millones de litros de agua *diarios* nada más que para «tirar de la cadena», un desperdicio increíble.

A todo esto, los diamantes no son más que una forma cristalizada del carbono donde cada átomo se mantiene fuertemente enlazado a los demás. El diamante no se limita a ser un cristal muy bello, también resulta muy útil. Es tan duro que puede rayar cualquier otro material, y, si lo desea, incluso cortarlo, porque es el mineral más duro que se conoce. Un diamante solamente se puede pulir o cortar con otro diamante. Lo curioso es que esos mismos átomos de carbono pueden combinarse de otra forma de manera que los enlaces sean mucho más débiles y dar lugar a un mineral tan blando que basta rozarlo con un papel para que se desgaste. En este caso también se trata de un mineral muy útil, el grafito, el cual usamos para escribir y como lubricante. Sabemos que el diamante se transforma espontáneamente en grafito.

Pero no salga corriendo a verificar sus joyas porque el proceso es muy lento y necesita más tiempo que la edad del universo. Con todo, es cierto que *los diamantes no son para siempre*.

Desde que se formó la Tierra, el número total de átomos de cada elemento particular no ha cambiado, a excepción de la cantidad insignificante que se transforma mediante reacciones nucleares. Un átomo de carbono formado en una estrella extinta y ahora componente de una de sus neuronas cerebrales (tal vez la que en este preciso instante está procesando este pensamiento) puede haber formado parte en otra época del ala de un *Archaeopteryx* que vivió hace ciento cincuenta millones de años. Al morir este pequeño dinosaurio volador, fue biodegradado por la acción de bacterias y el átomo de carbono que nos ocupa pasó a convertirse en una parte del citoplasma de una de ellas. Cuando el agua de cualquier río arrastró la bacteria hasta el mar, esta quedó atrapada entre sedimentos y el átomo de carbono pasó a ser parte de una molécula de calcita. Los procesos tectónicos lo condujeron al interior de la Tierra, donde millones de años después la roca fundida que lo contenía salió eyectada a la superficie con el magma de un volcán. Nuestro átomo de carbono migró entonces a la atmósfera formando parte de una molécula de dióxido de carbono. Luego se incorporó mediante fotosíntesis a una planta de espinacas, justo la que a usted le obligaron a comer de niño, y así se incorporó a su cerebro.

El carbono del planeta se traslada constantemente por medio de varios procesos entre distintas reservas en el suelo, la atmósfera y el océano (el ciclo

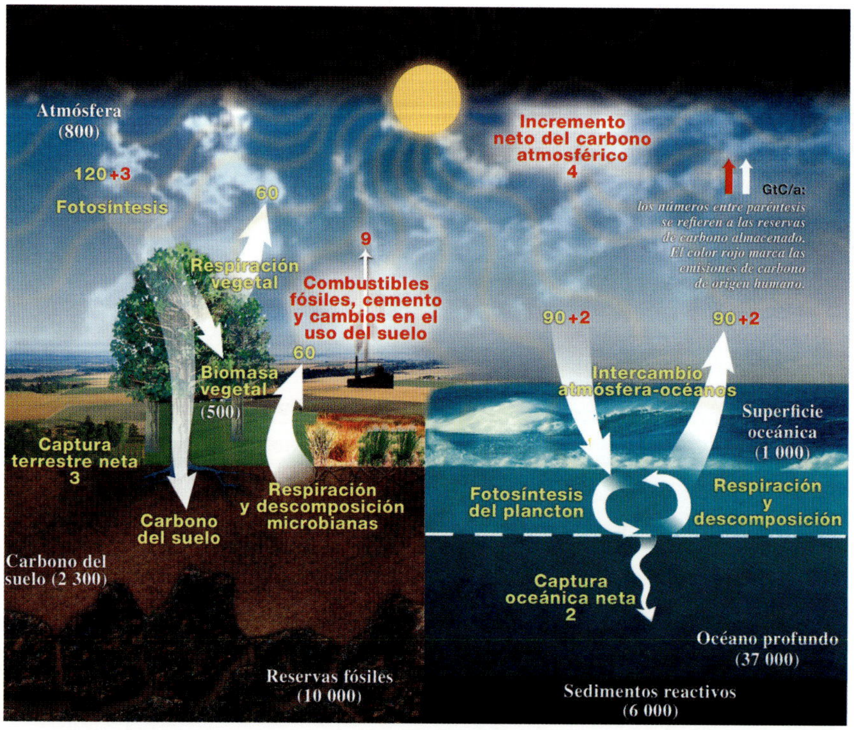

El ciclo del carbono. Desde el comienzo de la revolución industrial, ha aumentado la concentración de dióxido de carbono en la atmósfera y en los océanos. Simultáneamente, la deforestación ha contribuido a este incremento al reducir la razón a la que el CO_2 se elimina de la atmósfera. Para entender y, así, modelar el clima futuro con mayor precisión, debe estudiarse una compleja red de procesos de intercambio de carbono entre varios depósitos. Algunos de los depósitos de carbono son muy grandes, pero son estables y no desempeñan un papel importante en los cambios climáticos bruscos. La Tierra tiene unos 100 millones de gigatoneladas (Gt) de carbono, el 80% en rocas sedimentarias y el resto disuelto en los océanos, en la atmósfera, en combustibles fósiles, en los suelos y en las plantas. El uso de combustibles fósiles, la fabricación de cemento y los cambios en el uso del suelo producen 7 Gt al año de carbono. La mitad de esta cantidad se queda en la atmósfera y aumenta su concentración en ella, mientras que la otra mitad se absorbe en los océanos y en la biosfera. Gobierno de EEUU del carbono). Cualquier cambio en la proporción de estos procesos cambiará la cantidad de carbono en una de dichas reservas. La atmósfera es la reserva más vulnerable y la más importante para nosotros. El dióxido de carbono reside en la atmósfera durante un tiempo medio de varios centenares de años. Es decir, parte del dióxido de carbono que compone el aire actual se produjo cuando asaron el último desdichado dodo en la isla Mauricio hace quinientos años. Aunque se trata de un componente minúsculo de la atmósfera, la cantidad total de carbono es bastante grande debido a la enormidad de la atmósfera, que contiene 800 gigatoneladas de carbono (en forma de CO_2). (Una gigatonelada son mil millones de toneladas.) Esto equivale a una concentración atmosférica de CO_2 de 400 partes por millón (ppm) en volumen. Una cantidad similar de carbono reside en la vegetación del planeta, sobre todo en la celulosa de los árboles de los bosques, que para nuestra desgracia estamos eliminando a una velocidad alarmante. Los suelos contienen unas 3 veces más.

La reserva más grande de carbono del planeta se encuentra en los carbonatos de la corteza terrestre, que albergan alrededor del 90% de todo el carbono. Los principales minerales que contienen carbono son las piedras calizas, compuestas de carbonato de calcio o calcita ($CaCO_3$). Otro mineral común es la dolomita ($CaMg(CO_3)_2$). Estos minerales se formaron mediante reacciones en los océanos terrestres que combinaron dióxido de carbono atmosférico disuelto en el agua con calcio y magnesio producido por la erosión de rocas de la superficie continental, lo cual se precipitó después al fondo del océano. Este proceso mantiene el equilibrio en la actualidad gracias a la reincorporación del dióxido de carbono a la atmósfera mediante volcanismo, ya que al calentarse en el interior de la Tierra esos minerales se descomponen. Este proceso unido al de fotosíntesis fue eliminando de la atmósfera la gran cantidad de dióxido de carbono que contenía en un principio en el transcurso de varios miles de millones de años.

Los combustibles fósiles (carbón, gas natural y petróleo) se encuentran en depósitos profundos de la corteza terrestre que alojan un total estimado de 5 000 gigatoneladas de carbono (el 80% en forma de carbón), más o menos 7 veces la cantidad que reside en la atmósfera. Se llaman combustibles fósiles porque son el producto de vida pasada. Como ya vimos, la fotosíntesis produce moléculas que contienen carbono (llamadas moléculas orgánicas) a partir de agua y dióxido de carbono creando oxígeno en el proceso. Estas moléculas se entierran bajo la corteza terrestre mediante varios procesos geológicos, de manera que el carbono se elimina de la atmósfera de forma *permanente*, y este proceso, como hemos comentado, ha dado lugar a nuestra atmósfera presente. Sin embargo, cuando quemamos estos combustibles fósiles para producir energía, devolvemos el dióxido de carbono a la atmósfera. Por tanto, si quemáramos una fracción muy elevada de ellos, aumentaríamos drásticamente la concentración de dióxido de carbono atmosférico. Este es el punto crucial del problema del calentamiento global y de nuestro futuro sobre el planeta. La temperatura promedio de la superficie de la Tierra podría subir varios grados como consecuencia del incremento brusco en la concentración de gases de invernadero y eso tendría efectos desastrosos para la vida en la Tierra. Retomaremos este tema en el capítulo final.

Tierra ajena

Si usted hubiera visitado nuestro planeta hace unos tres mil millones de años, en el periodo Arcaico (del griego *archaios*, «antiguo»), apenas lo habría reconocido. Habría tenido que usar un traje espacial para sobrevivir en ese mundo tan ajeno. Había mucha menos tierra que hoy en día porque los procesos que formaron los continentes, la acumulación de roca fundida procedente del interior en la superficie, estaban comenzando. Bajo aquella atmósfera densa, los continentes germinales eran desiertos calientes y estériles. El Sol lucía rojo y el cielo mostraba un color naranja suave en lugar de celeste. No existían las plantas ni los animales o, en todo caso, perecerían porque no había ozono protector ni oxígeno que respirar. Por eso habría necesitado un traje espacial. Entonces ya había cesado el intenso bombardeo de proyectiles cósmicos, pero cada pocos miles de años todavía caía alguno que causaba grandes estragos. En el paisaje debían de predominar las cicatrices dejadas por estos impactos, además de las calderas volcánicas, porque la erosión aún no había tenido tiempo de borrarlas. El inmenso calor interno de la Tierra mantenía abundantes depósitos de roca fundida (magma) bajo la superficie que causaban gran actividad volcánica. En algunas partes de los continentes y algunos cuerpos de agua imperaban temperaturas tan elevadas que llegaban al punto de ebullición del agua, aunque esta no hervía porque la alta concentración de dióxido de carbono en la atmósfera mantenía una presión varias veces mayor que la actual. Por otra parte, la abundancia elevada de dióxido de carbono estaba compensada por el hecho de que, en su juventud, el Sol era menos brillante, y mantenía la superficie de la Tierra templada. La condensación del vapor de agua proveniente de volcanes y cometas producía precipitaciones torrenciales. Se trataba de lluvias algo ácidas, como de agua mineral carbonatada, porque el dióxido de carbono disuelto en el agua formaba ácido carbónico. Con el correr de los milenios, aquellas precipitaciones intensas formaron los cuerpos de agua de la Tierra y eliminaron de la atmósfera buena parte del dióxido de carbono.

En el firmamento de aquellas noches solo se divisaban las estrellas más brillantes y los planetas que no quedaban eclipsados por la atmósfera densa y brumosa. En caso de poder ver sin impedimentos las estrellas que entonces salpicaban el cielo, ni usted ni Tycho Brahe habrían reconocido aquella bóveda celeste tan ajena. Contemplarían una región muy diferente de la Galaxia porque, desde entonces hasta el momento presente, han pasado varios años galácticos y, ahora, nuestro Sol se encuentra en un lugar distinto rodeado por otras estrellas. La Luna recién formada mostraba una cara rojiza mucho más grande que la actual y producía mareas decenas de veces más altas que hoy en día porque se hallaba a una distancia mucho menor. Mareas gigantescas cubrían grandes extensiones costeras y dejaban lagunas que cada pocas horas volvían a ser barridas por la siguiente marea, porque la Tierra giraba más rápido que ahora. Observando algunas de estas llanas lagunas tal vez habría encontrado bajo el agua unas estructuras redondeadas, de alrededor de un metro y con una superficie babosa de un color verde azulado. *¡Habría descubierto vida en la Tierra!*

Vida. De todos los procesos incontables que ocurren en el universo, la vida es sin duda el más importante, o al menos eso nos parece a nosotros, y por muy buenas razones. En el próximo capítulo nos desviaremos un poco para considerar la vida y su evolución en la Tierra.

Vida

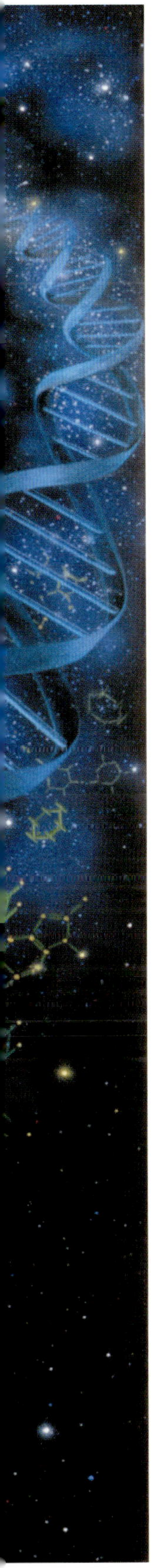

© Lynette Cook, 1986; derechos reservados

Capítulo 5

El gran número de organismos que observamos, lo que constituye la biodiversidad, son en esencia la misma cosa. Dondequiera que miremos vemos los mismos procesos bioquímicos y los mismos ingredientes. Todo apunta a la unicidad fundamental de la vida, a la asombrosa idea de que toda la vida descendió de un origen común en el pasado remoto. Si ha tenido ocasión de echarle una ojeada a los planos para construir una planta nuclear o un avión jumbo, sabrá lo complejos que son (y si no los ha visto nunca, se lo imaginará). Ingenieros y arquitectos tuvieron que trabajar durante largas horas para producirlos. Sin embargo, un 747 es la simplicidad en persona comparado con los miles de millones de células cuidadosamente organizadas que se precisan para formar el animal más sencillo. ¿Quiénes son los ingenieros y arquitectos de la vida? ¿Dónde se encuentran los millones de pliegos que contienen los planos?

Biosfera

La región de la Tierra en la que prospera la vida es un delgado cascarón de pocos kilómetros de espesor que rodea el planeta: la *biosfera.* Al igual que la zona habitable alrededor de una estrella, esta zona viene determinada en gran medida por la temperatura a la que el agua se mantiene líquida. A unos pocos kilómetros sobre la superficie de la Tierra imperan temperaturas tan bajas que el agua se congela. En cambio, en la dirección opuesta, hacia el interior de la Tierra, la temperatura de la corteza va en aumento hasta que a unos 3 kilómetros de profundidad llega al punto en que hierve el agua. Si la Tierra fuera del tamaño de una pelota de fútbol, entonces todo el desbarajuste que armamos con nuestras vidas, las crueles guerras, los emocionantes partidos de fútbol y las apasionantes escenas de amor y odio que nos brindan nuestras vidas ocurrirían en una capa de la superficie de la pelota más fina que el espesor de un pelo.

En la biosfera reside una variedad desconcertante de organismos, varios millones de especies diferentes que van desde las microscópicas bacterias hasta árboles descomunales y animales grandes como nosotros o los guepardos. Esta amplia diversidad de organismos ocupa todos los rincones posibles de la biosfera, entre ellos, lugares en los que nadie esperaría encontrar vida. Algunos seres, los llamados autótrofos (del griego *auto,* «auto», y *trophos,* «alimentador»), como las plantas, usan elementos del medio ambiente y extraen energía de la luz solar o de reacciones químicas para construir las moléculas que necesitan. Por otro lado, los animales heterótrofos (del griego *hetero,* «otros») extraen la energía para su metabolismo de las moléculas de otros. Los seres autótrofos y los heterótrofos viven inmersos en una red compleja que se compone de los que comen y los que son comidos, los depredadores y las presas, y que constituye la cadena de alimentos que forma el ecosistema de la biosfera. El estudio detallado de la biosfera revela que muchas formas de vida dependen de otras de un modo que aún no conocemos por completo. Las com-

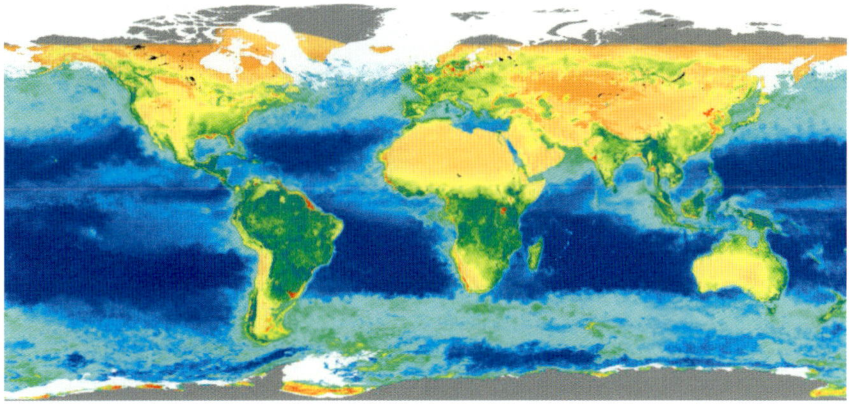

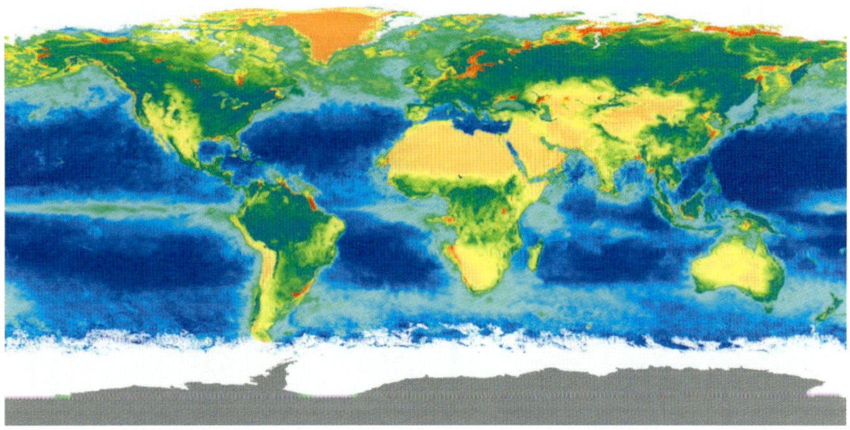

Las plantas de la tierra y los océanos (el fitoplancton o plantas microscópicas que crecen en las aguas superficiales de los océanos) forman la base de la cadena alimenticia. Contienen clorofila, un pigmento verde usado para la fotosíntesis. Utilizando sensores desde satélites en órbita se puede medir la concentración de clorofila tanto en la superficie como en los océanos, mares y lagos para conocer la distribución y abundancia de la vegetación. Como la mayoría de la vida animal depende, directa o indirectamente, de la vegetación para alimentarse, estas imágenes representan una instantánea de la biosfera. Los colores rojos y anaranjados denotan una concentración alta de fitoplancton, localizada sobre todo en áreas costeras que tienen una concentración elevada de nutrientes. El color amarillo y el verde señalan concentraciones moderadas, y los tonos azules indican concentraciones bajas. En las zonas continentales, los bosques húmedos tropicales se muestran en verde y los bosques subtropicales y tierras de cultivo en verde claro. Las extensas áreas desérticas, así como las áreas cubiertas de hielo y nieve con poca vegetación, aparecen en amarillo y marrón. El estudio de mapas como estos ofrece la oportunidad de analizar y predecir el efecto humano sobre la biosfera. Los cambios estacionales en la biosfera se aprecian con claridad comparando ambas imágenes, tomadas con una diferencia temporal de medio año. Imagen de Orbimage

plicadas interdependencias son la base del funcionamiento de la biosfera y esta es una de las razones por las que nos debe preocupar la pérdida de la biodiversidad.

Los humanos somos el producto de la unión de dos células diminutas y nos pasamos la vida comiendo otras formas de vida para obtener la energía y los materiales necesarios para crecer y vivir, solo para morir y ser comidos por otras formas de vida diminutas. Me recuerda a aquella frase que dice: «después de pasarse toda la vida componiendo, Beethoven murió y se descompuso». Cada año mueren unos 100 millones de personas, unas 275 000 al día, 3 cada segundo, para ser biodegradadas por bacterias. Es deprimente, ¿no cree? Al mismo tiempo, cada año nacen unos 200 millones de personas (¡6 por segundo!), y eso nos ha causado algún que otro problema.

Para saber si en el universo abunda la vida, en particular, vida avanzada, necesitamos aprender todo lo que podamos acerca de su origen y su evolución. Hay tres preguntas relacionadas con el origen de la vida que nos intrigan: *cuándo*, *dónde* y *cómo* surgió, y la última de ellas resulta especialmente difícil de contestar. Estas cuestiones solían responderse afirmando que la vida surge en cualquier momento y en cualquier rincón sucio de su cocina mediante el proceso de generación espontánea en la materia en estado de descomposición. Así se creyó hasta que Louis Pasteur (1822-1895), eminente químico y microbiólogo francés, demostró que no es así, que la generación espontánea no ocurre si el medio está libre de contaminación externa.

Vida

Antes de considerar la vida sobre la Tierra y su evolución, reflexionemos un instante qué es, porque al pensarlo con cuidado nos damos cuenta de que la noción intuitiva que tenemos de ella no es completamente acertada. Todo esto puede dar lugar a grandes controversias, pero aquí únicamente expongo las propiedades fundamentales de la vida. La vida es un sistema capaz de autorreplicarse, construir y mantener sus estructuras utilizando la energía que obtiene de procesos químicos o de la luz (metabolismo). El sistema no necesita información externa para su mantenimiento y reproducción. Una característica básica de la vida consiste en que no es perfecta, como sin duda habrá notado ya. El aspecto imperfecto de la vida en relación con esta historia consiste en que se cometen errores en la réplica de la información genética que abren el camino a los procesos evolutivos causando cambios que se acumulan en el transcurso de muchas generaciones que con el tiempo conducen a la aparición de nuevas formas de vida. En contraste con la materia inanimada que nos rodea, construida con una mezcla al azar de compuestos químicos sencillos, la vida es infinitamente más compleja y, lo que es más importante, está muy bien organizada.

El descubrimiento de que la célula es la unidad funcional y estructural de los organismos representó un paso crucial en el estudio de la vida. Todos los organismos se componen de células, bien de una o bien de miles de millones de ellas. La vida solo desciende de otras vidas mediante la división de células, menos en el origen, claro está. El influyente médico y antropólogo alemán Rudolph Virchow (1821-1902) propulsó la idea. Las dos diminutas células que nos crearon en los inicios se dividieron y multiplicaron transformándose en la gran variedad de células (unas 200 células diferentes) de nuestros cuerpos, con sus estructuras y funciones diversas, como las células rojas y blancas de la sangre, las neuronas de su cerebro que en este mismo instante están descifrando los símbolos de este papel, las células de la piel y las especiales células reproductoras. Todas las células desempeñan funciones necesarias para el organismo siguiendo un plan cuidadosamente orquestado. Las células generan energía de manera constante (mientras permanecen quietos, nuestros cuerpos liberan una energía equivalente a la de una bombilla de 100 vatios), producen proteínas, combaten intrusos y transportan oxígeno o señales eléctricas. Las células se dividen, se multiplican y cambian de forma o función a medida que un organismo crece y se desarrolla o va necesitando más células. Somos un sistema consistente en una cantidad enorme de células (unos 10 billones) y con una complejidad increíble, que se renueva de manera constante hasta que morimos. Nuestro cerebro, un órgano muy especial protegido en el interior de la cabeza, alberga tantas neuronas como estrellas nuestra Galaxia. Es la fuente de la conciencia y de los pensamientos, que parecen trascender nuestra existencia, y nos hace únicos en el reino animal.

La vida se divide en tres dominios, las bacterias, las arqueobacterias y los eucariontes. Los virus forman un cuarto grupo, pero como no se pueden autorreplicar, no se consideran seres vivos. Las bacterias y arqueobacterias unicelulares fueron los primeros habitantes de la Tierra y son los ancestros de nuestros ancestros. Se trata de simples organismos microscópicos que miden algunas diezmilésimas de centímetro, unas 100 veces más que un virus. Se componen de una sola célula *procariota* (del griego *karuon*, «carozo», y *pro*, «antes») que tiene una membrana rígida exterior y carece de membranas interiores y de núcleo. Estos microorganismos ocupan una gran variedad de hábitats y pueden prosperar en lugares donde otras formas de vida no acudirían ni para una corta visita. Son los organismos más abundantes en cuanto a número y masa total de seres vivos sobre el planeta. Representan la forma de vida con más éxito del mundo y sospecho que continuarán mucho tiempo después de que nuestra especie desaparezca. En su intestino hay más bacterias que humanos sobre el planeta (en estos momentos, más de 7 000 millones).

Una célula procariota se puede dividir en 2 células «hijas» con gran rapidez, en cuestión de pocos minutos. Asumiendo que una célula se divida en media hora produciendo 2 hijas, obtendremos 4 células en una hora y 16 después de otra hora. Después de cinco horas (diez divisiones) habrá 1 024 células, y en solo cinco horas más ya habrá 1 048 576. Si esperamos otras cinco horas, la cantidad de células será enorme (la resolución de este problema se la confío a usted). De modo que las bacterias pueden multiplicarse vertiginosamente en un corto espacio de tiempo como consecuencia de lo que se denomina crecimiento exponencial. Es lo que ocurre durante una infección bacteriana o cuando preparamos yogur. Si este proceso continuara sin obstáculos, en tan solo dos días las bacterias cubrirían la superficie del planeta (incluyendo los océanos) hasta la altura de nuestros tobillos. Aunque, como es natural, esto no sucede porque pronto se acaban los nutrientes y hábitats disponibles.

Muchas bacterias y arqueobacterias son extremófilas, o sea, pueden vivir a temperaturas extremas con altos niveles de acidez o salinidad. La mayoría son anaerobias, es decir, viven en ambientes carentes de oxígeno, como nuestra Tierra primitiva y quizá también otros mundos del Sistema Solar. El río Tinto, en la provincia de Huelva (España), se llama de ese modo porque sus aguas tienen el color del vino tinto. Aunque disfrute saboreando su tocayo, ni se le ocurra lavarse las manos en sus aguas, ya que tienen una concentración elevada de metales pesados y ácido sulfúrico. Sin embargo, hay bacterias que viven felices en este río oxidando azufre y hierro y confiriéndole su color característico. Bueno, en realidad no les pregunté si son felices.

El análisis de muestras obtenidas a 3 kilómetros bajo la superficie de la corteza terrestre ha revelado la existencia de bacterias anaerobias que viven a la alta temperatura que prevalece en esos lugares. Obtienen energía del hidrógeno allí presente y se nutren de compuestos inorgánicos. En las profundas fosas oceánicas, donde se genera corteza oceánica y los continentes se separan, el material del interior de la Tierra emana en forma de fuentes hidrotermales. Cuando el agua a elevada temperatura y con gran cantidad de minerales disueltos se encuentra con las frías aguas oceánicas, los minerales se condensan. Los científicos que estudiaban estas fuentes submarinas en 1977 encontraron, para su sorpresa, un exótico ecosistema prosperando en la oscuridad total de las profundidades. Allí, lejos de la luz solar, bacterias que oxidan ácido sulfhídrico (H_2S) para obtener energía, viven a temperaturas cercanas a la del agua hirviendo. Por tanto, la vida reside en lugares donde jamás habríamos pensado que pudiera existir, y esto debe tenerse en cuenta al considerar la posibilidad de que haya vida en otros cuerpos del Sistema Solar.

Los eucariontes incluyen las formas de vida de los tres reinos que nos son más conocidos: animales, plantas y hongos, los cuales se componen en su mayoría de gran número de células *eucariotas* (del griego *eu*, «bueno»). Los llamados protoctistas son sobre todo eucariontes unicelulares, como algunas algas y protozoos. La célula eucariota es unas 10 000 veces más grande y mucho más compleja que la procariota.

En el núcleo central se encuentran los *cromosomas* (del griego *jroma*, «color», y *soma*, «cuerpo»), los cuales contienen información genética. Muchos orgánulos (pequeñas estructuras encerradas en sus propias membranas) se localizan en el citoplasma de la célula eucariota. En las células de las plantas, la fotosíntesis ocurre en el cloroplasto. En las mitocondrias se oxida

Los respiraderos en forma de chimeneas en el fondo del océano permiten que agua caliente rica en minerales emane del interior de la Tierra y se encuentre con agua fría oceánica. Al condensarse, los minerales disueltos le dan una apariencia de humo. Para sorpresa de científicos que estudiaron el entorno de estas chimeneas, se encontró todo un ecosistema prosperando en este lugar aparentemente inhóspito. Aquí, lejos de la luz del Sol que es la fuente de energía de la vida, viven bacterias que oxidan ácido sulfhídrico muy cerca de agua hirviendo. Estos organismos usan energía química en vez de fotosíntesis para sus procesos metabólicos. Se encuentran en la base de una cadena alimenticia que permite la supervivencia de organismos mayores tales como lombrices tubulares, visibles en la imagen, grandes almejas y cangrejos que se alimentan por medio de otras bacterias que viven en simbiosis con ellos. OAR/NURP/NOAA

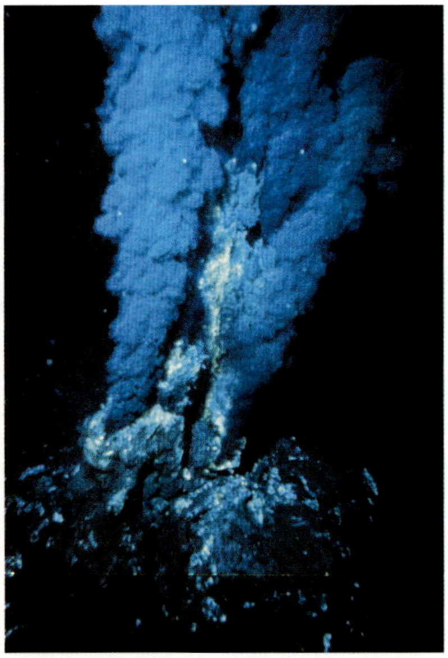

materia orgánica para producir energía. Las mitocondrias son similares a algunas bacterias aerobias, y los cloroplastos se asemejan a las cianobacterias. Estudios detallados de las propiedades de estos orgánulos han llevado a la fascinante idea de que, en el remoto pasado de la historia de la vida, un protoctista se comió a una bacteria y así se inició una relación de beneficio mutuo. Otra posibilidad consiste en que una bacteria invadiera a otra pero resultara ventajoso para el depredador no matar a su presa y así diera comienzo una empresa cooperativa, una simbiosis (una relación de beneficio mutuo) que ha perdurado más de dos mil millones de años. Desde un punto de vista más general, sin las bacterias que existen en simbiosis con nosotros, no sobreviviríamos.

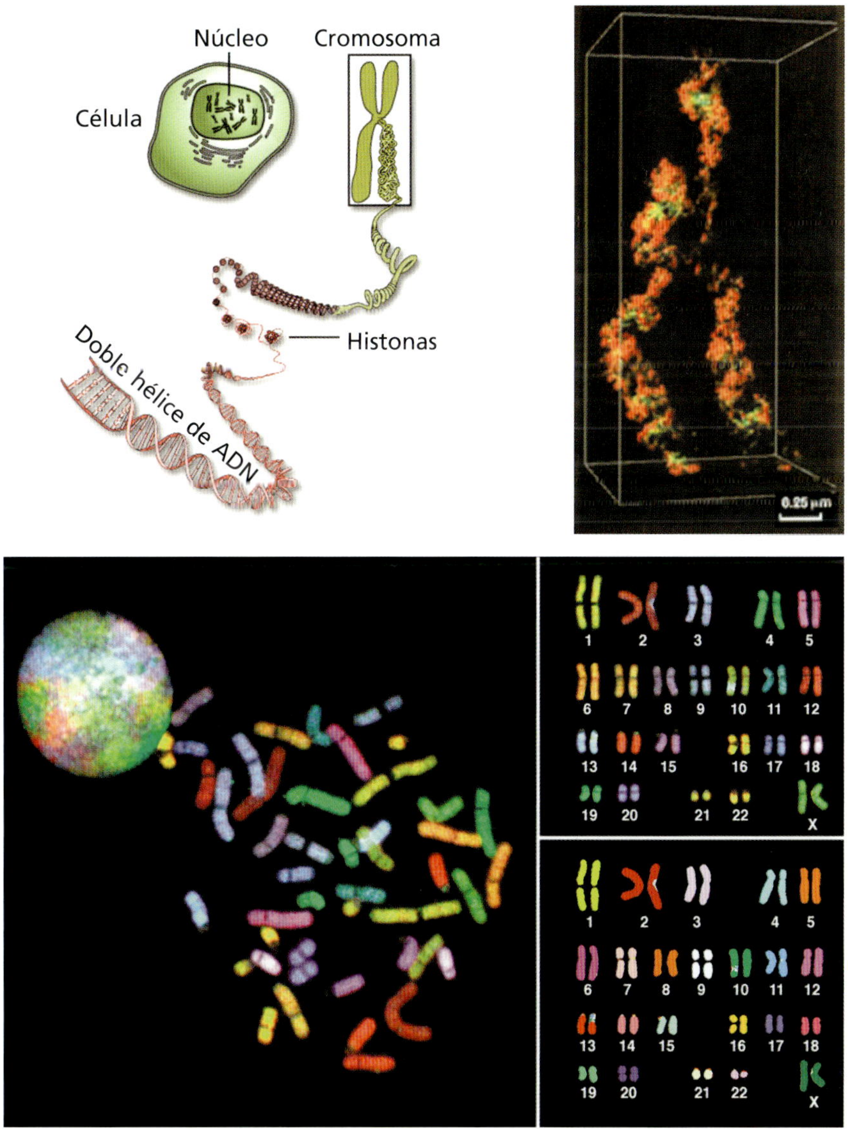

Dentro del núcleo de cada célula de nuestro cuerpo (con algunas excepciones) hay 23 pares de cromosomas con el ADN que almacena la información genética (el genoma) necesaria para construir un ser humano. La estructura de un cromosoma se puede estudiar por medio de tomografía de microscopio electrónico, una técnica que permite reconstruir su estructura tridimensional. Para estudiar los cromosomas se usan varias técnicas para teñirlos y visualizarlos. La imagen en color del cariotipo humano (el conjunto ordenado de cromosomas) se obtuvo por la técnica espectral mediante la cual distintas moléculas fluorescentes se introducen en regiones específicas del ADN de cada cromosoma y los «pintan» de diferentes colores.
Superior izq. y debajo: NHGRI; superior derecha: cortesía de Peter Engelhardt, Universidad de Helsinki, Finlandia

Historia

La historia de la Tierra se divide en varios intervalos definidos por la escala de tiempo geológica. Dos eones, el largo Precámbrico y el más corto Fanerozoico (del griego *faneros*, «visible», y *zoe*, «vida») se dividen en eras, que a su vez se separan en periodos y éstos en épocas. Los primeros organismos multicelulares aparecen en el registro fósil hace unos seiscientos millones de años, al final del eón Precámbrico. Durante un largo intervalo temporal previo la vida era microscópica. Los pequeños dinosaurios y mamíferos aparecieron por primera vez hace doscientos cincuenta millones de años, al inicio del periodo Triásico de la era Mesozoica (vida del medio), y vivían en Pangea. Note que los límites entre los diferentes intervalos geológicos no se definen por un número determinado de años transcurridos sino por lugares del registro fósil que evidencian cambios significativos, de modo que la escala de tiempo geológico es a la vez un registro de la historia de la vida.

Los fósiles representan la llave para estudiar y entender la vida pasada sobre la Tierra y su evolución, porque nos muestran formas de vida que ya no existen y que, tras un estudio anatómico cuidadoso, podemos relacionar con formas de vida actuales. A partir del registro fósil, Cuvier llegó a la importante conclusión de que en el pasado hubo formas de vida que no existen en el presente y que formas de vida del presente no existían en el pasado. Cada especie se compone de una población de organismos capaces de reproducirse entre sí de manera natural. El registro fósil revela el hecho asombroso de que la mayoría de las especies que han poblado la Tierra se han extinguido y desaparecido para siempre. *Los diamantes no son para siempre, pero la extinción sí lo es.* Hubo un tiempo en el cual no había ni pájaros ni humanos. De modo que tienen que haberse desarrollado a partir de no-pájaros y no-humanos. Como todos los seres provienen de organismos preexistentes (excepto en el origen), no hay duda de que tienen que haber evolucionado. El registro fósil negaba la idea de que todas las formas de vida han existido siempre como consecuencia de la reproducción de un par original rescatado por el arca de Noé.

El registro fósil también contiene algunas formas intermedias entre animales antiguos y modernos. Puede que el caso más famoso lo represente el *Archaeopteryx (ala antigua)*, el fósil de un reptil primitivo del tamaño de una paloma que tenía alas y volaba hace unos ciento cincuenta millones de años. El primer espécimen se encontró en 1861 en una formación de piedra caliza del Jurásico localizada en Baviera, Alemania, pero con posterioridad se han encontrado otros ejemplares adicionales. El fósil muestra claras impresiones de plumas en las extremidades superiores y la cola, y se trata del animal con plumas más antiguo que se ha encontrado. Al mismo tiempo, presenta características propias de un manirraptor, un pequeño dinosaurio con una anatomía parecida a la de un avestruz, pero con brazos y manos con garras en lugar

ESCALA DE TIEMPO GEOLÓGICO

EÓN	ERA	PERIODO / ÉPOCA	EVENTO	Ma escala no lineal
Fanerozoico	Cenozoico	**Cuaternario** (1.8 Ma–presente)	especie *Homo*	
(Vida visible)	*(Vida reciente)*	Holoceno (11 000 años–presente)		
	(65 Ma–presente)	Pleistoceno (1.8 Ma–11 000 años)		
		Terciario (65–1.8 Ma)		
		Plioceno (5–1.8 Ma)		
		Mioceno (23–5 Ma)		
		Oligoceno (38–23 Ma)		
		Eoceno (54–38 Ma)		
		Paleoceno (65–54 Ma)	*extinción masiva* (65 Ma)	65
			mamíferos	
			reptiles	
	Mesozoico	**Cretácico** (146–65 Ma)	fractura de Pangea	
	(Vida del medio)	**Jurásico** (208–146 Ma)	*extinción masiva* (208 Ma)	
	(245–65 Ma)	**Triásico** (245–208 Ma)	dinosaurios	245
	Paleozoico	**Pérmico** (286–245 Ma)	*extinción masiva* (245 Ma)	
	(Vida antigua)	**Carbonífero** (360–286 Ma)	*extinción masiva* (367 Ma)	
	(544–245 Ma)	**Devónico** (410–360 Ma)	animales terrestres	
		Silúrico (440–410 Ma)	*extinción masiva* (440 Ma)	
		Ordovicico (505–440 Ma)	vida terrestre	
		Cámbrico (544–505 Ma)	explosión cámbrica	
			Tierra congelada	550
			oxígeno atmosférico	
			organismos multicelulares	
Precámbrico	Proterozoico	**Neoproterozoico** (900–544 Ma)		
	(2500–544 Ma)	**Mesoproterozoico** (1600–900 Ma)	fósiles de eucariotas	
		Paleoproterozoico (2500–1600 Ma)	Tierra congelada	
	Arcaico		Estromatolitos	2500
	(3800–2500 Ma)		fotosíntesis	
			bacterias y arqueobacterias	
			surge la vida	
			formación de la Luna	
			Tierra bombardeada	
	Hádico			3800
	(4500–3800 Ma)			

(Ma = millones de años atrás)

Hasta que se encontró el fósil de *Archaeopteryx lithographica* (Jurásico, 150 Ma) en 1861, no se conocía ningún otro que evidenciara la transición entre los reptiles y los pájaros. Este descubrimiento mostró con claridad que los dos grupos estaban relacionados. Varios especímenes de este fósil tienen características de reptil y ave. El cráneo y el esqueleto son básicamente reptiles, con dientes y tres garras en las alas, mientras que las características de ave se ven en la espoleta, a la cual se sujetan los músculos necesarios para volar, y en los claros restos de plumas. Reproducción artística de Mineo Shiraishi; fotografía del fósil cortesía de Naturmuseum Senckenberg, Fráncfort, Alemania

de alas. Los pájaros son descendientes de este dinosaurio volador, de manera que, en cierto sentido, estos no se extinguieron.

Los fósiles se forman cuando las partes duras de un organismo, tales como dientes, huesos o caparazones, se preservan intactos o cambian de composición química conservando la forma original. En ocasiones, los minerales disueltos rellenan los huecos pequeños que quedan entre los restos de un organismo y, al cristalizarse, producen una roca con la forma del animal o la planta. Cuando los restos de animales y plantas que murieron hace cientos de millones de años quedan sepultados y se transforman por procesos químicos y físicos, se producen fósiles diferentes que solemos encontrar a grandes profundidades de la corteza terrestre, y que extraemos para usar la energía almacenada en ellos y, en sus orígenes, procedente del Sol. El carbón (producto de los restos de plantas antiguas), el gas natural y el petróleo son sustancias derivadas de organismos antiguos que denominamos *combustibles fósiles*. En raras ocasiones, las partes blandas de un organismo se conservan al quedar enterradas de tal forma que no se descomponen, o bien al permanecer congeladas en el suelo de Alaska o Siberia. A veces, encontramos restos de animales o plantas antiguos dentro de ámbar porque les sorprendió la caída repentina de la savia de árboles arcaicos y en ella se han conservado de manera exquisita.

En ocasiones solo se conserva la huella de un animal, como las famosas pisadas en ceniza volcánica solidificada encontradas en 1974 por un equipo dirigido por la conocida antropóloga Mary D. Leakey (1903-1996) en Laetoli, al norte de Tanzania. Estas pisadas nos trajeron noticias de tres homínidos que fueron a caminar hace unos 3.6 millones de años. Las huellas nos ofrecen un encuentro exclusivo con nuestros ancestros y nos dicen que caminaban erguidos mucho antes de que usaran herramientas de piedra y desarrollaran cerebros grandes. Son huellas tan importantes como las dejadas por aquellos neutrinos efímeros que tras viajar durante ciento sesenta mil años nos reportaron noticias acerca de la muerte de una lejana estrella gigante. No sabemos hacia dónde se dirigían estos homínidos, pero en nuestra imaginación podemos seguir el rastro hasta unirlo a las pisadas que dejamos recientemente sobre la superficie de la Luna. Sin duda, hemos llegado lejos.

Es obvio que el registro fósil solamente brinda una crónica fragmentaria e incompleta de la vida en el transcurso del tiempo, un registro afectado además por procesos geológicos que lo borran sobre todo para tiempos lejanos. Deben de haber sido muchos los animales y plantas que no han dejado rastro, o que han dejado trazas tan escasas que aún no las hemos encontrado. A pesar de esto, el registro fósil nos regala una mirada fascinante al mundo del pasado, y ha permitido a los paleontólogos reconstruir los eventos principales de la historia de la vida. El registro fósil muestra extinciones que han afectado a un gran numero de especies en un tiempo geológicamente corto. Así ocurrió en el límite del Cretácico-Terciario, en el cual se observa que alrededor

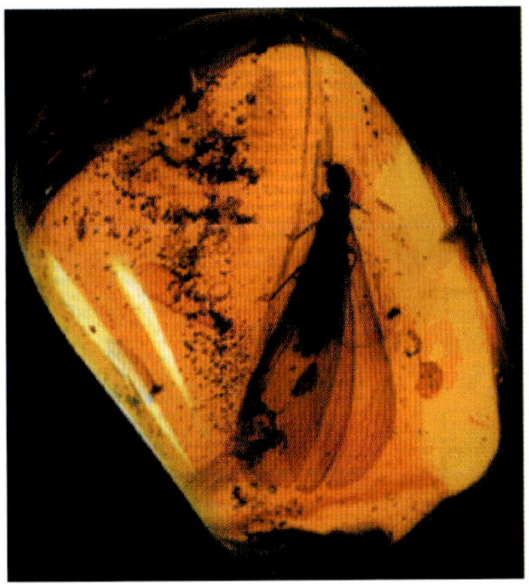

Insectos de hace millones de años se encuentran exquisitamente preservados en ámbar, una variedad de resina de árbol. Este es un espécimen de *Mastotermes electrodominicus*, una termita extinta hace veinte millones de años. El ADN de estos insectos se puede extraer y analizar para estudiar su relación con insectos modernos.
D. Grimaldi

del 75% de todas las especies existentes de plantas y animales, incluyendo los dinosaurios, desaparecieron de la faz de la Tierra para siempre. Las rocas del Cretácico están separadas de las del Terciario por una delgada capa de arcilla, visible en muchas partes del mundo. Esta capa albergaba una gran sorpresa para quienes estudiaban esta transición, tal como veremos en el próximo capítulo. Sabemos al menos de cuatro episodios similares, que conocemos como extinciones masivas. La más devastadora, puesto que acabó con un 95% de la vida del planeta, ocurrió en el límite del Pérmico-Triásico, al final de la era Paleozoica hace doscientos cincuenta millones de años. El registro fósil nos cuenta que la vida tardó unos cien millones de años en recuperarse de aquel duro golpe. Con excepción de un caso, que veremos más adelante, no conocemos la causa inmediata de estas extinciones masivas, pero seguramente guardan relación con cambios ambientales repentinos.

La extinción de una especie, al igual que la muerte de un individuo, forma parte de la vida. Millones de especies han desaparecido durante la historia de la Tierra y muchas están desapareciendo ahora mismo. En el capítulo anterior ya le mencioné el famoso dodo *(Didus ineptus)*, un pájaro no volador del tamaño de un pavo descrito por marinos holandeses que visitaron la isla Mauricio en el siglo XVI. Esta simpática ave desapareció hacia 1680 y jamás volveremos a verla. De paso le digo que el *ineptus* de su nombre es, en realidad, un reflejo de nuestras cualidades y no de las del pobre pájaro.

Hoy en día se encuentra en peligro de extinción un gran número de especies, la mayoría debido a la acción de la humanidad, lo cual no es motivo de gran orgullo. Nosotros no estamos todavía en peligro de extinción, pero seguimos insistiendo. Hace diez mil años eliminamos el mamut, y en el presente estamos acabando con un número alarmante de plantas y animales, lo que nos convertirá en la causa de la sexta gran extinción. Al comienzo del siglo pasado había 100 000 guepardos en Asia y África. En menos de cien años, dicha población ha sido diezmada y hoy quedan menos de 10 000. Hasta nuestros parientes más cercanos, los majestuosos gorilas y graciosos chimpancés, no lo están pasando muy bien. Cuando el último de ellos perezca, será un día triste en la Tierra. Si, como creen algunos, una corte universal se encargará de juzgar a los humanos al final de los tiempos, ahí estribará la razón para encontrarnos culpables. Aunque nosotros, por supuesto, nos declararemos inocentes por no haber estado en nuestro sano juicio. Entonces nos condenarán a ir al manicomio y nos sentiremos como en casa.

Podemos relacionar el registro fósil con una escala temporal porque se encuentra en rocas sedimentarias. Como indica su propio nombre, estas rocas se formaron por la deposición gradual de partículas sueltas erosionadas de la superficie de la Tierra y arrastradas por el agua y el viento hasta acumularse y compactarse para, con el tiempo, transformarse en rocas. Al mirar la pared de un acantilado, visible gracias a que la acción de fuerzas tectónicas lo dejaron al descubierto, se aprecian las numerosas capas de varios tonos que se forma-

Estas pisadas simbolizan nuestro pasado y nuestro futuro. Las huellas descalzas del pasado dejadas por homínidos que se dirigían hacia un lugar desconocido hace unos 3.6 millones de años en Laetoli, Tanzania, marcan el comienzo del largo camino que llevó hacia nosotros. Fueron descubiertas por la antropóloga Mary Leakey en 1974 preservadas en cenizas volcánicas endurecidas provenientes de un volcán cercano. Son las trazas más antiguas que conocemos de nuestros antepasados. La huella de una bota sobre la Luna, una huella tecnológica, fue grabada el 20 de julio de 1969 por el astronauta de la misión *Apollo* Neil Armstrong. Un salto gigante para la humanidad hacia un lugar que desconocemos.
Izd.: Heinz Rüther, Department of Geomatics, Universidad de Cape Town; der.: NASA

El felino más rápido del mundo, el hermoso guepardo *(Acinonyx jubatus)*, puede alcanzar una velocidad de 110 km/h en pocos segundos. Es un animal en alto peligro de extinción por la pérdida de hábitat y conflictos con la crianza de ganado. Vivían en gran parte de África y Asia. Se estima que en el año 1900 había 100 000. Hoy quedan menos de 10 000, la mayoría en el sur de África, con la población más grande en Namibia. Esta madre con su cachorro fue fotografiada cerca del parque nacional Kruger, en Sudáfrica.
José L. Alonso y el autor

ron por deposición a lo largo de muchos millones de años. La diversidad de tonalidades denota diferencias en cuanto a composición química, debidas a cambios en las condiciones ambientales durante la época en que se depositó la capa. Es razonable suponer que las capas superiores son más recientes que las inferiores. Cuando se dan las condiciones apropiadas, los animales o plantas que quedan atrapados en estos depósitos dejan un fósil. De este modo, el registro fósil y el geológico se relacionan en el tiempo. Si logramos conocer la edad de la roca por métodos radiactivos, cualquier fósil que se encuentre en la capa correspondiente datará de la misma época. También se puede obtener la edad del fósil directamente usando el método del carbono-14. Así es como sabemos que los dinosaurios desaparecieron hace sesenta y cinco millones de años, o que un estromatolito fósil data de hace tres mil quinientos millones de años.

Está claro que la vida tuvo que surgir después de la formación de la Tierra, a menos que pensemos que surgió en algún otro lugar del universo para luego ser transportada a la Tierra. Esta última opción no es imposible, pero no resuelve nada. Hemos visto que la Luna surgió como resultado de una colisión devastadora que fundió y esterilizó la Tierra, de manera que cualquier tipo de vida presente en ese momento en el planeta no habría sobrevivido. Aún después de este evento, la Tierra siguió recibiendo un bombardeo intenso hasta hace unos tres mil ochocientos millones de años, por lo cual es razonable pensar que hasta ese momento el planeta no estaba en condiciones de mantener vida. Además, el bombardeo intenso fue el que incorporó a la Tierra muchos elementos vitales, además del agua, de manera que también por esta razón la vida debe de haber aparecido con posterioridad, y, por tanto, podemos decir que surgió *hace menos* de tres mil ochocientos millones de años.

Los fósiles de mayor antigüedad se han encontrado en rocas raras de tres mil quinientos millones de años localizadas en Warrawoona, Australia occidental, que contienen estructuras finamente laminadas que se han podido identificar con estromatolitos fósiles. Estos surgen por el lento crecimiento vertical de comunidades bacterianas que forman peculiares estructuras que todavía se encuentran hoy en aguas poco profundas. La capa superior de la estructura está poblada por cianobacterias que usan luz solar para crear moléculas orgánicas y sueltan oxígeno en el proceso. En un lugar cercano, en las rocas del Apex Chert, que tienen una edad de 3 464 millones de años, se han encontrado los fósiles más antiguos, consistentes en filamentos similares a cianobacterias. *Podemos concluir que la vida surgió en la Tierra a una sorprendente edad temprana, en el intervalo relativamente corto de trescientos millones de años, entre tres mil ochocientos y tres mil quinientos millones de años atrás.*

Luz para la vida

Una fracción elevada de los seres vivos extrae energía directamente de la luz de nuestra estrella, la cual, como hemos visto, se distribuye en un rango de frecuencias centrado en la luz visible. Cada frecuencia corresponde a un determinado contenido energético que es mayor a las frecuencias más altas. La luz ultravioleta, con una frecuencia más alta que la de la luz azul, tiene suficiente energía como para romper los enlaces entre los átomos que componen las moléculas orgánicas, de modo que produce un daño notable a los organismos. Por esta razón, la absorción de la radiación ultravioleta por la capa de ozono tiene una importancia capital para la vida.

En algunos lugares, los procesos geológicos exponen un corte de la corteza terrestre y dejan a la vista las diferentes capas sedimentarias correspondientes a distintas eras geológicas. Esta foto, obtenida a la luz de la Luna, capta el cometa Hale-Bopp en el horizonte. Las cataratas Niágara de Chocolate son más altas que las del Niágara. Se encuentran en tierras indígenas sagradas al norte del estado de Arizona, Estados Unidos. Dennis Young

Los estromatolitos (del griego *stromatos,* «capa», y *lithos,* «roca») parecen rocas compuestas por muchas capas, pero su origen biológico les confiere sumo interés. Las estructuras se forman capa a capa al crecer la capa superior de cianobacterias. Debajo de esta capa prosperan otras bacterias que se alimentan de los desperdicios de la capa superior. Estas estructuras resultantes del crecimiento de colonias de bacterias (sobre todo cianobacterias) ocurren en varias formas y se encuentran fosilizadas o aún formándose en el presente. La imagen inferior muestra estromatolitos de Shark Bay, Australia. El jardín marino es el resto fosilizado de un arrecife marino que hace quinientos millones de años se encontraba en cálidas aguas tropicales. Hoy se encuentra en Saratoga Springs, en Nueva York

Joseph Deuel

Helen Stephenson

Fotosíntesis y respiración

Luz (del sol)

↓ fotosíntesis

$$6CO_2 + 6H_2O \rightleftharpoons C_6H_{12}O_6 + 6\,O_2$$

↓ respiración

Energía (recuperada)

La fotosíntesis es, sin duda, el proceso biológico más importante de la Tierra, ya que representa la fuente de energía utilizada por la mayoría de los organismos, de manera directa en el caso de las plantas (autótrofos) o indirecta en el caso de los animales que se alimentan de plantas (heterótrofos). Este proceso también almacena energía solar para un uso futuro en forma de materia orgánica enterrada en los sedimentos (combustibles fósiles). Pero el hecho de que la fotosíntesis sea la fuente del oxígeno atmosférico sin el cual la vida moderna no sería posible tiene una importancia aún mayor. La fotosíntesis usa dióxido de carbono atmosférico y agua para producir los carbohidratos que precisa el crecimiento de las plantas. Los carbohidratos son moléculas como la celulosa, un polisacárido (cadena de muchos azúcares que contiene múltiplos de la unidad CH_2O) que forma el componente principal de la estructura de los árboles. La fotosíntesis emplea la energía de la luz y suelta una molécula de oxígeno por cada átomo de carbono que utiliza para construir el carbohidrato. Un porcentaje considerable del carbono que existía en la atmósfera primitiva de la Tierra (en el dióxido de carbono) fue incorporado a los carbohidratos de las plantas y luego sepultado bajo la corteza terrestre.

Los animales recurren a la respiración para generar energía (un proceso inverso al de la fotosíntesis), y producen agua y dióxido de carbono como resultado. Existe, por lo tanto, un equilibrio entre la elaboración de dióxido de carbono por respiración y combustión y su consumo mediante fotosíntesis a través de las plantas. Cada año circula una enorme cantidad (unos 60.000 millones de toneladas) de carbono de esta forma. Como dije antes, este balance se mantiene siempre y cuando no se altere un lado del proceso.

Las cianobacterias verdeazuladas (del griego *kuanos*, «azul») son organismos extraordinarios a los que, en cierto sentido, debemos nuestra existencia. Se trata de los organismos más versátiles de la Tierra, puesto que son capaces de vivir casi en cualquier sitio, en condiciones extremas de temperatura, iluminación y acidez, y hasta resisten dosis de radiación que matarían a otros organismos. Esta gran versatilidad les ha permitido sobrevivir con pocos cambios en el transcurso del largo tiempo geológico. Reinaron en nuestro planeta durante miles de millones de años, mientras muchas otras especies aparecían y desaparecían después de pocos millones de años. Las cianobacterias soportaron todo tipo de cataclismos ambientales y produjeron el mayor de ellos: una atmósfera oxigenada. A comienzos del Cámbrico, hace 550 millones de años, la cantidad de oxígeno atmosférico había alcanzado los niveles del presente.

Complejidad y simplicidad

La vida nos muestra una variedad increíble de formas externas, y aun los organismos más sencillos tienen una complejidad extrema y una gran organización. Sin embargo, entre una ballena, un humano y una rata, existen muchas más semejanzas de diseño que diferencias, aunque la apariencia sugiera lo contrario. A veces, hasta calificamos a algunos humanos de «ratas», aunque no sea como consecuencia de ningún análisis científico profundo. Es cierto que en los tres casos se trata de mamíferos, que se sirven de los mismos recursos para respirar, procesar alimentos y percibir el ambiente. Pero incluso la contemplación a nivel celular de un humano y un limón (aunque ahora sí haya diferencias claras en cuanto al modo en que cada uno genera energía, se alimenta y percibe el entorno) revela procesos y diseños similares entre ellos, y esta observación es de gran alcance.

Vistas desde otra perspectiva, todas las formas de vida son, en esencia, la misma cosa. Están construidas con los mismos ingredientes, los elementos biogénicos que, sin resultar sorprendente, son los más abundantes del cosmos gracias a las estrellas. El 98% (casi el total) de la materia orgánica consiste únicamente en cuatro elementos: hidrógeno, oxígeno, nitrógeno y carbono. Aunque el helio es el segundo elemento más abundante del universo, se trata de un gas noble, que no reacciona químicamente (el uso de *noble* da que pensar, ¿verdad?), y por lo tanto no forma parte de ninguna molécula. Unas tres cuartas partes de la materia viva se componen de agua (oxígeno e hidrógeno);

Podemos considerar las cianobacterias acuáticas y fotosintéticas como fósiles vivos, ya que han cambiado muy poco en el correr de los eones. Su versatilidad les permite vivir en gran variedad de hábitats, algunos con condiciones extremas, y las ha ayudado a sobrevivir a todas las extinciones masivas del pasado. Las cianobacterias fueron las creadoras de nuestra atmósfera oxigenada. Son procariotas que comúnmente crecen en filamentos o colonias formando capas bacterianas y estromatolitos. De izquierda a derecha, Filamentos de cianobacterias del Great Sippewissett Saltmarsh, en Falmouth, Massachusetts, Estados Unidos; *Anabaena spherica; Lyngbya sp* Cyanosite (http://www.cyanosite.bio.purdue.edu/)

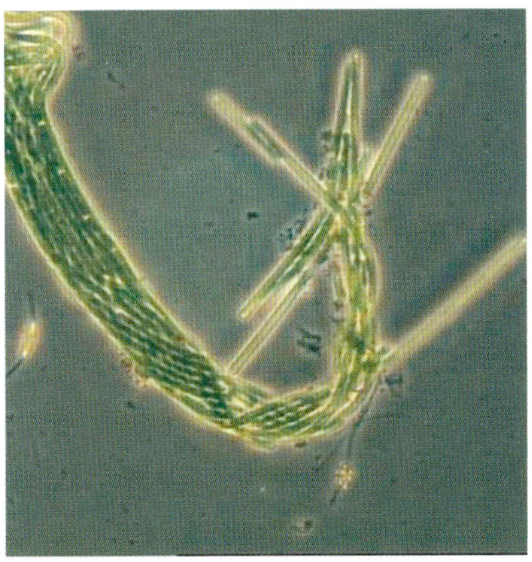

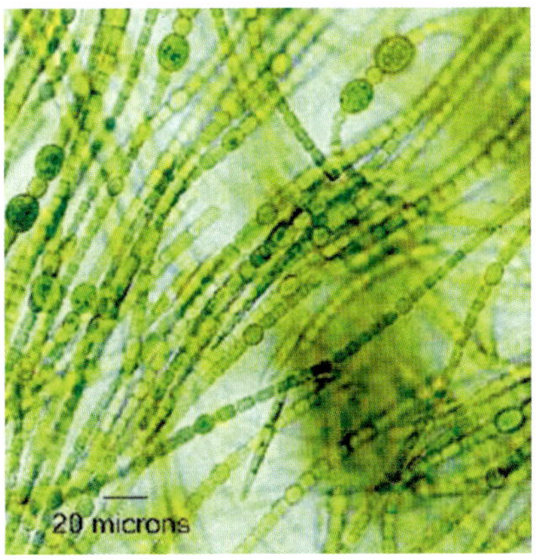

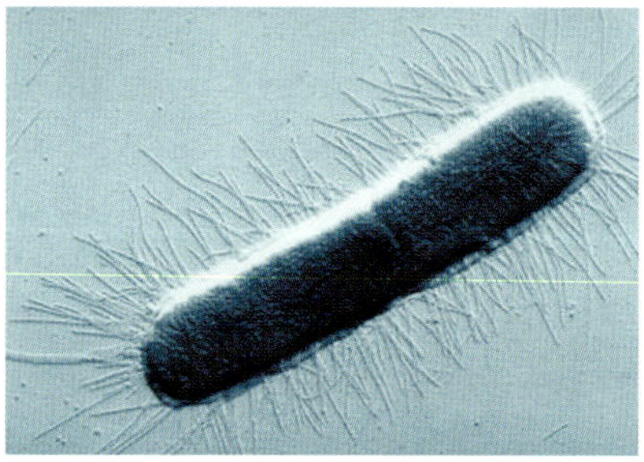

Escherichia coli es una bacteria que vive en simbiosis con nosotros. Nos ayuda con los procesos digestivos, produce vitamina K y el complejo vitamínico B en nuestros intestinos. Fue descubierta en 1885 por el bacteriólogo alemán Theodor Escherich (1857-1911). Sin embargo, una cepa mutada de *E. coli* llamada O157:H7 incorpora un gen que produce una potente toxina, la verotoxina, que puede conllevar una enfermedad seria con dolores estomacales, diarrea hemorrágica y, en algunos casos, la muerte. Guise suficientemente las hamburguesas, no beba agua sin tratar y mantenga la cocina limpia.
Imagen cortesía de Indigo Instruments

por esta razón se cocina con facilidad en el horno de microondas. Más de la mitad del resto consiste en carbono, y la fracción que queda es calcio, potasio, fósforo, azufre, cloro y trazas de otros elementos. Con la excepción del nitrógeno y el carbono, residentes en la atmósfera, se trata de los elementos más comunes en los océanos.

Las gigantescas biomoléculas que componen una célula consisten en largas cadenas de unidades simples compuestas en su mayoría por átomos de carbono e hidrógeno. Los miles de millones de proteínas diferentes de todos los seres vivos son cadenas (polipéptidos) formadas por centenares o miles de tan solo *veinte aminoácidos* distintos. Estos aminoácidos, a su vez moléculas relativamente sencillas compuestas por unas decenas de átomos, son idénticos para todos los seres vivos. Como veremos más adelante, los importantes ácidos nucleicos de todas las formas de vida se componen de cadenas de solo *cinco nucleótidos* diferentes, los cuales también son moléculas bastante sencillas. Los polisacáridos, como la celulosa y el almidón, son cadenas de moléculas de azúcar, como la glucosa. Los lípidos, que forman parte de las membranas celulares y se usan para almacenar energía, consisten asimismo en largas cadenas de moléculas más simples e iguales en todas las formas de vida.

Las complejas transformaciones bioquímicas que ocurren en las células de un organismo son aceleradas por enzimas, proteínas especializadas necesarias para construir y mantener una célula. Estas enzimas catalizan una gran variedad de reacciones bioquímicas, promueven el enlace entre moléculas sencillas para formar moléculas más complejas o provocan la destrucción de moléculas complejas cuando ya no tienen uso. Las enzimas controlan el crecimiento celular, determinan la funcionalidad de células, gobiernan procesos fisiológicos y desempeñan un papel importante en el desarrollo de un organismo. Como catalizadores, estimulan las reacciones multiplicando su velocidad por factores millonarios, sin que ellas queden alteradas por el proceso. Sin las enzimas, las reacciones bioquímicas serían tan lentas que la vida no prosperaría.

Incluso los organismos más sencillos necesitan un nivel bioquímico muy complejo para mantenerse vivos. Un organismo como la sociable (normalmente) bacteria *Escherichia coli*, estudiada con gran detalle y residente en nuestro intestino, se compone de unos 5 000 compuestos orgánicos distintos, entre los que se incluyen 3 000 proteínas diferentes y 1 000 variantes de ácidos nucleicos. La sencillez es relativa, ya que una bacteria tiene, en realidad, una complejidad elevada. Cada una de los diez billones de células que componen nuestros cuerpos es mucho más compleja que una *E. coli*. Cada célula consiste en unos cinco millones de proteínas diversas, todas ellas fabricadas con los mismos veinte aminoácidos.

Pero ¿cómo se organiza todo esto? ¿Quién trazó los planos para crear unos sistemas tan complejos?

El secreto de la vida

La famosa doble hélice del ADN es la macromolécula que contiene el secreto de la vida. Hemos descubierto parte de este secreto al entender cómo se almacenan los planos de construcción de un organismo dentro de la molécula de ADN. También hemos averiguado cómo se duplica esa información cuando se divide una célula, y cómo se usa para construir un organismo. Cómo ocurrió esto y cómo se generó el código que permite almacenar la información son dos de los misterios más recónditos de la vida que solo con el tiempo cederán sus secretos a las mentes más inquisitivas.

Todos los organismos, ya sea una bacteria microscópica o una ballena, contienen el mismo tipo de ácidos nucleicos, ADN (ácido desoxirribonucleico) y ARN (ácido ribonucleico). La enorme molécula de ADN alberga el *genoma* de una especie, el cual guarda toda la información genética necesaria para construir una célula a partir de otra, o todo un organismo. La doble hélice del ADN se compone de dos largas hebras construidas con cuatro moléculas fundamentales llamadas nucleótidos. Cada nucleótido contiene una de estas cuatro bases: adenina (A), guanina (G), citosina (C) y timina (T). Estas bases se componen, a su vez, de los elementos más comunes en el universo: carbono, hidrógeno, oxígeno y nitrógeno. La doble hélice se forma porque los enlaces químicos unen las bases de los nucleótidos de las dos hebras por pares, adenina con timina, y guanina con citosina.

Al dividirse una célula, su ADN se replica. Para ello, las dos largas hebras que forman la doble hélice se desenrollan, y se separan los pares de nucleótidos que las mantienen unidas. Cada hebra sirve entonces de patrón para construir una hebra nueva a partir de los nucleótidos disponibles y con ayuda de la acción de enzimas. Esto da como resultado dos moléculas idénticas de ADN. Este proceso de réplica constituye la *esencia de la vida*. La molécula de ARN es similar a la de ADN, pero más pequeña y con solo una hebra. En lugar de timina, el ARN usa uracilo (U). El ARN, que forma la mayor parte de los ácidos nucleicos de una célula, tiene la función de llevar a cabo varios procesos relacionados con la producción de proteínas a partir de la información codificada en el ADN. En el caso de algunos virus, el genoma se almacena en el ARN en vez de en el más complejo ADN.

Todo esto suena muy complicado, y, de hecho, lo es si se mira con detalle. Pero la esencia es maravillosamente sencilla. Estas moléculas gigantes no son más que la forma de preservar y duplicar, generación tras generación, la información necesaria para construir un organismo, molécula a molécula, célula a célula. La información hereditaria se codifica en la secuencia de nucleótidos en la hebra de ADN y forma el alfabeto del código genético. La secuencia de millones de A, G, C y T a lo largo del ADN se lee de tres en tres, de manera que cada tríada (un codón) especifica un aminoácido de la secuencia que forma una proteína. Así, por ejemplo, la tríada CTA especifica el aminoácido leucina.

El código se descifró en los años 60 y supuso un importante logro. Un *gen* es la unidad básica de información hereditaria, un segmento de la doble hélice de ADN que especifica un atributo particular del organismo por medio de la manufactura de un grupo específico de proteínas. Un gen puede especificar el color de ojos, o activar o desactivar ciertos pasos en algún proceso bioquímico de una célula. Cuando una célula se divide, los genes determinan cómo se van a diferenciar las nuevas células de las progenitoras, y de este modo determinan el desarrollo de los diferentes tejidos que componen un organismo complejo. Los genes de un renacuajo establecerán cuándo comenzará a transformarse en una rana. Nuestros genes señalan cuándo la voz de un niño cambiará a voz de hombre, o cuándo empezará el proceso de menstruación en una mujer.

Cientos de macromoléculas (ARN y enzimas) llevan a cabo la síntesis de proteínas en el citoplasma de la célula, un proceso que consume el 90% de toda la energía producida por la célula. Una célula puede sintetizar una proteína compuesta de unos 100 aminoácidos en menos de diez segundos y en todo momento está produciendo miles de proteínas diferentes. La célula es una fábrica sorprendente de proteínas. La hemoglobina, por ejemplo, una

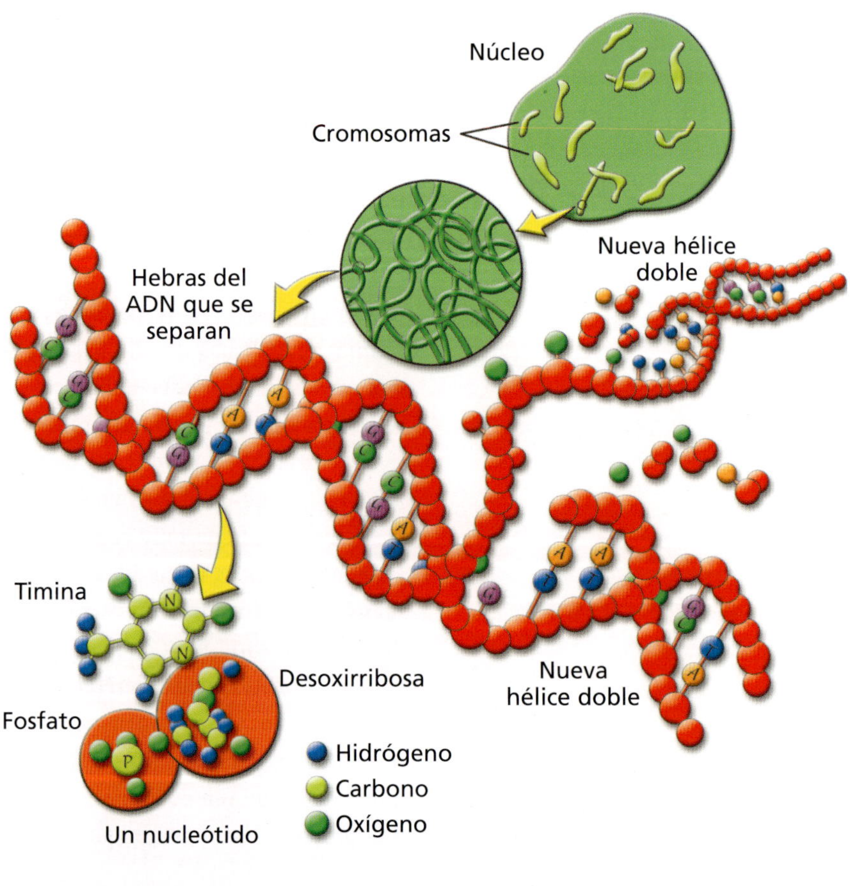

El proceso fundamental de la vida. Cada célula del cuerpo humano contiene en su núcleo 23 pares de cromosomas (exceptuando las células reproductivas que no contienen pares). Cada cromosoma se compone de una molécula de ADN envuelta en proteínas. Cada molécula de ADN es un polímero natural formado por una cadena de nucleótidos, cada uno de ellos compuesto a su vez de un fosfato, un azúcar (desoxirribosa) y una base (timina, guanina, citosina o adenina). Cada hebra contiene un código de cuatro caracteres (representados por las letras A, T, C y G), la especificación de la maquinaria de la vida. En su estado normal, el ADN toma la forma de una hélice doble muy regular en la que cada hebra de la hélice se liga a la otra por enlaces químicos en pares, adenina con timina, y guanina con citosina. El genoma humano se compone de unos tres mil millones de pares de bases. La especificidad de estos pares de bases es la clave para la replicación del ADN, tal como se ilustra en la figura. Cada hebra de la doble hélice de ADN sirve como plantilla para la construcción de una nueva hebra, de manera que la replicación produce dos hélices nuevas, cada una de ellas idéntica a la original proteína que se encuentra en los glóbulos rojos de la sangre (una gota contiene 500 millones de glóbulos rojos), se compone de 574 aminoácidos, y tiene la función de transportar oxígeno desde los pulmones al resto del cuerpo y de llevar dióxido de carbono de vuelta a los pulmones para que usted lo exhale. Las células de la médula ósea (tuétano o caracú) producen un billón de moléculas de hemoglobina cada segundo, y usted ni lo siente.

El ADN de un virus se compone de unos pocos miles de pares de bases, mientras que una bacteria sencilla como *E. coli*, o uno de nuestros peores enemigos, *Mycobacterium tuberculosis*, contiene alrededor de 4 millones de pares de bases. *M. tuberculosis* también se conoce como bacilo de Koch en honor de su descubridor (en 1882) y fundador de la bacteriología, Robert Heinrich Hermann Koch (1843-1910), quien recibió el premio Nobel de Medicina en 1905 por este descubrimiento. Ya se ha logrado determinar la secuencia de nucleótidos en más de mil especies de bacterias, con lo que se ha abierto las puertas a la posibilidad de descifrar la función de cada gen. Conocer el genoma de un patógeno nos da oportunidad de encontrar formas de defendernos. La mosca *Drosophila melanogaster* se ha estudiado durante muchos años para entender la genética de organismos más complejos. En el año 2000 se pudo determinar la secuencia de nucleótidos en su genoma, 50 veces más complejo que el de una bacteria y compuesto por 180 millones de pares de bases.

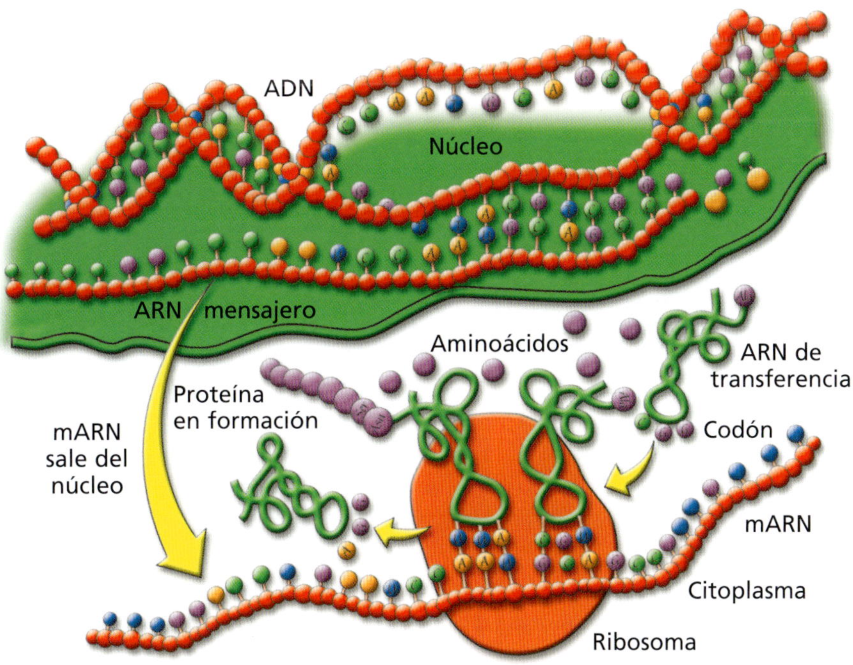

En el núcleo de una célula, el ARN se produce por transcripción, de una forma similar a la replicación de ADN. En el ARN, la desoxirribosa se reemplaza por ribosa, y la timina se reemplaza por uracilo. El ARN no es una hélice doble. Una forma de ARN, ARN mensajero (mARN), transporta del núcleo al citoplasma de la célula las instrucciones codificadas en el ADN para la síntesis de proteínas. Allí, ligada temporalmente a una partícula llamada ribosoma, cada tríada de bases (un codón) del mARN se liga a una forma específica de ARN de transferencia (tARN), que contiene una tríada de bases complementarias. El tARN, a su vez, transfiere un aminoácido a la proteína creciente. De esta forma, cada codón especifica un aminoácido adicional de la proteína. Un mismo aminoácido puede ser especificado por dos codones diferentes; en la ilustración, las secuencias GCA y GCC especifican la adición del mismo aminoácido alanina. José F. Salgado, siguiendo diagramas de *To Know Ourselves*, 1996, Human Genome Program, U.S. Department of Energy, LBNL

El código genético del ADN

		Segunda base del codón			
		T	C	A	G
Primera base del codón	T	TTT Fe TTC Fe TTA Leu TTG Leu	TCT Ser TCC Ser TCA Ser TCG Ser	TAT Tyr TAC Tyr TAA *final* TAG *final*	TGT Cys TGC Cys TGA *final* TGG Trp
	C	CTT Leu CTC Leu CTA Leu CTG Leu	CCT Pro CCC Pro CCA Pro CCG Pro	CAT His CAC His CAA Gln CAG Gln	CGT Arg CGC Arg CGA Arg CGG Arg
	A	ATT Ile ATC Ile ATA Ile ATG Met, *inicio*	ACT Thr ACC Thr ACA Thr ACG Thr	AAT Asn AAC Asn AAA Lys AAG Lys	AGT Ser AGC Ser AGA Arg AGG Arg
	G	GTT Val GTC Val GTA Val GTG Val	GCT Ala GCC Ala GCA Ala GCG Ala	GAT Asp GAC Asp GAA Glu GAG Glu	GGT Gly GGC Gly GGA Gly GGG Gly

Bases

A = adenina	G = guanina	C = citosina	T = timina

Los 20 aminoácidos especificados por cada codón

Ala: Alanina	Glu: Ácido glutámico	Leu: Leucina	Ser: Serina
Asp: Ácido aspártico	Gln: Glutamina	Lys: Lisina	Thr: Treonina
Arg: Arginina	Gly: Glicina	Met: Metionina	Trp: Triptófano
Asn: Asparagina	His: Histidina	Pro: Prolina	Tyr: Tirosina
Cys: Cisteína	Ile: Isoleucina	Fe: Fenilalanina	Val: Valina

Notas

Los aminoácidos más comunes, tales como la leucina, son codificados por varios codones distintos, mientras que aquellos que son raros, como el triptófano, son codificados por tan solo un codón.

Los códigos para aminoácidos químicamente similares son similares como, por ejemplo, para los ácidos aspártico y glutámico.

Codones similares especifican el mismo aminoácido y para algunos la tercera letra es redundante, como en el caso de la glicina.

El proyecto del genoma humano supuso un esfuerzo gigantesco por determinar la secuencia de nuestro genoma, que se compone de unos 3 000 millones de pares de bases, y por comprender qué función le corresponde a cada uno de los entre 20 000 y 25 000 genes que se distribuyen entre los 23 pares de cromosomas humanos. La secuencia completa se conoció en el año 2003, aunque su interpretación precisará décadas de trabajo. A un nivel más fundamental, este proyecto brindará a la larga una idea más clara sobre qué nos diferencia del resto de los animales o, en otras palabras, qué nos convierte en humanos.

Si alineáramos el ADN de una célula humana, sumaría unos 2 metros de largo. La molécula es muy delgada, si tuviera el espesor de un alambre fino rondaría los 50 kilómetros de largo. El código podría escribirse en un millón de páginas llenas de aes, ces, ges y tes. Claro que no es necesario hacerlo así, ya que hoy en día se puede almacenar todo esto en unos pocos CD-ROM. Aunque el ADN humano es una molécula muy larga, cabe en el núcleo de una célula, de dimensiones mucho menores que el puntito de esta *i* porque siendo tan estrecha se puede plegar y enrollar junto con las proteínas dentro de un cromosoma. Es asombroso que toda la información necesaria para construir un complejo organismo se pueda almacenar dentro de un pequeño punto, y este descubrimiento fue posible porque el desarrollo técnico y científico de años recientes nos ha permitido investigar los lugares más remotos del universo y las estructuras más recónditas del universo de una célula.

Nos sentimos orgullosos por estos logros, pero quizá dentro de mil años alguien (no me puedo imaginar quién) nos mire del mismo modo que nosotros contemplamos a quienes vivieron hace mil años, y se asombre de que no supiéramos algo tan fundamental como... Ya quisiera yo saber qué es. De todos modos, para nosotros se trata de descubrimientos importantes.

En 1962 se otorgó el premio Nobel de Fisiología y Medicina a James Watson (nacido en 1928), Francis Crick (1916-2004) y Maurice Wilkins (1916-2004) por el trabajo que realizaron para descifrar la estructura del ADN y que sirvió de base para entender su replicación, el proceso de síntesis de proteínas y la transferencia de información genética (el logro más relevante del siglo pasado en las ciencias biológicas). Hacia 1966, el código genético se descifró como resultado del trabajo de dos grupos independientes, uno dirigido por el hindú Har Gobind Khorana (1922-2011) y el otro por el estadounidense Marshall Warren Nirenberg (1929-2010). Aquello les valió el premio Nobel de Fisiología y Medicina del año 1968, el cual compartieron con Robert Holley (1922–1993), descubridor del mecanismo que traduce el código a una secuencia de aminoácidos por medio de ARN de transferencia.

Desde las bacterias hasta los humanos, el código es el mismo (con raras excepciones), y ha permanecido inalterado durante miles de millones de años e incontables generaciones. La universalidad del código genético (que podría haber sido distinto en los diferentes organismos) y del proceso de síntesis de proteínas, así como la uniformidad de la composición y de los procesos bioquímicos en todos los organismos, prueban la *unicidad de la vida* y su evolución a partir de un ancestro común. Esto sugiere, con independencia de cómo surgió la vida, que se trató de un proceso único en la Tierra. Si encontramos vida en otro mundo, sabremos si el código es realmente *universal*, aunque si ese otro mundo pertenece al Sistema Solar habrá que descartar primero un origen común propagado por algún tipo de «contaminación» entre los planetas. Lo sabríamos con certeza si alguien desde muy lejos, es decir, de otro sistema planetario, nos revelara su código. La universalidad del código supondría un descubrimiento trascendental, ya que demostraría que el origen de la vida se rige por leyes que aún desconocemos, pero que no se debe a un proceso al azar.

Evolución

La biología molecular ha revolucionado nuestro conocimiento de la vida y ha puesto orden en la desconcertante diversidad biológica que observamos. Es, sin duda, la ciencia del nuevo milenio que ahora iniciamos. Todo comenzó cuando un monje agustino austriaco, Gregor Johann Mendel (1822-1884), descubrió las leyes de la herencia que sirven de base a la genética. Estas leyes resultan fundamentales para comprender el proceso de la evolución de la vida descubierto por Charles Robert Darwin (1809-1882) y por Alfred Russell Wallace (1823-1913). Mendel obtuvo sus resultados mediante experimentos con habas plantadas en el jardín de su monasterio, en la pequeña localidad de Brünn (hoy en la República Checa). Publicó sus resultados en 1866 en la revista de la Sociedad de Historia Natural de Brünn, y allí quedaron, casi desconocidos para el resto del mundo, hasta ser descubiertos treinta y cuatro años más tarde, en 1900. Ni Darwin ni Wallace conocían el trabajo de Mendel.

Darwin nació el 12 de febrero de 1809 en Shrewsbury, Inglaterra. En diciembre de 1831, con veintidós años y unos trescientos años después de Magallanes, se embarcó en la fragata *HMS Beagle*, para comenzar una expedición de cinco años con el fin de explorar las costas del sur de Sudamérica, incluyendo las del Pacífico, y de visitar, además, algunas islas del Pacífico, sobre todo las Galápagos. Tras cruzar el Pacífico y dar la vuelta por el sur de África visitando por segunda vez Brasil, regresó al fin en octubre de 1836. Las observaciones que realizó durante este gran viaje le brindaron el material para escribir su libro más famoso, publicado en 1859, *The Origin of Species by Natural Selection or the Preservation of Favoured Races in the Struggle for Life*[1]. En 1871 se publicó su obra *The Descent of Man and Selection in Relation to Sex*[2].

[1] *El origen de las especies por medio de la selección natural o la conservación de las razas favorecidas en la lucha por la existencia.*

[2] *El origen del hombre y la selección con relación al sexo.*

Wallace nació en Usk, Monmouthshire, Inglaterra, el 8 de enero de 1823. Viajó primero al Amazonas y luego al archipiélago de Malasia. En 1855 publicó su ensayo *On the Law which has Regulated the Introduction of new Species*[3], en el cual llegaba de manera independiente a las mismas conclusiones que Darwin. De acuerdo con ambos, el hombre (y la mujer, debo agregar) no fue creado por la gracia de Dios, sino que desciende del mundo animal por medio de una larga y complicada cadena de eventos.

La teoría de la evolución, que explica los hechos observados, tropezó con dificultades para ser aceptada, al igual que la teoría heliocéntrica de Copérnico y por razones similares. Pero la resistencia a la teoría de la evolución fue (y es) mucho más intensa, ya que para muchos es un insulto más directo a nuestra autoestima colectiva. No solo no ocupábamos el centro del universo, sino que tampoco éramos el centro de la creación y, durante la mayor parte de la historia, la vida no tuvo nada que ver con nosotros. Las ideas evolutivas contradecían, además, una visión estática de la historia y de las sociedades, una concepción promovida por el influyente naturalista sueco Carolus Linnaeus (1707-1778), más conocido en nuestra lengua como Linneo. Intentó clasificar todas las formas de vida partiendo del supuesto de que cada individuo de una especie podía relacionarse con el par original surgido de la creación, una noción grandiosa. Sus ideas ya no se aceptan, pero su sistema de nomenclatura todavía se usa. Los manuscritos de Linneo y su colección de especímenes fueron adquiridos por el inglés James Smith (1759-1828) en 1784, y se encuentran preservados cuidadosamente en la institución Linnean Society of London, fundada por Smith en 1788. Charles Lyell dispuso lo necesario para que Wallace y Darwin hicieran en ella la presentación conjunta de sus ideas el 1 de julio de 1858, con la intención de evitar una sórdida disputa de prioridades. Esta fecha marca simbólicamente un cambio importante en la historia de las ideas acerca de la vida sobre la Tierra.

Darwin murió el 19 de abril de 1882, y fue enterrado en la abadía de Westminster junto a otros pensadores eminentes, Newton entre ellos. Wallace murió en Broadstone, Dorset, el 7 de noviembre de 1913, y sus restos descansan allí en una tumba desatendida. Así es la vida.

Incluso hoy en día, a comienzos de este nuevo milenio, hay quien sostiene una oposición encarnizada a la teoría de la evolución, por considerarla contraria a la interpretación literal de la Biblia. Hasta ha habido autoridades escolares que han tratado de prohibir la enseñanza de la teoría de la evolución en sus centros, como una encarnación moderna, aunque menos cruel, de la Inquisición. Podrían, al mismo tiempo, legislar que las estrellas son eternas, que 2 más 2 son 5 y volver a imponer la idea de que la Tierra no se mueve.

[3] «Sobre la ley que ha controlado la introducción de nuevas especies».

Sin embargo, la teoría de la evolución tiene tanto que decir acerca de las Escrituras bíblicas como la teoría de la gravitación de Newton. Y, a su vez, las Escrituras no tienen nada que opinar acerca del mundo físico o, recurriendo a las palabras del cardenal Caesar Baronius (1538-1607), historiador de la Iglesia católica: «El Espíritu Santo nos enseña cómo se va al cielo, no cómo va el cielo».

Distinguimos entre los hechos de la evolución y las teorías que explican cómo ocurre, del mismo modo que distinguimos entre el hecho de que los planetas se mueven alrededor del Sol en órbitas elípticas y la teoría de gravitación de Newton. Es probable que en el futuro la teoría de la evolución se modifique a raíz de hechos nuevos, pero esto no quiere decir que la idea de la evolución esté equivocada, del mismo modo que la teoría de Newton sigue siendo válida a pesar de que algunos hechos han llevado a su revisión por parte de Einstein. Las manzanas continuarán cayendo hacia el centro de la Tierra y los fósiles continuarán apareciendo para documentar, cada vez con mayor detalle, la historia de la vida sobre nuestro planeta.

La teoría de la evolución nos permite entender aspectos importantes del mundo biológico que observamos y del cual formamos parte y, en particular, nuestro origen, sin necesidad de invocar causas sobrenaturales. Ha unificado las ciencias biológicas de la misma forma que Newton unificó la física y Wegener la geología. Aunque los científicos argumentan acerca de cosas tales como la rapidez de la evolución, la importancia de diferentes mecanismos para generar especies nuevas, y la genealogía precisa de todos los organismos, la esencia de la teoría es sorprendentemente sencilla: las diferencias entre los individuos de una especie, que evidencian variaciones genéticas, se pueden acumular con el correr de muchas generaciones. Si una parte de la población queda aislada, ya sea por barreras geográficas (como cuerpos de agua o montañas producidas por procesos tectónicos) o por otras razones, la acumulación de diferencias conllevará cambios tales que, al final, los individuos de la población nueva no podrán reproducirse ya con los de la población original, y eso dará lugar a una especie nueva. El mecanismo más importante que determina el producto final es la *selección natural*, la cual favorece las variaciones que ofrecen al individuo alguna ventaja para sobrevivir y multiplicarse en el medio existente y, de esa forma, propagar sus genes. En pocas palabras, favorece la *supervivencia de los mejor adaptados*. Las variaciones aparecen como consecuencia de la acumulación de alteraciones en la información genética que se van heredando de acuerdo con las reglas de la genética.

La supervivencia de los mejor adaptados:

Dos exploradores caminaban por un sendero al borde de una tupida selva cuando, al doblar una curva, se encontraron cara a cara con un feroz león. Sin

> pensarlo dos veces, el primer explorador dejó su pesado equipo en el suelo y el otro, al verlo, le preguntó: «¿Qué haces?». «Voy a correr», respondió el primero. «No seas tonto, nadie puede correr más rápido que un león», replicó su compañero. «No es necesario», objetó el primero, «solo tengo que correr más rápido que tú», y salió corriendo.

Hoy, nuestra especie ocupa todo el planeta y ya no es posible encontrar espacios para aislar reproductivamente a una población. Nuestra evolución por selección natural ha llegado a su fin, aunque continuamos evolucionando culturalmente. La evolución por selección natural produjo la gran variedad de organismos que observamos, y es un proceso que facilita la adaptación de las poblaciones al medio ambiente constantemente cambiante y permite la aparición de nuevas especies de una forma fortuita.

Sí, *todo surgió por pura suerte*. La evolución no se rige por ningún propósito, *no hay una meta ni un diseño*, tan solo una serie de experimentos naturales causados por cambios al azar en la secuencia de los nucleótidos del ADN de algún organismo que provocan cambios aleatorios en el resultado. El medio ambiente determina quién sobrevive. Los criadores de plantas y animales se sirven de la selección artificial para obtener variedades nuevas, escogen entre la colección de variedades que se producen al azar aquellas que interesan. De la misma manera, la naturaleza determina quién perdurará. La diferencia estriba en que los criadores tienen un plan, un objetivo, mientras que la selección natural es ciega e indiferente al resultado.

Las alteraciones en la información genética (mutaciones) pueden deberse a diversos agentes tales como luz ultravioleta, rayos X, radiactividad, procesos químicos..., hasta los rayos cósmicos procedentes de una supernova distante pueden afectar al curso de la vida. A veces también aparecen como consecuencia de un mero error de copia del ADN. Los cambios en el ADN de un gen resultarán en alteraciones en la proteína resultante o en algún proceso regulador que, en su mayoría, conlleva consecuencias fatales para el organismo. Solo un número muy pequeño de estos cambios conferirá al organismo alguna ventaja para sobrevivir y reproducirse en el ambiente al que se enfrenta, incluyendo la competencia con otros por los alimentos necesarios para vivir. *Sin mutaciones no habría evolución.*

Darwin y Wallace completaron el (para algunos penoso) distanciamiento de los humanos de tener un papel central en el universo relegándonos a ser el mero resultado de algunos accidentes. Aun así:

> Hay grandeza en esta visión de la vida, con sus varios poderes originalmente entregados a unas pocas formas, o tan solo a una, y también la hay en el hecho de que, mientras este planeta ha estado dando vueltas de acuerdo con las leyes de la gravedad, hayan evolucionado infinitas formas bellísimas y maravillosas de tan simple comienzo.

Así concluye Darwin *El origen de las especies*.

A veces se dice que la evolución es «una mera teoría», como si cualquier otra cosa fuera aceptable y se tratara de una cuestión de gusto. Pues no lo es. Las teorías científicas se basan en evidencias experimentales, los hechos que observamos, y solo se modifican o reemplazan si los hechos las contradicen. La palabra *teoría* se suele usar como sinónima de *conjetura*, pero este significado difiere bastante del uso que se le da en la ciencia. La teoría de Newton no es una mera conjetura. Describe casi a la perfección (ya que ha sido superada por Einstein) lo que observamos tanto en la Tierra como en el cielo, y nos brinda un armazón para comprender el mundo físico. Nadie disputa hoy en día que los planetas se mueven alrededor del Sol en órbitas elípticas, y nadie que haya estudiado la evidencia discute el hecho de la evolución. Usamos las leyes de Newton para predecir con gran precisión en qué lugar de la Luna se posará una misión espacial (no digo *aterrizará*, ya que en la Luna supongo que se *aluniza)*, y, gracias a Newton, ocurre según lo previsto.

También encontrará escritos de miembros *respetables* de nuestras sociedades que malinterpretan la evolución para proclamar la superioridad de sus congéneres. No sorprende que nunca lleguen a una conclusión contraria...

La evolución predice que las mutaciones dificultarán nuestra lucha contra las infecciones y contra las plagas que afectan a las cosechas. Los antibióticos y vacunas trabajan contra agentes específicos y, a la vez que los eliminan, surgen formas mutantes que se hacen resistentes y logran sobrevivir y multiplicarse en el medio ambiente alterado por estas vacunas y antibióticos. En eso consiste la supervivencia de los mejor adaptados, en que heredan atributos nuevos para evolucionar hacia una cepa nueva de bacteria o virus. No hay nada teórico en esto, como constatará cada vez que contraiga la gripe en compañía de otros 50 millones de personas cada año.

Además de meternos en todo tipo de líos, la invención de la reproducción sexual cambió el carácter de la evolución. Antes de que existiera, la reproducción ocurría por la simple división de células, como ocurre todavía con las bacterias y las células de nuestros cuerpos, y las únicas diferencias entre padres e hijos eran aquellas que resultaban de una mutación viable ocasional. Si ha visto una *E. coli*, ha visto la mayoría de ellas. En cambio, la reproducción sexual combina genomas de ambos progenitores, mezcla la información genética y produce descendientes que difieren de los progenitores, los cuales crean a su vez descendientes distintos, y así sucesivamente. Esto da lugar a una gran variabilidad y permite una evolución rápida. Durante la meiosis (la división especial que produce el óvulo y el espermatozoide) los cromosomas pueden intercambiar genes y formar combinaciones nuevas, de forma tal que dos óvulos fertilizados (zigotos) nunca son iguales (excepto en el caso de mellizos idénticos). A esto se debe que seamos todos diferentes, los 7 000 millones de personas. Cuando vemos a una persona solo hemos visto a esa, y cuando una persona muere, un individuo único, lamentablemente, desaparece para siempre.

Origen

Entonces, ¿cómo se originó la vida? La respuesta a esta pregunta fundamental nos dirá cómo se pasó de la materia prima de la vida, acaso producto de impactos cometarios, a una célula o a algo más simple, como un virus. Como hemos visto, su aparición debió de requerir menos de trescientos millones de años, un intervalo relativamente corto. En 1871, Darwin escribió en una carta a un amigo: «Si concibiéramos que en una pequeña y cálida charca con todo tipo de sales amoniacales y fosfóricas, luz, calor, electricidad, etc., se formara un compuesto de proteínas, pronto a experimentar cambios más complejos...»

Hemos aprendido mucho en el aproximadamente siglo y medio transcurrido desde que Darwin escribiera esto, pero en relación con el origen de la vida nuestro conocimiento no es mucho mejor que el suyo. La cuestión sobre la transición de la materia inanimada a seres vivos es difícil y profunda; nos encantaría saber cómo ocurrió. El análisis de los seres vivos muestra que se componen de moléculas ordinarias regidas por todas las leyes físicas y químicas que conocemos. Sin embargo, cuando estos materiales se combinan para formar un ser vivo, aparecen propiedades que obviamente no forman parte de la materia inanimada. El conjunto parece algo más que la suma de sus componentes, un atributo cuya emergencia no entendemos, pero que no por eso debemos considerar sobrenatural. La cuestión de la naturaleza de nuestra conciencia e inteligencia es aún más difícil. Contamos con un sistema complejo como el cerebro, capaz de pensar en términos abstractos y tomar conciencia de sí mismo y de su lugar con respecto al resto de las cosas. Nuestros pensamientos parecen trascender nuestra existencia física y adquirir cierta independencia. Pasan a formar parte de la conciencia colectiva cuando nosotros desaparecemos, conservados como grabados en antiguas grutas, en libros o en futuras memorias electrónicas. No está claro si la conciencia se puede entender en los términos de las leyes naturales que la mente ya ha descubierto o descubrirá en el futuro. La pregunta, en otras palabras, reza así: ¿Puede la mente entenderse a sí misma? Tal vez la respuesta sea negativa y se trate de un misterio oculto para siempre.

La dañina radiación ultravioleta no penetra en el agua más que hasta unos pocos metros, de manera que en el pasado, cuando no existía la capa de ozono, la vida estaría a salvo allí. Es lógico, entonces, pensar que la vida se desarrolló inicialmente bajo el agua y que luego migró a la tierra, tal como lo indica el registro fósil. Hemos visto que el agua líquida es esencial para la vida; somos agua caminante y no podemos sobrevivir mucho tiempo sin ella. Quizá los extremófilos nos estén dando una pista y la vida se originó en las profundidades de los océanos del Arcaico. Ahí habría estado protegida de los violentos eventos de la superficie, y habría sobrevivido a las duras condiciones de ese mundo. De hecho, estudios recientes indican que los ancestros de las bacterias eran extremófilos.

Sabemos de manera aproximada cuándo y dónde surgió la vida, y estamos investigando si ocurrió también en otros lugares, pero aún no sabemos *cómo* surgió. Entender cómo surgió la vida es uno de los retos más apasionantes que encaramos y una pregunta que ha estado en la mente del *Homo sapiens* desde que tuvo conciencia. Desde luego, podríamos decir «entonces ocurrió un milagro y...», pero no nos gusta recurrir a milagros para esconder nuestra ignorancia. Es mejor aceptar que no lo sabemos, y eso mismo nos brinda una buena razón para seguir investigando con la confianza de que, si los milagros del pasado acabaron descifrándose en términos científicos, este también se rendirá ante las mentes exploradoras de los científicos del futuro. Aunque entendemos algunos de los complejos procesos bioquímicos que utiliza la vida, y conocemos la organización y evolución de los organismos, no sabemos cómo se originó la vida. Es justo admitir que hasta que no despejemos esa incógnita no podremos decir con certeza qué es la vida, y, por tanto, nuestros intentos por darle una definición precisa serán por necesidad incompletos.

En 1953, Harold Urey (1893-1981), un físico galardonado con el premio Nobel de Química de 1934 por su descubrimiento del deuterio, y Stanley Miller, en aquel entonces uno de sus estudiantes, demostraron que era posible obtener aminoácidos a partir de una mezcla de metano, amoníaco y agua si se la sometía a descargas eléctricas. Se han realizado muchas otras pruebas desde entonces, inspiradas en aquel experimento pionero, que han demostrado que en condiciones que simulan las que existían en la Tierra primitiva se puede obtener una gran variedad de pequeñas y sencillas moléculas de importancia para la vida. Sin embargo, las complejas macromoléculas de la vida no son fáciles de producir. Parece que la intrincada serie de pasos que han de seguirse para obtener a partir de materiales inorgánicos las complejas biomoléculas que componen las cosas vivas es imposible de recrear al azar. Más difícil aún es que estas moléculas se organicen espontáneamente para construir una entidad que se autorreplique. No parece que haya habido suficiente espacio ni tiempo para que un evento tan improbable *ocurriera al azar*.

Quizá una síntesis química dio como resultado un sistema inicial mucho más simple, un ancestro de las bacterias y arqueobacterias cuyas trazas no hemos encontrado y acaso nunca encontremos, que luego evolucionó a los sistemas más complejos que observamos. Aun así, nos quedamos con la idea de que la vida es un acontecimiento extremadamente improbable que no volvería a ocurrir en mil millones de años sobre mil millones de Tierras. Con esto llegamos otra vez a la incómoda conclusión de que somos únicos y especiales, algo que nos puede hacer sentir bien pero que convierte el universo y todo lo que sucede en él, todas las estrellas y todas las supernovas de los millones de galaxias, en un lugar inocuo y solitario. Para mí, eso carecería de sentido.

Lo más probable es que aún nos quede algo por descubrir que nos enseñará que el surgimiento de la vida no resultó de procesos aleatorios, sino que se rige por leyes naturales que la hacen mucho más probable y, por lo tanto, bastante común si se dan las condiciones adecuadas. Yo me sentiría mejor. En el transcurso de nuestra historia hemos conocido muchos eventos inexplicables que con el tiempo se revelaron fruto de alguna ley natural antes desconocida. No se precisaban ángeles para mover los planetas. Esta certeza es la que mantiene el interés de los científicos por continuar investigando.

Estaremos más cerca de lograr la respuesta si encontramos vida, o evidencias de vida pasada, en otro lugar del Sistema Solar. No me refiero a vida inteligente (eso sería demasiado), sino a cualquier tipo de vida: una bacteria sería suficiente. Eso nos brindaría la oportunidad de comparar formas de vida diferentes y descubrir quizá los denominadores comunes necesarios para la vida. Dada la importancia del agua para la vida, la búsqueda de esta equivale a buscar agua o evidencias de agua pretérita.

El largo y sinuoso camino

La vida en la Tierra permaneció simple y microscópica durante un tiempo prolongado que abarcó los primeros tres mil millones de años de su historia. Aunque tardó menos de trescientos millones de años en surgir de la materia inanimada, se necesitó un periodo enorme para el paso de organismos microscópicos unicelulares a multicelulares. Desconocemos a qué se debió, pero se trató de una transición muy importante que abrió el camino a formas de vida completamente nuevas, basadas en el cooperativismo.

Los primeros organismos anaerobios aparecieron hace unos dos mil millones de años, una época en la que el registro geológico muestra signos de oxidación, una consecuencia de la presencia de oxígeno en la atmósfera. Los organismos eucariontes unicelulares, los protoctistas, se desarrollaron hacia el final del Mesoproterozoico, hace mil millones de años. La vida invirtió cientos de millones de años más en evolucionar de los protoctistas a los primeros organismos pequeños multicelulares, pero la secuencia exacta de eventos se encuentra perdida en el registro fósil. Los organismos eucariontes multicelulares más antiguos (las plantas, los animales y los hongos) aparecen en el registro fósil de hace unos seiscientos cincuenta millones de años.

Después, hace unos quinientos cuarenta millones de años, ocurrió la llamada explosión cámbrica, que marca el comienzo de la mayor diversificación que conocemos en la historia de la vida, y la aparición en el registro fósil de organismos lo bastante grandes como para verlos sin la ayuda de un microscopio. Aunque sucedió en un intervalo de diez millones de años, se trató de una «explosión» en términos geológicos. Fue la «gran explosión» de la biología. Es posible que este acontecimiento guarde relación con el aumento de oxígeno disponible en la atmósfera, que para entonces había alcanzado niveles similares a los del presente. También es probable que el gran despliegue de diversidad tuviera que ver con el hecho de que el ecosistema estuviera relativamente vacío, de manera que cualquier diseño anatómico nuevo dispusiera de buenas probabilidades para desarrollarse y sobrevivir sin la necesidad de competir con otros o preocuparse por depredadores. Todos los *filum* del mundo, es decir, las categorías de organismos con diseños anatómicos únicos, aparecen entonces por vez primera en el registro fósil, como los primeros trilobites, ahora extintos, o los braquiópodos con caparazones similares a las almejas. Nosotros, los mamíferos, pertenecemos al filum de los cordados que incluye a los vertebrados. Estos se caracterizan por tener espina dorsal, el conducto de nervios que distribuye señales entre el cerebro y el cuerpo.

Los fósiles cámbricos del esquisto de Burgess, una cantera de piedra caliza ubicada en las montañas Rocosas de Canadá, representan el hallazgo más espectacular de la historia de la paleontología, ya que conserva el precioso registro de los cuerpos de una fauna marina que vivió hace quinientos cuarenta millones de años, unos restos muy raros en el registro fósil. Estos fósiles se preservaron porque quedaron enterrados rápidamente bajo un alud de barro en un ambiente sin oxígeno, de modo que no llegaron a descomponerse. Fueron descubiertos en 1909 por Charles Doolittle Walcott (1850-1927), entonces secretario de la Smithsonian Institution en Washington, D.C. Walcott fue una persona importante en la historia de la paleontología, presidente de la Academia Nacional de Ciencias de Estados Unidos, y consejero de presidentes, desde Theodore Roosevelt a Calvin Coolidge. A Walcott se le atribuye haber constatado la existencia de un registro fósil precámbrico considerable y haber demostrado con ello la historia increíblemente larga de la vida. Darwin se había preocupado y extrañado por la ausencia de fósiles precámbricos. Hoy sabemos que la vida de entonces era microscópica, por eso resultó difícil encontrar fósiles hasta el hallazgo de Walcott.

Los fósiles del esquisto de Burgess conservan para nuestro estudio los restos de una gran y especial variedad de animales que vivieron hace quinientos cuarenta millones de años, entre los que se incluyen animales con nombres tales como *Opabinia regalis*, un ser de unos pocos centímetros de tamaño con la particularidad de tener cinco ojos y carecer de descendientes modernos. *Hallucigenia*, también sin descendientes modernos, parece pertenecer más bien a otro mundo, como, de hecho, así era. También hay *Pikaia gracilens*, el primer cordado que simbólicamente representa nuestro ancestro más antiguo, el primero del filum al que pertenecen todos los vertebrados: peces, reptiles, anfibios y mamíferos, nosotros entre ellos. Al Cámbrico le sigue el periodo Ordovícico, al final del cual, hace cuatrocientos cuarenta millones de años, ocurrió una extinción masiva. Si *Pikaia* o sus descendientes no hubieran sobrevivido a esa crisis, esta historia habría resultado muy diferente.

Hace cuatrocientos cincuenta millones de años, en el Ordovícico, encontramos las primeras plantas terrestres, descendientes de algas multicelulares. Antes de esto, las zonas continentales habían permanecido estériles. El ozono permitió que la vida se extendiera sobre la tierra y, a lo largo de cincuenta

La fauna fósil del esquisto de Burgess, descubierta en 1909 en las montañas Rocosas de Canadá, conserva para nuestro estudio los restos de vida de un planeta lejano: la Tierra hace quinientos millones de años, al inicio del Cámbrico. En aquel tiempo, este lugar se encontraba cerca del ecuador, en cálidas aguas costeras. Los procesos tectónicos trasladaron y levantaron la zona hasta donde se encuentra hoy, a una altura de 2 500 metros El fósil de este extraño *Opabinia regalis* mide unos 10 centímetros de longitud. Este animal tenía cinco ojos y una trompa diminuta acabada en unas tenazas que usaba para manipular comida. Representación artística de David Miller; fósil de The Peabody Museum of Natural History, Yale University, New Haven, Connecticut, Estados Unidos; derechos reservados

millones de años, el escenario se fue preparando para una importante transición. Los animales, hasta entonces residentes en el agua, se aventuraron peligrosamente a vivir sobre la tierra. Quizá todavía conservemos una memoria antigua de aquella epopeya almacenada en nuestras células. Tal vez sea esta la razón por la cual el calor del Sol en la playa, el sonido de las olas y el olor del mar calman nuestro espíritu.

Al evolucionar de un ancestro común, las diferencias en el genoma de los organismos aumentaron a medida que pasó el tiempo, de modo que la historia de la vida está escrita en los genes. Por lo tanto, la comparación de la secuencia de nucleótidos en el ADN de los genes correspondientes entre diferentes especies nos permite medir el parentesco: cuantas menos diferencias, mayor relación. Estos estudios, junto a trabajos de paleontología y anatomía comparada, no dejan duda acerca de la descendencia de los animales y plantas a partir de formas de vida más simples, aunque quedan muchos detalles por descubrir. Estudios de este tipo han demostrado que el 98% del genoma de los humanos y del chimpancé tiene la misma secuencia. Es sorprendente que la marcada diferencia entre nosotros y ellos resulte de unas variaciones genéticas de tan solo el 2%. Si no le gusta la idea, lo lamento, pero estos animales *son* nuestros primos, de manera que la próxima vez que vaya al zoológico, siéntese a mirarlos a los ojos y una extraña emoción correrá por sus neuronas.

Hace sesenta y cinco millones de años, un terrible accidente cósmico causó la extinción de los dinosaurios, como veremos en el próximo capítulo. Este accidente brindó a los insignificantes mamíferos la oportunidad de desarrollarse hasta convertirse en los soberanos del mundo de los vertebrados y, finalmente, convertirse en la especie dominante sobre la Tierra, el *Homo sapiens*. Hace cinco millones de años cambió el clima africano como consecuencia del movimiento de los continentes. Los húmedos bosques tropicales se transformaron en sabanas, y un primate con la habilidad de caminar erguido, el *Australopithecus* o «mono del sur», tuvo la ventaja de ver a mayor distancia y correr con rapidez para sobrevivir en la sabana. La famosa Lucy, encontrada en Etiopía en 1974, es uno de los restos mejor preservados de *Australopithecus afarensis*, que data de hace tres millones de años. La habilidad de caminar erguidos supuso una adaptación vital que liberó las manos y permitió darles buen uso con el paso del tiempo. Hace menos de dos millones de años, algunos piensan que mucho menos, ocurrió lo que posiblemente sea la transición evolutiva más importante de todos los tiempos. Los descendientes de aquellos homínidos que habían dejado sus huellas en Laetoli desarrollaron cerebros grandes, la habilidad de fabricar herramientas y el uso del lenguaje. Esto cambió la naturaleza de la vida para siempre. Mientras que antes de esto la vida había sido un fenómeno sin mente que se ocupaba del negocio de vivir sin demasiados pensamientos, ahora quedó transformada en un fenómeno consciente que desea y necesita saber. *El mundo recibió una mente* y aquello significó un cambio radical, a pesar de que muchas veces actuamos como dementes.

No sabemos mucho acerca del origen y naturaleza de la inteligencia y de la conciencia. Es razonable suponer que los primeros organismos no tenían estas cualidades, y, sin embargo, nosotros las tenemos. La pregunta, entonces, es dónde se cruza entre las diversas formas de vida la línea que separa la vida

Nuestro pariente más cercano: el chimpancé *(Pan troglodytes).* ©SteveBloom.com

inconsciente de la vida consciente, la vida no inteligente de la vida inteligente (una especie de teorema de Cauchy), y qué lo determina. No tenemos idea de la respuesta, pero claramente guarda relación con el tamaño y la complejidad del cerebro. El escaso registro fósil lo documenta así al pasar del *Australopithecus* (tamaño cerebral de unos 500 centímetros cúbicos) al *Homo sapiens* (tamaño del cerebro de 1 400 cc), pasando por el *Homo habilis* (750 cc) y el *Homo erectus* (1 000 cc), nuestro antecesor directo. El tamaño del cerebro aumentó en total en un factor 3.

El largo camino evolutivo que llevó hasta nosotros está lleno de grandes incertidumbres, con montañas y precipicios que adornan el paisaje, además de curvas peligrosas. Muchas veces, el camino se bifurca y no hay carteles que indiquen la ruta que ha de seguirse. Si se da un giro diferente al que se tomó, se termina con un mundo completamente distinto al nuestro. Aunque a muchos les gustaría que fuera cierto, no somos el resultado de un diseño, de un plan para desarrollar inteligencia y consciencia. Provenimos de un proceso casi increíble, pero el mundo habría sido igual de feliz, tal vez incluso más, si solo hubiera bacterias. Nuestros planos, resultado de varios tanteos, fueron diseñados por la empresa *Madre Naturaleza, Ingenieros y Arquitectos*. Puede que esto nos deprima, puesto que estoy afirmando que nuestra existencia no es más que el resultado de una serie complicada de accidentes aleatorios y que si reiniciáramos el mundo cuatro mil millones de años atrás no se llegaría a nada parecido. Quizá *Pikaia* no hubiera sobrevivido, o quizá los dinosaurios todavía estarían por aquí, o un sinnúmero de cosas podría haber sucedido de otra forma. Ya veremos si nosotros logramos sobrevivir, aunque no me imagino quién sería testigo de ello.

Si sospecha que intento transmitir el mensaje de que no somos importantes en el gran esquema de las cosas existentes, me está entendiendo bien. Bueno, nuestra autoestima ya fue atacada con rudeza cuando nos dimos cuenta de que la Tierra no es el centro del universo, ni tan siquiera lo es el Sol, ni tampoco nuestra Galaxia (que, por supuesto, no es nuestra). Nuestro planeta es una pequeña e insignificante pizca en el paisaje cósmico. Además, mañana mismo podría liquidarnos un virus, o un asteroide que se cruce en nuestro camino mientras orbita alrededor del Sol, o, lo que es más triste, podríamos desaparecer como consecuencia de nuestras propias acciones. Me pregunto qué sucedería después.

El universo es tan vasto que, aun siendo muy improbable que haya seres inteligentes en algún planeta en particular, podrían existir aunque sean pocos y difíciles de localizar, si damos por supuesto que la vida surge con facilidad en ambientes propicios. Quizá sean tan inteligentes que, en caso de encontrarlos en algún lugar, nos hagan sentir como los monos que realmente somos. Tal vez se sienta insultado por esto, pero en realidad se lo debemos a nuestra visión miope de las cosas y a nuestra presunción de que somos la *crème de la crème*, lo mejor de lo mejor, con una definición claramente subjetiva de qué es *mejor*. Y si no me cree, pregúntele a un chimpancé qué opina al respecto.

Nadie puede negar que nuestra habilidad mental es suprema comparada con la de cualquier otro animal de la Tierra y, en ese sentido, somos únicos y privilegiados. Pero eso no nos convierte en mejores que el resto y no nos da derecho a eliminarlos de la faz de la Tierra. Al contemplar lo que hemos hecho con nuestras habilidades podemos enorgullecernos por muchos logros, tanto materiales como intelectuales. Pero, al mismo tiempo, hemos sido capaces de perpetrar los actos más crueles que jamás se hayan visto en el reino animal (y ojalá no haya tenido que verlos nadie más en todo el universo). Es hora de que bajemos del pedestal colectivo al que nos hemos encaramado y nos contemplemos desde otra perspectiva.

Los humanos hemos tratado de asignarle un sentido a la vida afirmando de una forma u otra que todo esto fue creado para nosotros porque una voluntad sobrenatural lo dispuso así o, cuando menos, porque somos el fin último de la naturaleza. *Si no nos despertamos, la naturaleza será nuestro fin.*

Encuentros cercanos de todo tipo

NASA, obra de Don Davis

Capítulo 6

Basta mirar la Luna para darse cuenta de que vivimos en un vecindario peligroso. El 11 de abril de 1970, la misión *Apollo 13* partió hacia la Luna. Tras 56 horas de viaje y a una distancia de 320 .000 km de la Tierra, el lacónico mensaje «Houston, hemos tenido un problema» marcó el comienzo de una odisea espectacular causada por la explosión de un tanque de oxígeno que afectó a sistemas críticos de la nave. Hubo que reprogramar la misión para que diera la vuelta a la Luna e intentara regresar a salvo a la Tierra. Esta foto de la cara de la Luna que no se ve desde la Tierra y tomada por los astronautas de *Apollo 13*, muestra una superficie muy accidentada con gran cantidad de cráteres. La Luna siempre nos presenta la misma cara porque completa una rotación sobre su eje en sincronía perfecta con una revolución alrededor de la Tierra. Esto no se debe a una coincidencia, sino que es consecuencia de la fuerza gravitatoria entre la Tierra y la Luna. NASA

Mire el cielo nocturno durante un rato y se dará cuenta de que la Tierra recibe un bombardeo continuo de pequeños objetos que, por fortuna, se queman al penetrar en nuestra atmósfera a altas velocidades. En la oscuridad del espacio acechan cuerpos mayores, pocos, pero extremadamente peligrosos. Está claro que nos impactarán en el futuro tal como lo han hecho en el pasado, pero no sabemos ni cuándo ni dónde, ni tampoco con qué consecuencias.

Vecindario peligroso

Nuestro Sol contiene el 99.8% de todo el material del Sistema Solar, en otras palabras, casi todo. Como vimos en el capítulo 3, con el resto del disco de la nebulosa solar se formaron los planetas y sus satélites, los cometas y los asteroides. De estas sobras, Júpiter alberga más del doble de la materia que compone todo el conjunto de los demás planetas. En efecto, la Tierra no es más que la sobra de las sobras, un pequeño planeta surgido en el lugar apropiado para nosotros. ¡No somos nada!

Las órbitas de todos los planetas se encuentran aproximadamente en un mismo plano, y los planetas las recorren en la misma dirección como consecuencia natural del proceso de formación del Sistema Solar. Este plano coincide, además, con el ecuador del Sol, que completa un giro en esa

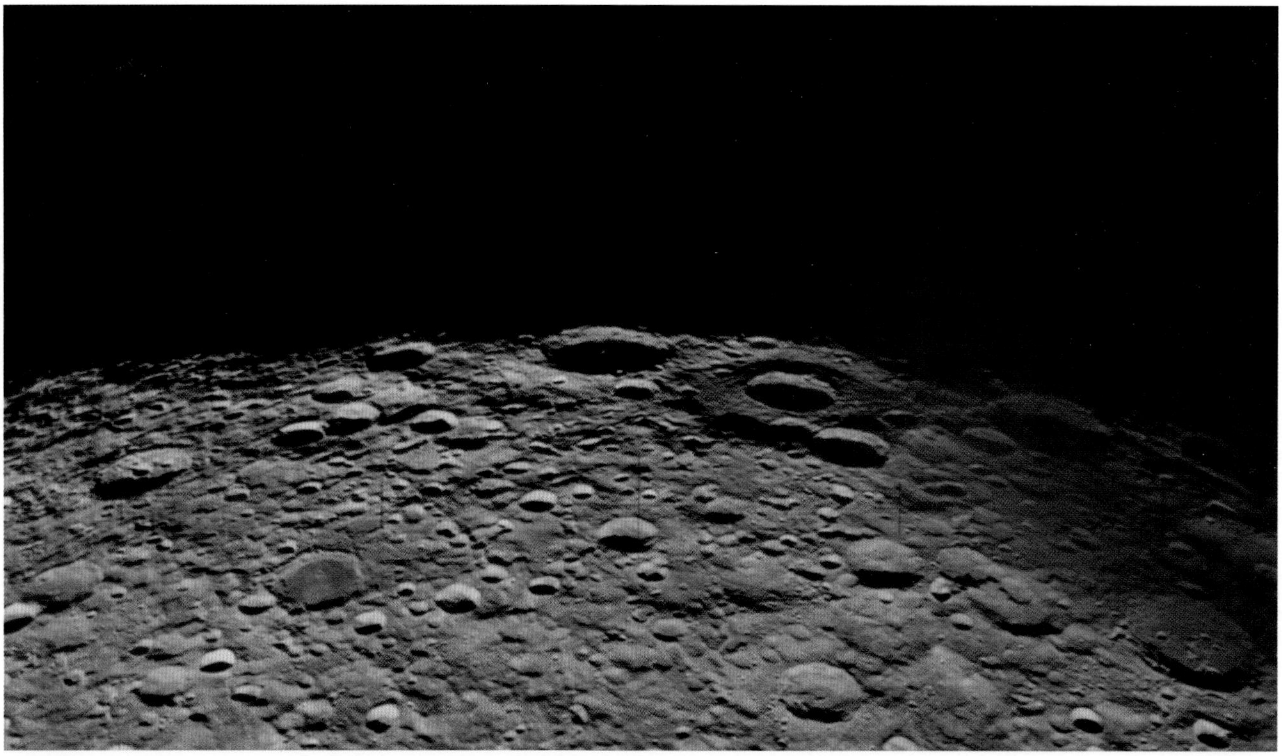

misma dirección una vez cada 26 días, aunque como el Sol no es un objeto sólido, gira más rápido en el ecuador que en los polos. La mayoría de los asteroides se mueve en órbitas elípticas alrededor del Sol y se encuentran en una zona relativamente amplia entre Marte y Júpiter. En ocasiones, sus órbitas quedan alteradas por el paso cercano entre dos de ellos o, más dramáticamente, por la gran fuerza gravitatoria ejercida por Júpiter. Tras esta perturbación podrían encontrarse en una órbita distinta que cruzara la órbita de Marte e incluso la de la Tierra. Si la Tierra se situara en el lugar equivocado en el momento correcto (o quizá sea en el momento equivocado en el lugar correcto), podríamos recibir un impacto. Durante la historia del Sistema Solar, cada planeta o satélite se ha encontrado más de una vez en una situación similar a la mencionada y ha sufrido el agravio y daño de un potente impacto. Basta con mirar la Luna para darnos cuenta de que vivimos en un vecindario peligroso y es natural preguntarse si hemos sido golpeados en el pasado, aunque es más importante plantearse si recibiremos impactos en el futuro.

Hemos descubierto miles de asteroides y existen cientos de miles más demasiado pequeños para observarlos con facilidad desde la Tierra. Nuestro censo de los mayores es bastante completo: hay 26 asteroides con dimensiones mayores a 200 km, el más grande de los cuales, Ceres, fue descubierto por Giuseppe Piazzi (1746-1826), monje siciliano, en el año 1801. Su tamaño asciende a alrededor de un cuarto del de la Luna.

La fuerza gravitatoria en la superficie de un asteroide pequeño, digamos uno de dimensiones inferiores a 100 km y, por lo tanto, de poca masa, es muy débil, cientos de veces menor que la fuerza gravitatoria en la superficie de la Tierra, que es su peso. Si usted visitara un asteroide y saltara con demasiada fuerza podría exceder la velocidad de escape y... escapar. De hecho, si el asteroide es muy pequeño y le entran ganas de estornudar, no olvide taparse la boca, que por lo demás es un gesto de buena educación. La débil gravitación explica que los pocos asteroides fotografiados recientemente desde cámaras montadas en vehículos espaciales, muestren extrañas formas irregulares. Conocemos alrededor del 98% de los asteroides con diámetros mayores de 100 km, y es posible que hayamos catalogado más de la mitad de aquellos cuyos tamaños se sitúan entre 10 y 100 km. Pero conocemos muy pocos ejemplares de los más pequeños, y probablemente haya hasta un millón de objetos que representen un peligro potencial con dimensiones de un kilómetro. Varios miles de ellos siguen órbitas que los acercan a la Tierra, aunque, como usted ya sabe, para un astrónomo *cerca* es aún a muchos cientos de miles de kilómetros, lo cual equivaldría a decir que un automóvil está cerca de otro cuando se encuentra a mil kilómetros de distancia. Sin embargo, algunos podrían llegar a acercarse demasiado.

Los Centauros son un grupo de objetos con órbitas muy excéntricas situados entre las órbitas de Júpiter y Urano. Puede que estos sean los objetos más

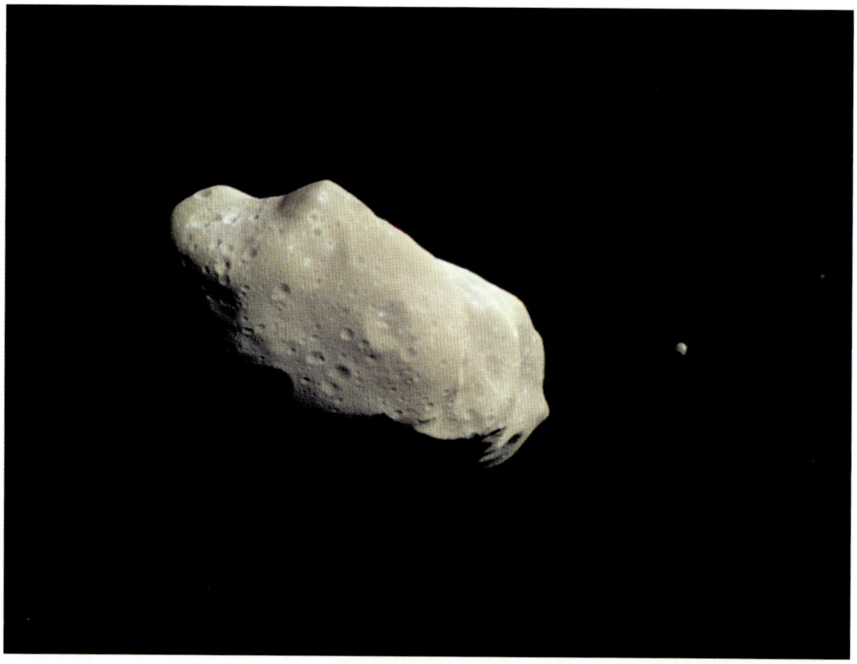

El 28 de agosto de 1993, durante su viaje de seis años con destino a Júpiter, la nave *Galileo* obtuvo esta imagen del asteroide Ida, un objeto con la forma de una patata o papa que mide 60 km de largo y 20 km de ancho. Fue toda una sorpresa descubrir que Ida tiene una lunita en órbita, la cual se aprecia como un punto en la parte derecha de la imagen. Dáctilo, como se la llamó, fue la primera luna conocida de un asteroide y mide apenas un par de kilómetros de diámetro. Galileo se encontraba a unos 10 000 km de Ida cuando obtuvo esta imagen. NASA

peligrosos del Sistema Solar, ya que al acercarse a Júpiter, Saturno o Urano, sus órbitas son perturbadas. Quirón (según el mito, un centauro mitad hombre mitad caballo hijo de Saturno –Cronos– y de la ninfa Fílira) fue descubierto en 1977 y sigue una órbita elíptica con un periodo de 50 años que lo lleva desde la parte interior de la órbita de Saturno hasta la órbita de Urano. Este objeto, con un tamaño de 500 km y posiblemente un gran cometa, será expulsado en última instancia del Sistema Solar por la acción gravitatoria de Júpiter y Saturno, y es posible que su trayectoria lo acerque a las regiones interiores del Sistema Solar, donde podría chocar con un planeta, que podría ser el nuestro. Es una idea para ponerle los pelos de punta, aunque la probabilidad de que esto ocurra durante la vida del Sistema Solar se estima en mucho menos que una entre un millón, así que duerma tranquilo. No obstante, si sucediera, sus efectos serían devastadores.

El planeta más lejano al Sol, Neptuno, se encuentra a una distancia de 30 unidades astronómicas (au), es decir, dista 30 veces más del Sol que la Tierra. Pero, como hemos visto, el Sistema Solar no termina ahí, sino que se encuentra rodeado por una extensa nube de pequeños objetos, los helados vestigios de una época, hace cuatro mil quinientos millones de años, en la que nuestro sistema planetario se formó a partir de una nube interestelar. Más allá de Neptuno entramos en el ámbito del cinturón de Kuiper, una nube de enormes dimensiones y en forma de anillo que se extiende hasta unas 500 au. Está poblada por millones de pequeños planetésimos, algunos de varios cientos de kilómetros de tamaño, lo cual evidencia que su *pequeñez* solo lo es en comparación con los planetas. Como vimos en el capítulo 3, hemos descubierto algunos de estos escurridizos objetos usando grandes telescopios que han podido detectar su movimiento relativo con respecto a las estrellas de fondo. Esta proeza es equivalente a detectar un cigarro encendido en la mano de una persona caminando en la noche por la avenida Corrientes de Buenos Aires... desde el último piso del palacio Salvo en Montevideo. Mucho más lejos aún se encuentra la gigantesca nube de Oort, que llega hasta unos cuantos miles de au, otra nube que rodea el Sistema Solar y contiene miles de millones de objetos.

Cometas

El cinturón de Kuiper se encuentra tan lejos de la Tierra que los astronautas que fueron a la Luna en tres días tendrían que invertir unos cien años para visitarlo. Si una vez allí miraran por la ventanilla de su nave espacial *Corazón de Oro*, verían un cielo negro y estrellado con las constelaciones conocidas, además de una estrella de coloración amarillenta, la más brillante de todas, quizá en ese momento ubicada en la constelación de Orión. Sería nuestro Sol visto desde una gran distancia. En la Tierra podemos sentir el calor solar que nutre la vida a pesar de su lejanía, pero al cinturón de Kuiper llega muy poca energía solar y, allí, cualquier lugar está profundamente congelado. Si no fuera porque los generadores nucleares producen energía a partir del plutonio radiactivo, todo el líquido en la nave espacial se congelaría también, ya que los paneles solares no sirven allí. Al entrar en el reino del cinturón de Kuiper, los astronautas podrían observar a sus moradores, objetos del tamaño de montañas moviéndose silenciosamente alrededor del Sol. La atracción gravitatoria del Sol es aquí 10 000 veces menor que la que mantiene a la Tierra en su órbita alrededor de él. Por lo tanto, no es difícil que uno de estos objetos se desvíe por el paso cercano de otro, o por la fuerza gravitatoria de uno de los planetas gigantes. En la nube de Oort, mucho más distante, la gravitación solar es tan débil que el más mínimo empujoncito basta para cambiarle la órbita a un objeto. Este empujoncito podría ser causado por el paso de otra estrella cerca de la nuestra mientras nos desplazamos a través del medio interestelar en nuestro viaje alrededor del centro de la galaxia. Dependiendo del empujón, uno de estos objetos congelados podría pasar a las partes centrales del Sistema Solar y, varios años después, convertirse en un espectáculo astronómico memorable o, en ocasiones muy poco probables, causar la pérdida de todas las memorias.

El objeto se calentará a medida que caiga hacia el Sol, y los gases congelados y el polvo atrapado irán liberándose poco a poco al espacio hasta formar una hermosa cola de millones de kilómetros de longitud. Entonces, ¡habrá nacido un cometa! La cola de estos objetos siempre apunta en dirección contraria al Sol debido al empuje del viento y la radiación solar, y no forma, como suele pensarse, una estela opuesta a la dirección del movimiento. El espacio interplanetario está casi vacío, de modo que no hay nada que arrastre la cola de esta forma, como el aire arrastra el humo de un camión diésel en marcha. Como el polvo se comporta de manera distinta al gas, cada cometa desarrolla dos colas. Una de ellas se produce por el polvo, que brilla con un tono rojizo debido a la luz solar reflejada, mientras que la otra, más tenue, se produce por el gas, que se evapora y emite fluorescencias con tonos azulados.

Los cometas tienen un núcleo de forma irregular con unos pocos kilómetros de tamaño, y de una composición muy similar a la típica del Sistema Solar. Esto demuestra que se formaron a partir del material de la nebulosa solar. Los cometas no duran mucho en términos cósmicos y después de algunos miles de años pierden los compuestos volátiles que forman sus colas, de manera que quedan transformados en objetos parecidos a los asteroides. A lo largo de la historia se han registrado unos 1 000 cometas, objetos que vienen de la nube de Oort y del cinturón de Kuiper.

Como los cometas constituyen acontecimientos únicos y espectaculares que aparecen, igual que los accidentes, de forma inesperada, históricamente se los ha asociado con eventos ominosos. En muchas mitologías se los considera signos de mal agüero, y, si pudiéramos preguntarle a un dinosaurio, esta percepción estaría justificada, tal como veremos. Nuestro gran interés por los cometas estriba en que están compuestos por materiales originales que sobraron cuando se formó el Sistema Solar. Los cometas *son* los planetésimos. Contienen una gran cantidad de polvo cósmico y agua congelada, monóxido y dióxido de carbono, metano, amoníaco y otras moléculas más complejas formadas con carbono. Los cometas trajeron estos elementos a la estéril Tierra recién formada, para que pudiera comenzar la complicada cadena de eventos que constituyen el tema de este libro.

En noviembre del año 1577, un brillante cometa apareció en el cielo de Tycho Brahe, Galileo Galilei, Johannes Kepler y Giordano Bruno, por nombrar algunos de los 500 millones de seres humanos que tenía la Tierra en esos tiempos, menos de la décima parte de la población actual. Aristóteles pensaba que los cometas eran fenómenos atmosféricos, pero las observaciones de este cometa realizadas por Brahe y otros astrónomos de la época permitieron deducir que los cometas se encuentran más allá de la Luna. Llegó a esta determinación porque la posición del cometa con relación a las estrellas no cambiaba al observarlo desde diferentes puntos de la Tierra, lo cual no sucedería si se tratara de un fenómeno atmosférico. Estas observaciones ayudaron a serrucharle el piso a la visión cosmológica ortodoxa mantenida durante siglos, y allanaron el camino a la revolución copernicana.

En el año 1682 apareció otro cometa y Edmond Halley, astrónomo inglés y amigo de Newton, concluyó que era el mismo que se había visto con anterioridad en el año 1606. Halley fue quien convenció a Newton para que publicara los resultados de sus investigaciones y, usándolos, predijo que el cometa regresaría en el año 1758. Antes de esto no se entendía que los cometas son

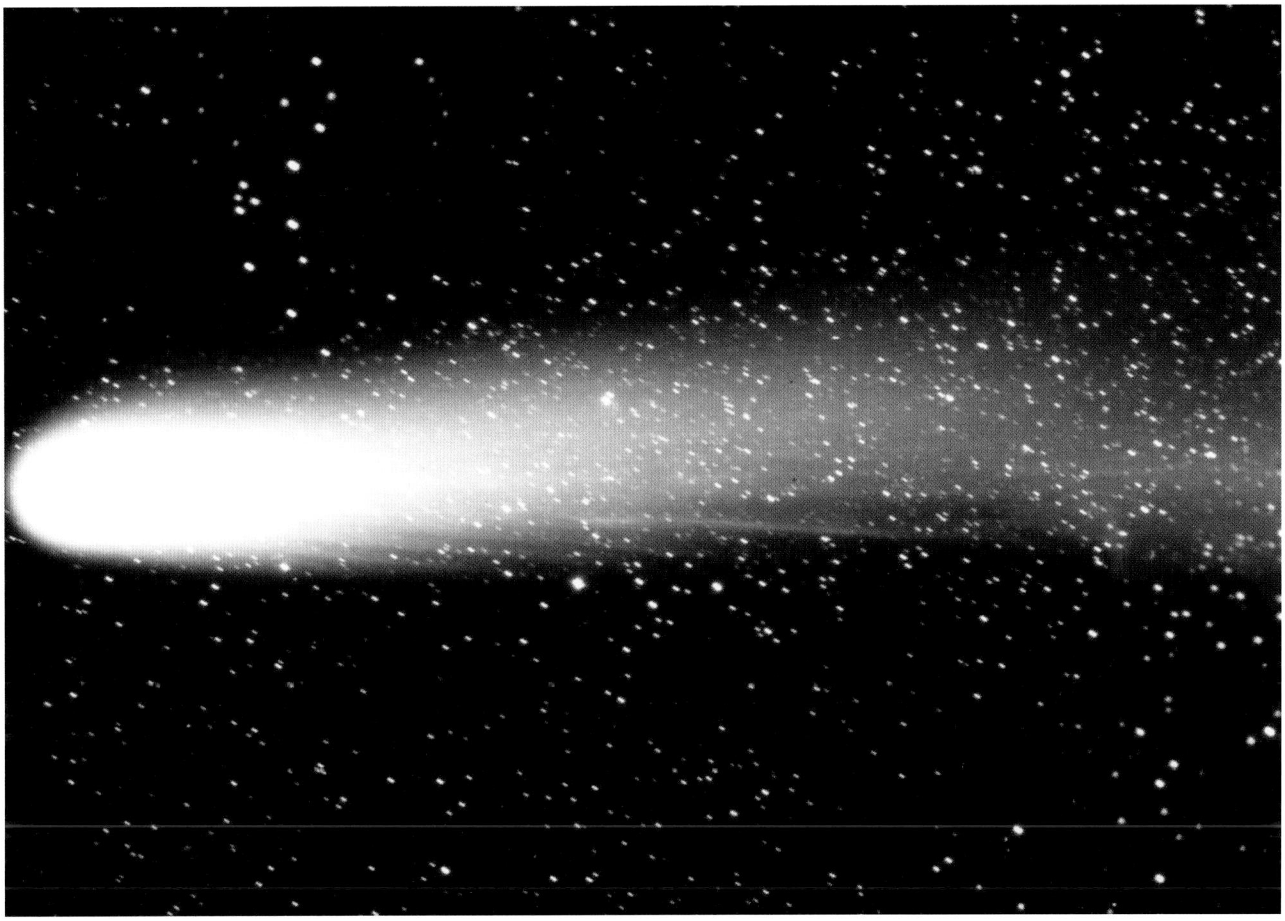

Así se veía el cometa Halley el 14 de marzo de 1986 en el cielo de Sutherland en Sudáfrica. Halley da la vuelta alrededor del Sol con un periodo de 76 años y volverá en el año 2062. Brian Carter y Case Rijsdijk (SAAO)

visitantes recurrentes, miembros del Sistema Solar que se mueven en órbitas elípticas alrededor del Sol. La física de Newton celebró uno de sus primeros triunfos cuando, en efecto, el cometa fue observado en diciembre del año 1758 por un astrónomo aficionado alemán. Por desgracia, ni Newton ni Halley estaban vivos para celebrarlo, ya que fallecieron en 1727 el primero y en 1742 el segundo. El cometa fue bautizado como cometa Halley por el astrónomo francés Nicolás Luis de Lacaille (1713-1762). El cometa Halley tiene un periodo de 76 años que discurre desde 0.6 au del Sol (cuando se sitúa en su máximo acercamiento al mismo, denominado perihelio) hasta 35 au del Sol (cuando se encuentra en su máximo alejamiento del Sol, distancia denominada afelio), más allá de la órbita de Neptuno. Como se trata de un cometa relativamente grande, desarrolla un núcleo brillante y una gran cola. La última vez que lo vimos fue en 1986 y retornará en el año 2062, para ser visto por más de 9 000 millones de personas. ¿Pájaro de mal agüero?

El movimiento de todos los cuerpos del Sistema Solar está determinado por la abrumadora fuerza gravitatoria del Sol o, en el caso de los satélites de los planetas, por la fuerza de estos últimos, de acuerdo con las leyes de Newton.

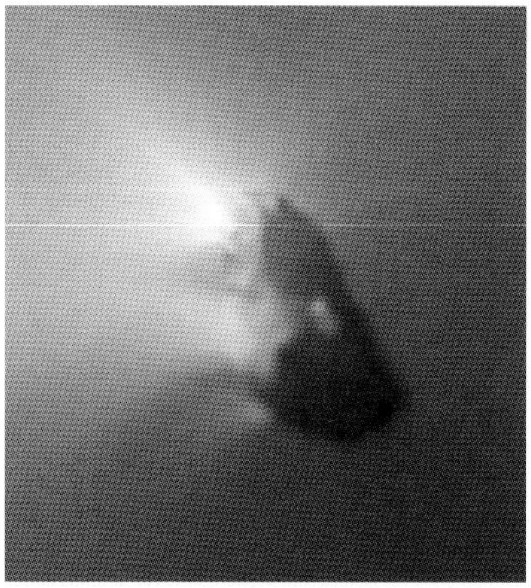

El objetivo de la misión *Giotto*, lanzada en julio de 1985, consistió en estudiar de cerca el cometa Halley. Se encontró con Halley el 13 de marzo de 1986, a una distancia de 0.89 au del Sol y 0.98 au de la Tierra. Esta imagen del núcleo oscuro tomada a una distancia de 20 000 km muestra regiones en la superficie desde las cuales se emiten los gases (en su mayoría vapor de agua). El núcleo del Halley mide alrededor de 16 x 8 x 8 km. El cometa libera varias toneladas de gas y polvo cada segundo y en unos diez mil años habrá perdido casi todos sus compuestos volátiles. ESA y NASA

Sin embargo, para calcular una órbita con alta precisión no se puede ignorar el efecto del resto de los objetos del Sistema Solar. Recuerde que, antes de Kepler y Newton, se desconocía cómo se mueven en realidad los planetas. Hoy podemos calcular la órbita de cualquier cuerpo del Sistema Solar considerando las fuerzas gravitatorias de todos los otros objetos que actúan sobre él y entre las que predominan, claro está, la del Sol y los planetas gigantes. Es un cálculo muy complejo y delicado para el que se precisan las mejores computadoras disponibles, y cualquier imprecisión inicial puede desarrollarse hasta deslizar errores graves en las predicciones futuras. Es decir, cuanto más queramos anticipar en el tiempo una órbita, mayor es la incertidumbre. Así, el 29 de septiembre de 2004 el asteroide 4179 Toutatis, de unos 2 kilómetros de tamaño, pasó a una distancia de un millón y medio de kilómetros de la Tierra, y el 18 de marzo del mismo año el asteroide 2004 FH, el objeto celeste de dimensiones considerables que más se ha acercado a nuestro planeta, pasó a menos de 50 000 km de nosotros. El 15 de febrero de 2013 el pequeño objeto 367943 Duende (también conocido como 2012 $DA_{14)}$, de apenas 50 metros de diámetro, pasó a 34 100 km del centro de la Tierra (unos 29 900 km de altitud sobre la superficie terrestre). Es muy importante que no perdamos de vista ninguno de estos objetos y detectemos aquellos que puedan resultar peligrosos para nosotros.

Impactos

Lo anterior no es una mera conversación insustancial. Recientemente fuimos testigos de una colisión espectacular, el primer choque entre dos objetos del Sistema Solar en tiempos modernos. Entre el 16 y el 22 de julio de 1994, fragmentos del cometa Shoemaker-Levy 9 chocaron contra Júpiter. El cometa se había fragmentado en un mínimo de 21 pedazos, con tamaños de hasta 2 kilómetros, que se precipitaron contra la atmósfera de Júpiter en un espectacular despliegue de violencia cósmica. El cometa se descubrió en marzo de 1993, y un estudio de su órbita demostró que había pasado muy cerca de Júpiter en julio de 1992, momento en el que la intensa fuerza de marea causada por la gravedad de Júpiter lo rompió en pedazos. En noviembre de 1993 no quedaba duda de que su curso lo llevaría a impactar contra Júpiter.

Los cráteres que vemos en la superficie de la mayoría de los planetas y satélites con superficies sólidas, y también en las superficies de asteroides, testimonian la violenta historia del Sistema Solar. Los cuerpos donde vemos pocos cráteres son gaseosos como Júpiter y Saturno, o tienen superficies geológicamente activas, como la Tierra o Ío, una luna joviana, de modo que los cráteres se borran de sus superficies con el tiempo. En la Tierra, la erosión del agua y el viento puede llevarse varios metros de una montaña cada mil años. Aunque para nosotros se trate de procesos imperceptibles, al cabo de unos pocos millones de años, un instante geológico, una majestuosa montaña de algunos kilómetros de altura puede quedar reducida a una miserable colina, y, en mucho menos tiempo, un cráter puede desaparecer del mapa. La tectónica de placas, de la cual hablamos en el capítulo 4, recicla una gran parte de la superficie en el transcurso de varios millones de años, con lo que concluye la labor comenzada por la erosión. Nada de esto ocurre en la Luna o en Mercurio, porque ambos mundos están muertos geológicamente y tampoco tienen agua ni vientos, de manera que sus superficies han preservado miles de cráteres.

El hecho de que los cráteres de la Luna son consecuencia de impactos y no de origen volcánico fue descubierto por los astronautas de las misiones

Esta es una composición fotográfica que usa imágenes del cometa P/Shoemaker-Levy 9 y de Júpiter, obtenidas por el telescopio espacial Hubble. La imagen de Júpiter fue obtenida el 18 de marzo de 1994, cuando Júpiter se encontraba a 670 millones de kilómetros. La mancha oscura que se aprecia en la superficie es la sombra de la luna interior, Ío. Esta luna volcánica se ve como un disco anaranjado a la derecha de la sombra. El 17 de mayo, el cometa consistía en 21 fragmentos diseminados a lo largo de un millón de kilómetros, unas 3 veces la distancia entre la Tierra y la Luna. La posición relativa del cometa y de Júpiter se han modificado en la imagen a modo de ilustración. H. A. Weaver, T. E. Smith (STscI) y J. T. Trauger, R. W. Evans (JPL)

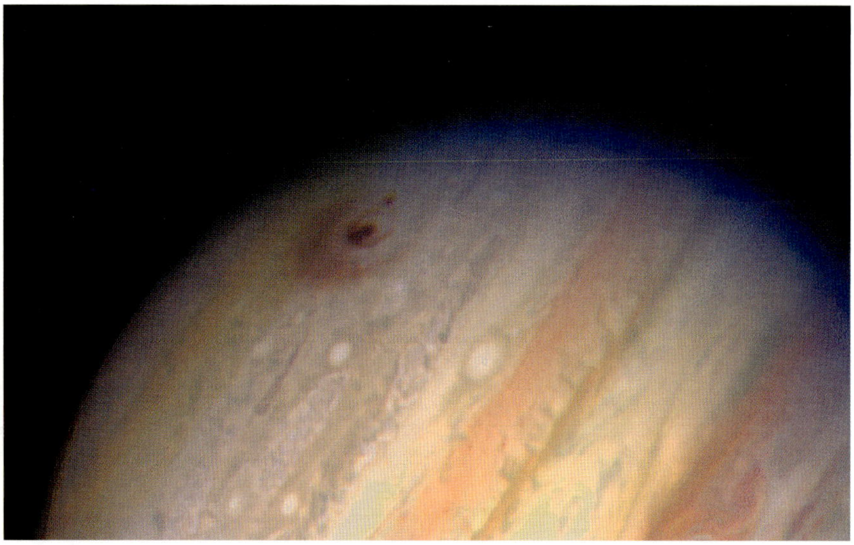

Esta imagen de Júpiter, también obtenida por Hubble, revela el lugar del impacto del fragmento G del cometa Shoemaker-Levy 9. Penetró la atmósfera de Júpiter con un ángulo de 45 grados, lo que confiere una apariencia asimétrica a la marca que dejó. La imagen se obtuvo una hora y cuarenta y cinco minutos después del impacto. La marca, con varios anillos concéntricos, tiene un diámetro aproximado de 12 000 km, comparable al tamaño de la Tierra. H. Hammel, MIT y NASA

Apollo, como hemos visto en el capítulo 3. Hoy entendemos que los impactos cósmicos han tenido un efecto geológico y biológico importante, que algunas veces ha resultado catastrófico debido a la enorme energía que, por su alta velocidad, libera hasta un pequeño proyectil. Esto sucede sobre un trasfondo de cambios graduales, es decir, que la disputa del siglo pasado entre los catastrofistas y los uniformitarios ha sido resuelta mediante un compromiso dictado por la naturaleza. Estamos aprendiendo de qué modo han repercutido estos impactos en el curso de la historia terrestre, en particular la historia de la biosfera, y nos preguntamos cómo la afectarán en el futuro. En su viaje por la Galaxia, nuestro Sol pasará ocasionalmente cerca de otra estrella, tal vez lo bastante como para que los planetésimos en la nube de Oort se vean afectados. Esto podría desencadenar lluvias de cometas que bombardearan la Tierra con consecuencias aterradoras.

Los posibles impactos no son las únicas amenazas cósmicas para la vida de la Tierra. Al cruzar un brazo espiral de la Galaxia, nuestro Sol puede encontrarse cerca de una explosión supernova o toparse con una densa nube molecular que afecte directamente al ambiente de nuestro Sistema Solar. Estos eventos ocurrirán a escalas de tiempo de decenas de millones de años, con una frecuencia mucho menor que los impactos de los que estamos hablando, y por lo tanto tienen interés más bien como posibles causas de ciertos holocaustos históricos. Podrían haber repercutido en la atmósfera y el clima pasados de nuestro planeta, y causado algunas de las extinciones masivas para las que aún no hemos encontrado una explicación clara. Pero, volvamos a los impactos.

La Tierra recibe un bombardeo continuo de polvo meteórico. Si sale a mirar el cielo nocturno como le sugerí al principio del libro (¿aún no lo ha hecho?) y espera un rato, verá la estela incandescente de algunos meteoros al

Mercurio es el planeta más cercano al Sol y, después de Plutón, el más pequeño del Sistema Solar. Aunque pequeño (casi un tercio del tamaño y casi un veinteavo de la masa de la Tierra), tiene una densidad similar a la de nuestro planeta. En esta imagen, obtenida por la misión *Mariner 10* en 1974 cuando se encontraba a una distancia de 5 380 000 km de este mundo, se aprecia la árida y bombardeada superficie de Mercurio. NASA/JPL/Caltech

quemarse en la atmósfera. Cada día penetran en nuestra atmósfera a alta velocidad unas 100 toneladas de material meteorítico que se deposita lenta e imperceptiblemente sobre la Tierra. Algunas partículas del polvo que alberga su hogar provienen del espacio (piense en ello la próxima vez que pase la escoba o la aspiradora). Decenas de miles de objetos mayores sobreviven el fogoso viaje para ser encontrados como meteoritos (es probable que se trate de pedazos de un asteroide). Cuando visite un museo vaya a ver estas rocas del espacio, que no parecen gran cosa, pero si conoce esta historia adquieren un significado especial.

Hay varios tipos de meteoritos que se distinguen por sus composiciones, principalmente de acuerdo con su contenido de hierro. Estas diferencias guardan relación con sus orígenes. La mayoría son fragmentos de asteroides que se formaron después de un choque, de modo que su composición depende de la del asteroide que los produjo y de su estado de diferenciación, es decir, si era un objeto homogéneo o si contenía un centro metálico. Algunos de los meteoritos catalogados como metálicos son simplemente eso, pedazos de hierro, mientras que otros, la gran mayoría, son catalogados como rocosos, porque eso parecen. Es difícil distinguir estos últimos de las piedras comunes y corrientes, a menos que los veamos caer del cielo, o los encontremos en la superficie helada de las regiones polares de la Tierra, donde cualquier piedra es potencialmente algo que cayó del cielo. Los meteoritos tienen una concentración de iridio unas 10 000 veces mayor que la superficie de la Tierra, donde la abundancia de dicho metal resulta casi imposible de medir. Esto es así porque el iridio se alea fácilmente con el hierro, de modo que al diferenciarse la Tierra este elemento inusual se acumuló en su centro.

Sobre nuestro planeta hemos identificado la huella de unos 150 cráteres de impacto. Se han encontrado más cráteres en Australia, América del Norte y Europa del Este que en otras partes porque estas áreas se han mantenido relativamente estables durante periodos geológicos largos y han conservado las evidencias. El primer cráter que se reconoció como consecuencia de un impacto fue el conocido cráter Barringer, localizado cerca de Winslow, en el estado de Arizona, Estados Unidos. No es un cráter muy grande, comparado con otros, ya que solamente mide alrededor de 1.6 km de diámetro y unos 200 metros de profundidad. El origen de este cráter fue motivo de controversia durante mucho tiempo, ya que se pensaba que era volcánico. Cuando en 1920 se descubrieron fragmentos del meteorito del Cañón del Diablo, caído en las cercanías, en los depósitos que llenan parcialmente el cráter, se pudo concluir que su origen se debió a un impacto. El hallazgo de minerales que solo se forman en condiciones de presiones y temperaturas elevadas, como las que se alcanzan durante un impacto, tales como tectita y cuarzo chocado, confirmó esta suposición. Las tectitas son trozos de vidrio formados por la fusión instantánea de granos de cuarzo a la altísima temperatura generada por el impacto, que caen a la Tierra tras enfriarse en la atmósfera. La edad del cráter se ha estimado en 50 000 años, lo cual lo convierte en uno de los más jóvenes conocidos. Uno de los cráteres más grandes de la Tierra es el de Manicouagan, en la provincia canadiense de Quebec. Tiene 70 km de diámetro y se estima que se produjo hace unos doscientos quince millones de años, en el periodo Triásico.

El cráter de Chicxulub, en la parte norte de la península de Yucatán, México, es el más grande que conocemos, con un diámetro de unos 180 km y una profundidad estimada en 50 km. Su centro se encuentra cercano a la localidad de Puerto Chicxulub en la costa del golfo de México. Este cráter singular no se ve porque se encuentra profundamente enterrado bajo cientos de metros de sedimentos. Fue descubierto en 1950, después de que geólogos de Pemex (Petróleos mexicanos) que estudiaban el subsuelo en busca de yacimientos determinaran que había una gran estructura circular bajo tierra centrada en Chicxulub. En aquellos años, la estructura no fue identificada como la huella de un impacto. Como veremos, se trató de un hallazgo incomparable que nos relata una historia casi increíble sobre la evolución de la vida en la Tierra.

Megatoneladas

Para producir un cráter grande se necesita una cantidad formidable de energía que cuantificamos mediante una unidad llamada *megatón* (MT), que equivale a la energía explosiva de un millón de toneladas de trinitrotolueno, comúnmente conocido como TNT. Para transportar esa cantidad de TNT se necesitaría un tren de carga de 650 km de largo. La energía *(E)* de un proyectil se

Este testigo silencioso de un episodio de violencia cósmica, el cráter Barringer, en Arizona (Estados Unidos), tiene un diámetro de 1.6 km y una profundidad de unos 200 metros. El cráter se formó como resultado de un impacto por un meteorito metálico de unos 30 metros de diámetro hace alrededor de cincuenta mil años. NASA Lunar and Planetary Institute

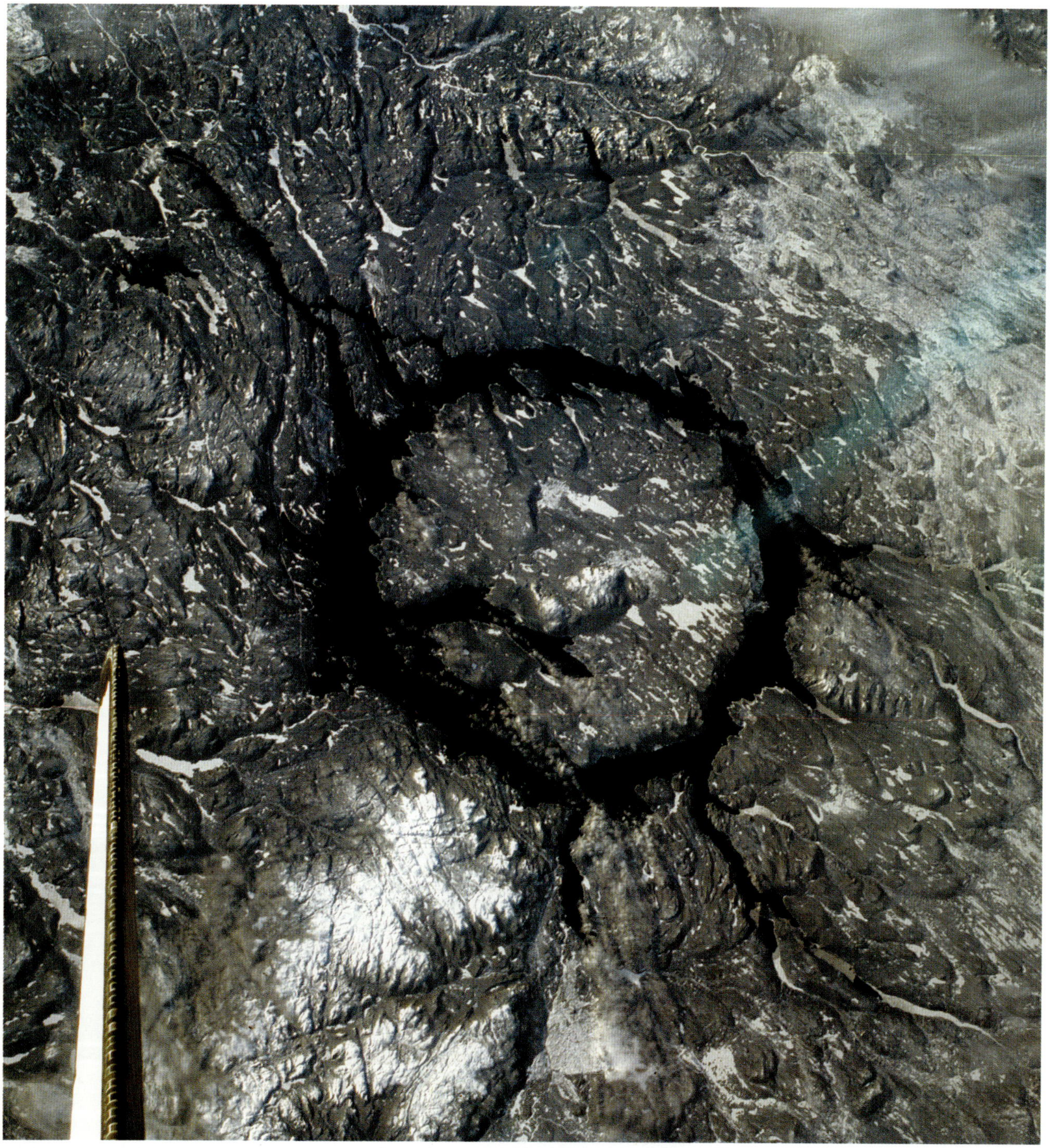

El embalse de Manicouagan, localizado en tierras escabrosas y boscosas de la provincia canadiense de Quebec, es un gran lago en forma de anillo de 100 km de diámetro que en esta fotografía invernal se ve desde el transbordador espacial. Señala el lugar de un gran impacto ocurrido hace unos doscientos quince millones de años. El cráter ha ido desgastándose por la dinámica de glaciares y varios procesos de erosión. NASA

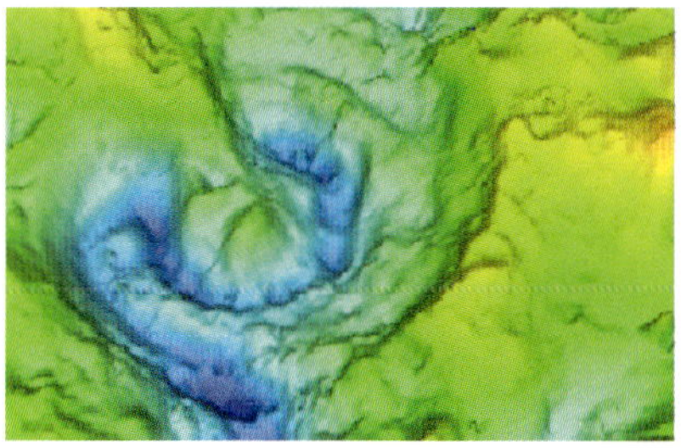

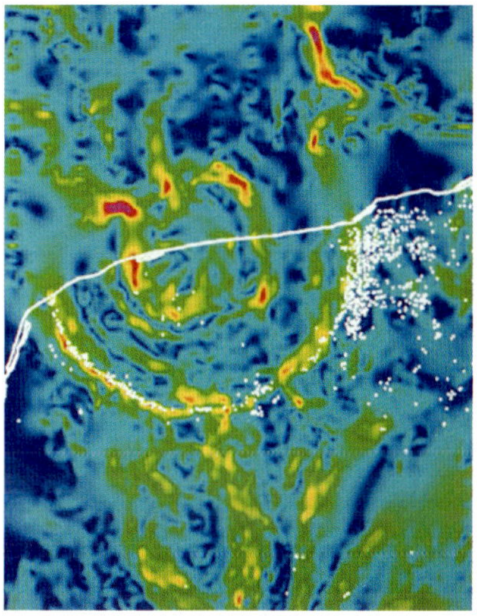

Estas imágenes muestran mapas de la anomalía gravitatoria (cambios locales en gravedad debido a diferencias en densidades subterráneas) de la costa noroeste (marcada en blanco) de la península de Yucatán, en México. La estructura circular es el cráter de Chicxulub, enterrado bajo cientos de metros de tierra caliza, cerca de Puerto Chicxulub y no lejos de Mérida. The Geological Survey of Canada, Natural Resources Canada

puede calcular con facilidad si conocemos su masa *(M)* y la velocidad a la que viaja *(v)*. La energía se obtiene multiplicando la masa por el cuadrado de la velocidad y dividiendo el resultado entre 2: $E = 1/2M \times v^2$. La velocidad es el factor más importante porque la energía depende de su cuadrado. Por eso, el choque de un automóvil que circula a 100 km/h es *cuatro* veces más dañino que si viaja a 50 km/h, ya que, si se duplica la velocidad, la energía aumenta en un factor de 4, que es 2 al cuadrado.

La velocidad de escape, de la cual hablamos en el capítulo 3 en relación con el escape de gases atmosféricos, también es la velocidad a la que cae un objeto a la Tierra si proviene desde una gran distancia sin una velocidad inicial. La velocidad que importa es la que trae el objeto al entrar en la atmósfera, ya que a partir de allí su velocidad disminuirá, sobre todo si es pequeño, debido a la fricción con los gases atmosféricos, que, además, lo calentarán. Se trata, además, de una velocidad mínima, puesto que muchos de los objetos, ya sean cometas o asteroides, llevan una velocidad inicial antes de caer a la Tierra, y se precipitarán a una velocidad mayor de la de escape, que, como hemos visto, es enorme: 11 km/s, o unos 40 000 km/h. Consideremos un pequeño proyectil de 50 metros de diámetro. Su masa aproximada ascenderá a 150 000 toneladas si es de piedra, y unas 3 veces más si es de hierro. Si nuestro proyectil llega con la velocidad de escape tendrá una energía mínima de un MT, que podría llegar fácilmente a 15 MT si su velocidad y masa fue ran mayores. Vemos que incluso un objeto pequeño puede liberar una gran energía capaz de causar mucho daño en caso de colisión.

La palabra «megatón» trae a la mente un trágico incidente en la historia del *Homo sapiens*. Hace más de medio siglo, el 6 de agosto de 1945, el cielo sobre Hiroshima, una ciudad al sudoeste de Japón, estaba parcialmente nublado y el tiempo era bueno. Comenzaba un nuevo día para las personas de esta ciudad, un día difícil en aquellos tiempos de guerra. Estaba finalizando la Segunda Guerra Mundial, un triste episodio de nuestra historia, que en mi opinión casi prueba que no somos muy inteligentes o que, si aquello fue el producto de nuestra inteligencia, entonces necesitamos sin duda algo diferente.

Temprano en la mañana de ese día, a un brillante destello acompañado por un calor abrasador le siguió de inmediato el rugido y la fuerza de una poderosa onda expansiva que lo cambió todo. En un radio de varios kilómetros desde el centro de la explosión murieron todos al instante y todo quedó destruido. Para 100 000 personas, el tiempo llegó a su fin a las 8:16 de aquella mañana aciaga Un número incontable de otras muchas sufrió heridas terroríficas y la ciudad quedó borrada del mapa. Aquel horror espantoso lo causó una bomba atómica rudimentaria con una energía explosiva de tan solo 15 000 toneladas (15 kT) de TNT. Para reunir un megatón se necesitarían 65 bombas como esta.

Muchas naciones tienen hoy en día armas nucleares mil veces más potentes que la usada en Hiroshima o la que unos días más tarde, el 9 de agosto

Un símbolo de la demencia del *Homo sapiens.* Para 100 000 personas en Hiroshima, el tiempo llegó a su fin a las 8:16 de la mañana del 6 de agosto de 1945, según quedó grabado en el reloj de una de las víctimas, Kengo Futagawa, quien cruzaba un puente camino de su trabajo en las brigadas de prevención de incendios a 1 500 metros del hipocentro. Saltó al río, terriblemente quemado, y murió el 22 de agosto. Izq.: U S Army; der.: Hiromi Tsuchida y el Hiroshima Peace Memorial Museum

de 1945, se detonó sobre la ciudad de Nagasaki con el mismo resultado trágico. Los arsenales de varios países almacenan muchos miles de megatones, la mayoría de ellos en Estados Unidos y los países resultantes de la antigua Unión Soviética, que ojalá nunca lleguen a usarse. Además de tener efectos similares a un impacto o también a los de una bomba química, las explosiones nucleares generan gran cantidad de isótopos radiactivos que continúan haciendo estragos durante mucho tiempo, dependiendo de sus vidas medias. Muchos de los cientos de miles de personas que en un principio sobrevivieron a las explosiones en Hiroshima y Nagasaki sucumbieron más tarde por los dolorosos efectos de la alta dosis de radiación que recibieron tras la explosión.

La atmósfera terrestre nos protege de una multitud de pequeños proyectiles del tamaño de granos de arena o pequeñas piedras, miles de los cuales caen sobre nuestro planeta cada día. Cientos de toneladas de material extraterrestre llegan cada día a la Tierra de esta manera. Cuando se queman en la atmósfera los vemos como *estrellas fugaces* en el firmamento nocturno. Viajan a velocidades tan elevadas que, aunque se trate de objetos pequeños, pueden portar más energía que una bala del calibre 22. Sin el escudo atmosférico representarían un verdadero peligro letal. Por suerte, los meteoritos rocosos de hasta algunas decenas de metros de tamaño se destruyen en la atmósfera al estallar debido al gran calor de fricción. Pero, claro está, si se trata de un meteorito metálico sobrevivirá a la incursión sufriendo menos estragos y podrá llegar con más facilidad a la superficie de la Tierra.

La atmósfera terrestre no frena los objetos más grandes, y estos pueden causar un daño considerable si chocan contra la superficie, ya sea en el agua o en el suelo. Por suerte, estos objetos son poco comunes. El cráter Barringer surgió como consecuencia del impacto de un meteoro metálico que apenas medía unos 35 metros de diámetro, el meteorito del Cañón del Diablo, que,

Aunque la mayoría de los meteoroides son pequeños, con tamaños que van desde granos de polvo hasta pequeñas piedras, su entrada en la atmósfera a enormes velocidades genera suficiente energía como para ionizar la materia que los forma y gases atmosféricos y producir una estela de luz (un meteoro o estrella fugaz). Este meteoro formaba parte de la lluvia meteórica de las Leónidas, un evento anual que ocurre alrededor del 17 de noviembre, cuando nuestro planeta cruza la órbita de un río de meteoroides dejados por el cometa Tempel-Tuttle. A la izquierda del meteoro se ve parte de Orión, y a la derecha de la foto se distinguen las Pléyades. La brillante Aldebarán se observa sobre el cúmulo de la Híades.
Arne Danielsen

como hemos visto, cayó hace unos cincuenta mil años. Se estima que la explosión causada fue equivalente a la de una bomba nuclear de varios megatones, por lo cual todo ser viviente que se encontrara en los alrededores habría muerto al instante.

Temprano en la mañana del 30 de junio de 1908, un proyectil cósmico de unos 50 metros de diámetro, el tamaño de un edificio pequeño, penetró en nuestra atmósfera a gran velocidad dejando una estela luminosa tan brillante como el Sol. Al encontrarse con las capas de alta densidad de nuestra atmósfera explotó sobre la remota y desolada región del río Tungus, en la Siberia oriental, y generó una poderosa onda expansiva con la que devastó una extensión de bosque de unos 30 km de radio. Se estima que la explosión liberó 10 megatones, unas 700 veces más energía que la de la bomba que aniquiló Hiroshima. Algunos testigos oculares del evento, mercaderes de pieles y pastores que se encontraban a muchos kilómetros de la explosión, relataron que volaron por los aires y cayeron inconscientes. La Tierra tembló, el viento rugió y los árboles y animales quedaron calcinados. Quien se hallara más cerca de la explosión habría quedado incinerado sin antes morir. Por suerte para la población de aquella época (entonces éramos 1 750 millones), todo esto sucedió en una región del planeta poco poblada y tan remota que hasta diecinueve años más tarde no pudo llegar al lugar la primera expedición científica para investigar los hechos, dirigida por el soviético Leonid Kulik (1883-1942).

Esta foto fue tomada por Leonid Kulik en 1927 cuando llegó al lugar de la explosión de Tunguska. En muchos kilómetros a la redonda se encontró con una escena de devastación total, con los árboles caídos en dirección contraria al centro de la explosión.
Este fragmento (a la derecha) de una foto aérea de la región de Tunguska tomada por Kulik en 1938 muestra gran cantidad de árboles caídos en la misma dirección.
Universidad de Bolonia
(http://www-th.bo.infn.it/tunguska)

Leonid Kulik nació en Tartu, Estonia, y estudió en San Petersburgo (más tarde Leningrado). En 1920 fue empleado por el museo mineralógico, en el cual se dedicó al estudio y colección de meteoritos. Se enteró del evento de Tunguska por medio de un artículo de un viejo diario, y así comenzó su misión por encontrar y explorar el lugar del impacto. Su primera expedición, en 1921, no logró llegar al remoto lugar del evento, pero en 1927, a pesar de la oposición de sus colegas que no creían las historias relatadas por los habitantes de la zona, Kulik consiguió los fondos para organizar una segunda expedición. Tras varios meses de marcha a través de la accidentada topografía, navegando los ríos en balsas artesanales y atravesando los campos nevados en trineos halados por ciervos, logró llegar al mismísimo centro de la explosión. Kulik escribió: «Los resultados de un examen somero sobrepasaron todas las expectativas inspiradas por los informes de testigos oculares.» A su regreso a Leningrado, las fotografías y la documentación convencieron a sus colegas de que algo inusitado había ocurrido en Tunguska. Dos expediciones dirigidas por Kulik en 1929 y 1938 continuaron los estudios, pero no pudieron encontrar los restos del codiciado meteorito. En 1942, luchando contra la invasión alemana, Kulik fue capturado y murió en un campamento de prisioneros el 24 de abril de ese año.

Se relata que el trueno causado por el proyectil supersónico llegó a oírse en Londres y que, durante varias noches posteriores al suceso, el cielo europeo mostró un brillo raro, aunque nadie tenía idea de lo que había sucedido. Mucho más tarde, las expediciones que accedieron a la región encontraron miles de árboles partidos como si fueran meros fósforos y desplazados apuntando en dirección opuesta al centro de la explosión. Si esto hubiera ocurrido en una zona poblada, digamos Madrid o Buenos Aires, habría producido un desastre terrible y peor que un fuerte terremoto. Si el asteroide 1989FC hubiera chocado con la Tierra en 1989, habría sido equivalente a la detonación de una bomba nuclear de 100 megatones, 7 000 veces más potente que la de Hiroshima. Solo pensarlo ya espeluzna.

Podemos estimar con qué frecuencia ocurren impactos en la Tierra estudiando los cráteres que vemos en los «mares» volcánicos de la Luna. Sabemos que estas zonas oscuras y con pocos cráteres se formaron más tarde que el resto de la superficie lunar (hace tres mil quinientos millones de años) a partir del material que trajeron los astronautas al regresar de sus viajes a la Luna. Por tanto, estos mares se formaron después de que concluyera el intenso bombardeo inicial al que estuvieron sometidas la Luna y la Tierra. El resultado de estos estudios sugiere que cada diez millones de años la Tierra recibe un impacto que produce un cráter con un diámetro mayor de 25 km. Pero los objetos grandes, que son los que causan más daños, abundan menos que los objetos pequeños. Se estima que cada quinientos años choca contra la Tierra un objeto del tipo Tunguska, y que objetos de 10 km de diámetro, como el que produjo el cráter de Chicxulub, nos impactan cada cien millones de años.

El peligro mayor radica en los objetos de tamaño intermedio, digamos aquellos cuyos diámetros son de 1 kilómetro, puesto que son lo bastante grandes como para causar daños considerables y lo bastante pequeños como para existir en abundancia. Estos objetos chocan contra la Tierra cada cien mil años, de promedio, y generan decenas de miles de megatones. Note que estos eventos ocurren al azar sin que los podamos predecir, ya que no siguen un itinerario como si fueran un autobús (al menos, así se supone). Cuando decimos que algo ocurre cada quinientos años, nos referimos a un intervalo promedio y no a que se produzca con toda precisión cada quinientos años. No podemos afirmar que el próximo Tunguska ocurrirá en el año 2408,

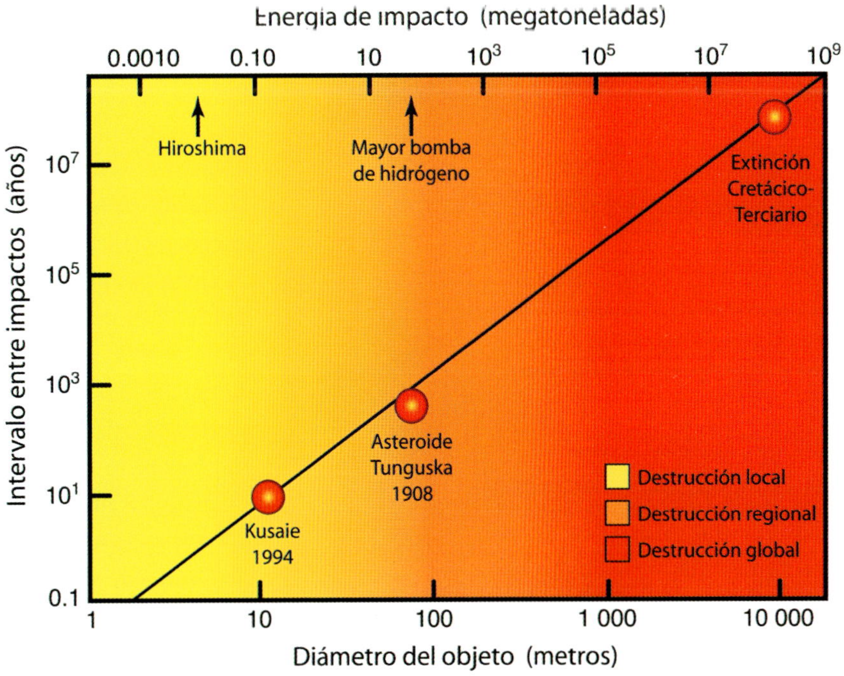

Esta gráfica ilustra la relación entre el tamaño de un objeto, la energía que libera al chocar y el intervalo de tiempo esperado entre impactos. Note que las escalas son logarítmicas, es decir, que cada marca cambia la escala en un factor de 10 o 100. Un objeto de 10 metros de diámetro, como el que explotó en la atmósfera sobre la isla Kusaie del Pacífico sur en 1994, genera la décima parte de un megatón y ocurre de promedio cada diez años. No nos preocupan objetos como este, aunque producen más energía que la explosión de Hiroshima, porque explotan en la atmósfera, donde su energía se disipa sin afectar a la superficie. Los eventos de Tunguska y Chicxulub también están indicados. Note que un objeto de 1 km de diámetro libera unos 100 000 megatones y ocurre cada cien mil años. Nos interesa encontrarlos todos y también los más pequeños, ya, que, si impactaran contra una zona poblada, podrían causar grandes estragos.
José F. Salgado a partir de una gráfica de David Jewitt

puede ocurrir mañana por la mañana o dentro de mil años, aunque estas alternativas son menos probables. La verdad es que no sabemos cuándo sucederá. En el caso de objetos de 1 kilómetro, podemos decir que la probabilidad de un choque durante cualquier año es de una entre 100 000. Tal vez usted compre de vez en cuando boletos de la lotería con la esperanza de ganar, pues bien, las probabilidades de acierto son mucho menores que la anterior. Si ganamos la lotería cósmica, perdemos.

Aunque hemos aprendido mucho, puede que las cifras exactas no coincidan con las anteriores, sino que sean menores, o quizá mayores, porque faltan muchos detalles por descubrir. También se debate acerca de qué hacer cuando ocurra, pero *no* acerca de si va a ocurrir. No pierda el sueño, no sabemos de ningún asteroide o cometa que se encuentre en trayectoria de choque contra la Tierra. Sin embargo, piense que no tenemos forma de saber si en estos mismos instantes un objeto del tamaño de una montaña ha sido desviado de su órbita de tal modo que en unos cuantos cientos de años se nos caiga encima. ¡Que duerma bien!

Si nos enteramos con suficiente antelación, el proyectil podría ser desviado o destruido por una bomba nuclear de varios megatones, tal como han propuesto algunos científicos. Ese sería el único uso bueno del armamento nuclear, aunque en la práctica resulta muy difícil de ejecutar. Aunque nuestra bomba produciría una explosión poderosa, tendría una energía pequeña comparada con la que lleva un asteroide o cometa y, por lo tanto, sólo causaría un efecto minúsculo equiparable al de una mosca que chocara con una bicicleta (en este caso, sería pequeño para la bicicleta). Alteraría muy poco la velocidad del objeto y, con tiempo suficiente como unos cuantos años, podría modificar su órbita de forma que errara su colisión con la Tierra. La maniobra podría resultar si se tratara de un objeto bien conocido cuya órbita estuviera determinada con gran precisión. Pero si se tratara de un objeto pequeño descubierto con poca antelación, no sería tan fácil. Podría ocurrir que se encontrara más alla de la órbita de Júpiter, apenas visible, y entonces resultaría muy difícil encontrarlo a tanta distancia y medir su órbita con la precisión necesaria para estar seguros de que nos amenaza sin lugar a dudas. Si no se supiera con certeza que va a chocar contra la Tierra, las iniciativas de este tipo podrían empeorar las cosas al tratar de cambiarle la trayectoria: «Esteee, parece que tenemos un pequeño problema, amigos, lo hemos empujado en la dirección equivocada...» Por otro lado, si lo descubriéramos cuando ya estuviera cerca, digamos a una distancia de 100 veces la distancia a la Luna, nos impactaría en dos semanas escasas. Para entonces sería un objeto bastante brillante, pero también tendría una trayectoria directa hacia nosotros. Es decir, se movería poco con respecto a las estrellas del fondo, que es lo que nos permite descubrir estos objetos. También podría ocurrir que no lo detectáramos hasta que fuera demasiado tarde.

Los astrónomos están realizando búsquedas con instrumentos cada vez más sensibles con el propósito de encontrar todos los objetos susceptibles de entrañar algún peligro. El potente radar de Arecibo podría determinar una trayectoria muy precisa que permitiera establecer si representan un peligro real (aunque no puede rastrear todo el cielo). Pero, como hemos visto, no hay garantía de que los encontremos todos con tiempo suficiente. Además, cabría cuestionarse si tener unos misiles armados con potentes bombas nucleares prontos para ser disparados en cualquier momento no representa un riesgo mayor que el de un posible impacto cada varios miles de años. En realidad, lo mejor que podríamos hacer es escondernos en un lugar resguardado, aunque tal vez tampoco fuera de gran utilidad. Como veremos en el capítulo 8, hay amenazas mucho más inmediatas e indiscutibles que, con mucha probabilidad, van a causar nuestro éxodo mucho antes que cualquier proyectil cósmico como el que impactó contra la Tierra hace sesenta y cinco millones años.

Chicxulub

Fue un día como tantos en el Cretácico, un día de solo 22 horas en un mundo algo distinto al que conocemos, cuyos continentes no estaban exactamente donde se encuentran hoy. Fue un día triste y olvidado, recordado solamente sesenta y cinco millones de años después por los descendientes de aquellos que sobrevivieron a la pesadilla. Un gran cometa iluminaba las noches anteriores a ese día, confundiendo a las criaturas nocturnas acostumbradas a los ciclos lunares pero no a esta claridad adicional. La tarde se había nublado y una brisa húmeda acariciaba la Tierra tropical agitando levemente las palmas y helechos gigantes que adornaban la orilla del mar. Dinosaurios gigantescos se movían entre esta vegetación y pequeños mamíferos se escondían debajo de las piedras para protegerse de las pisadas del *Tyrannosaurus rex*. Un enorme pterosauro, un *Quetzalcoatlus*, con alas de 10 metros de longitud, más amplias que las de un avión pequeño, se precipitaba de un alto acantilado y apuntaba su largo pico en dirección a un banco de peces costeros.

Había pasado una tronada y un hermoso arco iris se dibujaba en el cielo. Este arco multicolor se produce cuando gotas de agua actúan como pequeños prismas descomponiendo la luz del Sol en sus colores constitutivos y proyectándola en el lado opuesto del cielo. Se cree que al final del arco iris hay una vasija de oro, un símbolo frustrante de un futuro mejor pero inalcanzable, ya que no se puede llegar al final del arco iris. Pero al final de este lo que había era la muerte. El cometa de la noche anterior era tan brillante que su cola se veía incluso en el cielo diurno y su brillo aumentaba vertiginosamente. El proyectil, del tamaño de una montaña enorme, solamente tardó tres horas en atravesar la gran distancia que separa la Luna y la Tierra. En menos de un segundo atravesó la atmósfera y chocó con una violencia indescriptible contra la superficie de nuestro planeta. Ocurrió tan rápido que nadie se dio cuenta de lo que había pasado, ni aunque hubieran tenido mentes para preguntárselo. El más poderoso estruendo jamás escuchado, el coro de un millón de truenos fue lo último que muchos oyeron, y, al desvanecerse, dejó una onda de terror y muerte que envolvió el globo.

El objeto, de 10 kilómetros de diámetro, impactó contra la Tierra con la energía de 100 millones de megatones, perforó la corteza terrestre y dejó un cráter de 50 km de profundidad y 180 km de diámetro. El cometa o asteroide, en realidad no sabemos qué fue, vaporizó e inyectó en la atmósfera miles de millones de toneladas de material, más de 5 millones de kilómetros cúbicos de corteza terrestre. Ocurrió en *Chicxulub*. Una enorme ola de un kilómetro de altura, la madre de todos los *tsunamis*, atravesó el golfo de México, barrió la costa de América del Norte y las islas del Caribe, llegó hasta La Española actual y se adentró muchas millas en el estado de Texas, Estados Unidos, destruyendo todo lo que encontró en su camino. El polvo, el hollín y el humo que liberó a la atmósfera ocultaron la luz del Sol durante meses, quizá incluso años, y desencadenaron tal descenso de temperaturas que se congeló buena parte de la Tierra. Después, la gran cantidad de CO_2 producido por el impacto e inyectado en la atmósfera, provocó un incremento de las temperaturas muy por encima de los valores normales. Este golpe doble causó un colapso global del ecosistema con consecuencias nefastas para toda la vida. Murieron las plantas y, por tanto, también los animales que comían plantas, después los animales que se alimentaban de otros animales. El suelo de Chicxulub contenía mucho azufre, que en la atmósfera se convirtió en ácido sulfúrico y luego cayó a la superficie en forma de lluvia, con lo que terminó de rematar la ya gravemente herida Tierra. Como consecuencia de aquello perecieron las tres cuartas partes de las especies existentes, incluyendo los dinosaurios, y hoy conocemos aquel suceso como la gran extinción del Cretácico-Terciario. A medida que la atmósfera se fue aclarando lentamente, el material se asentó en una capa fina que cubrió toda la superficie. Como contenía material del proyectil, esta capa del registro geológico muestra una fracción alta de iridio, que, como he mencionado, es un elemento nada común en la corteza terrestre.

En el año 1970, el geólogo Walter Álvarez y su padre, el físico Luis Álvarez, galardonado con el premio Nobel de Física de 1968, se encontraban estudiando una fina capa de arcilla en la transición entre el Cretácico y el Terciario (K-T), en las montañas cercanas a la localidad italiana de Gubbio. (A propósito, la mayúscula *K* con la que se abrevia el Cretácico viene de la palabra alemana *Kreide*, que significa *greda* o *tiza*, y se utiliza esta inicial para no confundirla con la *C* que sirve para aludir al Cámbrico.) El equipo de investigación de los Álvarez pretendía determinar cuánto tiempo representaba la fina capa de arcilla, ya que esto aclararía algunos hechos sobre la extraña extinción masiva que quedó grabada con claridad en el registro fósil al pasar de los sedimentos del Cretácico a los sedimentos del periodo Terciario a través de la capa arcillosa de varios centímetros. Esperaban esclarecer la siguiente pregunta: ¿se debió esta extinción a un suceso repentino producto de una catástrofe, o se trató de un evento gradual?

Imagine que usted deja caer gotas de tinta roja a un ritmo constante, digamos una gota por minuto, en un río, y que en una estación a un kilómetro río abajo realiza muestreos del agua una vez al día. Si el caudal del río es alto, la tinta se diluirá más que si el caudal es bajo, como por ejemplo durante una sequía. Con el correr de los años, usted podría reconstruir la historia del caudal del río midiendo la concentración de tinta en las muestras. Tal vez replique usted que una gota es una fracción tan pequeña de toda el agua del río, quizá nada más que una parte por mil millones o ppmm (lo cual equivale a un segundo en 32 años), que sería imposible de medir, y puede que así sea en el caso de la tinta en el río. Sin embargo, las técnicas modernas de medida permiten obtener la concentración de ciertas sustancias a un nivel de ppmm, y eso hizo el equipo de los Álvarez con el iridio en los depósitos arcillosos de la transición K-T.

Ellos razonaron que si el polvo de origen meteórico que impacta la Tierra de manera constante se deposita a una razón más o menos constante (como la tinta en el ejemplo anterior), entonces conocerían el tiempo que tardó en depositarse la capa en caso de lograr detectar la concentración de iridio en la arcilla (el agua del ejemplo anterior). Una concentración alta de iridio significaría que la arcilla se depositó lentamente acumulando mayor cantidad de iridio, mientras que una baja concentración implicaría una sedimentación rápida. La sorpresa fue grande cuando determinaron que la concentración de iridio, aunque solo de 10 ppmm, era altísima, mucho más alta de la encontrada en los sedimentos aledaños y mucho mayor que la que se podía esperar de la sedimentación constante del polvo meteórico. El iridio tenía que tener otro origen, había demasiado. Esta *anomalía del iridio* en la transición K-T se encuentra en todas las partes de la Tierra, lo cual demuestra que no se trató de un fenómeno local y permite concluir que se debió al impacto de un proyectil extraterrestre con un tamaño estimado en unos 10 kilómetros.

En 1980, la prestigiosa revista *Science* publicó un artículo titulado: «Extraterrestrial cause for the Cretaceous-Tertiary extinction», escrito por Luis Álvarez, Walter Álvarez, Frank Asaro y Helen Michel, donde presentaron los resultados de estas investigaciones preparando el escenario para un gran debate científico que aún persiste en algunas esferas. Sin embargo, muchos años de cuidadosas investigaciones corroboraron estos resultados y confirmaron que hace sesenta y cinco millones de años ocurrió un gran impacto. El descubrimiento diez años más tarde de la naturaleza de la estructura hallada en Chicxulub, y la determinación de su edad (sesenta y cinco millones de años) a partir de estudios de la radiactividad de los sedimentos, dejó poco lugar para dudar de la relación entre este colosal evento cósmico y la historia de la vida sobre nuestro planeta.

Una delgada capa de arcilla expuesta, datada de hace sesenta y cinco millones de años, separa sedimentos del Cretácico (blancos) de los del Terciario (marrones). En esta foto de la transición entre el Cretácico y el Terciario, en Gubbio, Italia, los sedimentos más antiguos son los de la derecha. La capa de iridio corre diagonalmente al centro de la foto. Para determinar si la extinción masiva había sido repentina o si había sido un proceso lento, se midió la concentración de iridio. Se trata de una medición difícil que usa la técnica de análisis por activación nuclear, la cual permite determinar concentraciones de partes por mil millones. El resultado se muestra en la gráfica, una adaptación de la publicada por Álvarez y sus colegas en la revista *Science*. Los puntos marcan la concentración de iridio medida en varias muestras (los agujeros taladrados se aprecian en la ampliación). El valor hallado en la transición es tan elevado que se descartó cualquier idea de un proceso lento y se consideró la posibilidad de un impacto que causara un depósito repentino de iridio. La hipótesis quedó confirmada al encontrarse que en muchas localidades del mundo esta capa también incluye hollín y pequeños granos de cuarzo chocado, evidencia de altas temperaturas y presiones generadas por el impacto. Foto cortesía de Kosei E. Yamaguchi; gráfica de José Salgado

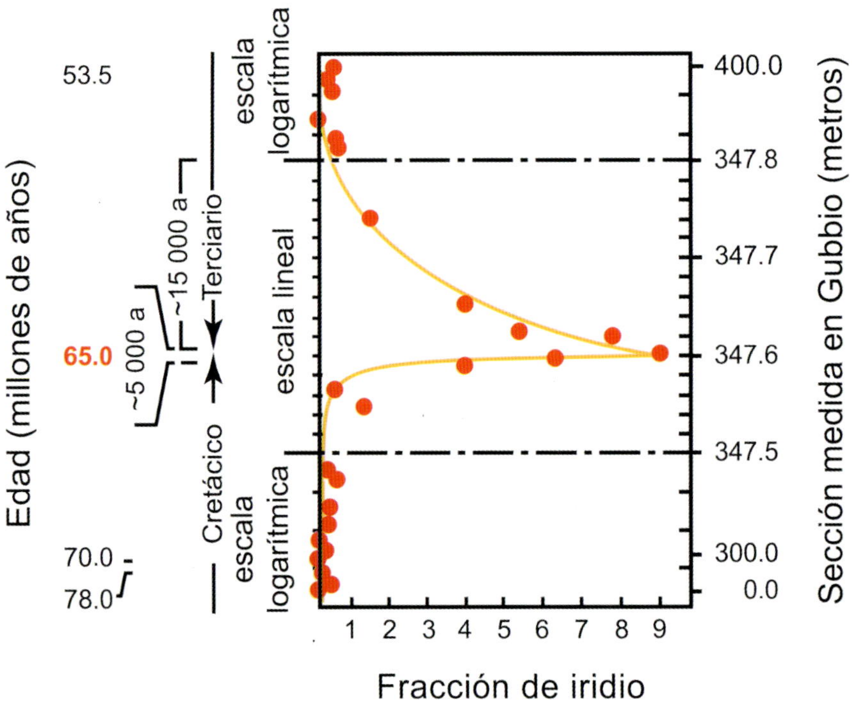

Vemos, pues, que doña Fortuna ha desempeñado un papel mucho mayor en la historia de la vida que el que podríamos haber imaginado hace apenas unos pocos años. No hay nada más desafortunado que ser eliminado de la faz de la Tierra por el impacto fortuito de un pedazo de material que sobró de la época en que se formó la Tierra, como les ocurrió a los dinosaurios. Para nosotros, los mamíferos, aquello fue un golpe de suerte, un accidente que inauguró una nueva era: la nuestra.

Otros mundos

Capítulo 7

¿Fuimos el resultado de un accidente cósmico improbable y, por lo tanto, somos los habitantes solitarios de este inmenso universo? O, ¿es la vida algo común, un imperativo cósmico que se acata en cualquier lugar con las condiciones favorables? Cómo quisiéramos saber la respuesta a estas preguntas.

Giordano

Hace cuatrocientos años, el 17 de febrero de 1600, para ser precisos (casi mil seiscientos años después de que un hombre de treinta y tres años fuera clavado en una cruz porque las autoridades romanas no aprobaban sus ideas), un hombre de cincuenta y dos años fue desnudado, amarrado a una estaca y quemado vivo en un lugar de Roma llamado Campo dei Fiori por orden del papa Clemente VIII, por tratarse de un hereje «impenitente, obstinado y terco». Este hombre había escrito: «Existen innumerables soles; innumerables tierras giran alrededor de estos soles de forma similar a la de los siete planetas que giran alrededor del Sol. Seres vivos habitan estos mundos». Esto contenía sin duda elevadas dosis de herejías. En 1593, Giordano Bruno, autor de estas líneas y contemporáneo de Galileo, fue encarcelado en Roma por la Inquisición.

Bruno nació en Nola, cerca de Nápoles, en el año 1548, y fue bautizado como Filippo Bruno. Al ingresar con quince años en un convento napolitano de la orden de los dominicos en 1563, cambió su nombre por el de Giordano. Se ordenó sacerdote en 1572. En 1576 huyó a Roma, tras tener problemas con sus superiores por cuestiones teológicas que culminaron con un proceso en su contra. El abandono de Italia le brindó una vida agitada que lo llevó a Francia, Inglaterra y Alemania, dedicada en todo momento a escribir y disertar sobre filosofía, magia, astronomía y mnemotecnia. Bruno se describió a sí mismo del modo que sigue en 1583, en una carta donde solicitaba permiso para enseñar en la Universidad de Oxford en Inglaterra:

> Al excelentísimo vicerrector de la Universidad de Oxford, a sus más famosos doctores y celebrados maestros, saludos de Philotheus Jordanus Brunus de Nola, doctor de una teología más científica, profesor de un saber más puro y menos perjudicial, conocido en las universidades más importantes de Europa, filósofo reconocido y recibido con honores, extraño solo para incivilizados y viles, que despierta mentes dormidas, domador de la ignorancia presuntuosa y obstinada, que en todas las medidas profesa amor al hombre, no atribuye más importancia al italiano que al británico, hombre más que mujer, mitra más que corona, toga más que cota de malla, encapuchado más que no encapuchado, pero que ama al que en las discusiones se muestra más pacífico, cortés, amistoso y útil, Bruno, solo detestado por quienes propagan la falsedad y por los hipócritas, a quien aman hombres estudiosos y honorables y es aplaudido por mentes nobles.

En el año 1591, Bruno aceptó la invitación del patricio veneciano Giovanni Mocenigo, interesado en aprender el arte de la mnemotecnia. Así, tras catorce años de exilio, regresó a Italia para ser traicionado por Mocenigo, quien, insatisfecho con sus enseñanzas, lo delató a la Inquisición. Después de que siete años de prisión y dolorosas noches de tortura no lograran disuadirlo de sus ideas, el fraile Giordano fue sentenciado a muerte y entregado a las autoridades seculares romanas con instrucciones de que recibiera castigo «con la mayor clemencia posible y sin derramamiento de sangre», un eufemismo para ordenar que fuera quemado en la hoguera. A sus jueces les dijo: «Tal vez sea mayor vuestro temor al pronunciar mi sentencia que el mío al oírla».

Su creencia en la pluralidad de los mundos no concordaba con la concepción del universo y del lugar que ocupa el hombre en él promulgada por las autoridades eclesiásticas de la época, y, en consecuencia, lo quemaron en la hoguera en el nombre de Dios. Así terminó la vida de Bruno, una figura inadvertida por casi todos, un mártir entregado a la causa de la libertad de pensamiento. Aquella vida agitada que luchó contra el dogma y los prejuicios, que se afanó por entender nuestro mundo a través de los sentidos y la razón y rechazando la autoridad y el convencionalismo, llegó a su fin trágicamente. Pero este no fue el primer ni el último episodio triste ocurrido en el transcurso de la historia de la humanidad. Hemos progresado mucho durante los últimos cuatrocientos años, pero en ocasiones ha habido, como usted bien sabe, lapsos preocupantes. Por suerte, en la época en que vivimos pensamos que las ideas científicas más importantes son precisamente las contrarias a cualquier tipo de dogma, y que nadie tiene que temerle a las posibles consecuencias de tener ideas en desacuerdo con la teoría establecida. Espero que podamos mantener esta situación, aunque conocemos países que todavía parecen vivir en el año 1600. La ciencia sí que exige pruebas rigurosas y confirmaciones independientes de cualquier resultado nuevo antes de aceptarlo. En algunos casos se tarda bastante tiempo, ya que, contrariamente a lo que usted pueda pensar, los hechos no siempre hablan por sí mismos. A veces hay que interpretarlos y, esa tarea puede depender de varios aspectos teóricos sin los cuales los hechos carecen de significado. *Y, Giordano Bruno, ¿tenía razón?*

Extranjeros

Como ya he mencionado, si descubriésemos vida, cualquier tipo de vida, en otro planeta, daríamos un gran paso en la comprensión de su origen. Bastaría con encontrar una bacteria, nos conformaríamos incluso con hallar una fosilizada. Sería el hallazgo del siglo y, como tal, se investigaría con detenimiento, se verificaría dos y tres veces, y luego sería verificado una vez más, antes de aceptarse. La mayoría de los científicos no se asombrarían del descubrimiento, puesto que se trataría de un hallazgo razonable considerando todo lo que hemos aprendido acerca de la formación del Sistema Solar y la evolución de la vida. Muy distinto sería que encontráramos vida inteligente en otro lugar (aceptemos generosamente que existe sobre la Tierra), lo que merecería designarse como el descubrimiento más importante de todos los tiempos. En este caso, no tenemos una idea tan clara sobre lo que cabría esperar, y una buena fracción de los científicos es bastante escéptica con respecto a la facilidad de encontrar vida inteligente. Claro que la actitud dominante consiste en *ver para creer*, de modo que vale la pena continuar la búsqueda por escasas que sean las probabilidades de éxito.

Hay personas que insisten en que los extraterrestres ya están aquí y aseguran que han tenido encuentros cercanos con todo tipo de seres extraños que han viajado desde muy lejos para visitarlos en lugares remotos de la Patagonia argentina o de la Sierra del Yunque en Puerto Rico. Afirman que fueron secuestrados o que acompañaron voluntariamente a seres muy semejantes a los que aparecen en las producciones más recientes de Hollywood. Son extraterrestres muy parecidos a humanos modificados, con cabezas grandes y ojos extraños, lo cual delata su origen imaginario y, para colmo, no muy creativo. Considerando tan solo la diversidad de formas de vida que hay en la Tierra y lo que hemos aprendido acerca de su evolución, queda claro que cualquier extraterrestre se asemejará a nosotros tanto como una silla. Algunas personas hasta se ofrecen a revelarnos los conocimientos que han adquirido de estos seres, que por definición son muy superiores a nosotros (de ahí que tengan grandes cabezas) y, por lo tanto, han descubierto los secretos de la inmortalidad, la belleza y otras cosas buenas. Están muy dispuestas a participarnos tantos secretos... a un precio razonable, claro está. Yo me pregunto, si los extraterrestres son tan inteligentes como para llegar a la Tierra atravesando distancias enormes en un tiempo incalculable, ¿cómo es que se dedican a secuestrar a los humanos más tontos del planeta? Peor aún, después de una odisea increíble, sus naves del futuro se estrellan miserablemente en cualquier desierto. Hay un número sorprendente de personas dispuestas a creerse todo esto y que interpretan las negativas por parte de científicos y oficiales gubernamentales (entre quienes me incluyo) como una confirmación de sus sospechas, puesto que se sobrentiende que el gobierno mantendrá estas cosas en secreto. No entiendo por qué tendría que ser así, pero cuadra con las teorías populares de sombrías conspiraciones gubernamentales, un buen tema para películas tales como *Hombres de Negro (Men in Black)*. Bueno, en general no se hace gran daño y sirve para entretenerse un rato. Lo triste es que, en manos de mercaderes sin escrúpulos, todo esto se convierte en una vía más para explotar a quienes no tienen forma de saber y confunden ciencia con ficción. En su anhelo por escapar de su infeliz condición, hay personas capaces de actuar con imprudencia en aras de una solución extraterrestre a sus problemas o porque «pronto se acabará el mundo».

Encontré esto colgando de un risco a la entrada del Observatorio de Arecibo. El texto indica una creencia bastante común entre la población. Tony Acevedo

Uno se pregunta por qué hay tanta gente dispuesta a creer que están entre nosotros y que en el Observatorio de Arecibo conversamos con «ellos» a todas horas, a pesar de que la realidad es otra. Creo que el fenómeno no lo explica tan solo la ignorancia de los hechos científicos, hay algo más. Posiblemente se relacione con la necesidad de creer en algo cuando ya no bastan las creencias religiosas que prometen un más allá lleno de cosas buenas y aquí y ahora NADA. Los sabios extraterrestres son los viejos dioses del Olimpo, puestos al día. Los dioses antiguos mantenían una relación muy personal con los humanos, y así lo hacen, según se alega, estos nuevos dioses. Se trata de un fenómeno sociológico interesante, pero desde un punto de vista científico nada de esto tiene validez y no merece la pena perder más tiempo discutiéndolo.

Como es natural, el primer lugar donde buscamos señales de vida extraterrestre es nuestro Sistema Solar. El lugar más indicado ha de tener agua o haberla tenido en el pasado, ya que es el compuesto esencial de la vida. ¿Podría haber vida, en el presente o en el pasado, en algún otro planeta del Sistema Solar o en alguna de sus lunas? A comienzos de los años 60, una notable flotilla de naves espaciales exploró casi todos los planetas de nuestro Sistema Solar y hemos aprendido que ninguno de los planetas parece adecuado para mantener formas complejas de vida, tal como la conocemos.

Marcianos y venusianos

Marte, considerado durante mucho tiempo el planeta con más probabilidad de albergar «vecinos», resulta tener una superficie seca, fría y, en apariencia, estéril, aunque la vida pudo surgir allí en el pasado remoto, cuando imperaban unas condiciones mucho más benévolas para ella. Este planeta pequeño, con tan solo la décima parte de la masa de la Tierra y la mitad de su tamaño, se encuentra a una distancia del Sol un 50% mayor que la de la Tierra. Marte tiene una atmósfera muy tenue, compuesta en su mayoría por dióxido de carbono y nitrógeno, y una presión atmosférica en la superficie 100 veces menor que la terrestre. Por eso, si usted visitara Marte sin la protección de un traje espacial, su sangre herviría inmediatamente y su cuerpo estallaría en mil pedazos. A pesar de ello, su atmósfera es suficiente para que se formen nubes finas, tormentas de viento y polvo, y para que el planeta tenga estaciones.

Marte ha sido el objeto de cientos de novelas de ciencia-ficción y numerosas películas inspiradas en las descripciones que hizo el astrónomo italiano Giovanni Schiaparelli (1835–1910) de este planeta. Sus descripciones de Marte, resultado de las observaciones que realizó desde el Observatorio de Milán, Italia, contenían la palabra *canali*, y esto se interpretó como un indicio de que en Marte se había usado algún tipo de tecnología, tecnología de los marcianos. El estadounidense Percival Lowell (1855–1916) fundó el

Observatorio Lowell, ubicado en Flagstaff, Arizona, Estados Unidos, para estudiar la obra de los marcianos. Desde él, Clyde Tombaugh (1906-1997) descubrió Plutón el 18 de febrero de 1930, tras muchos años de búsqueda. Tombaugh había examinado más de 90 millones de imágenes de puntos luminosos en placas fotográficas, para finalmente encontrar uno que parecía moverse con respecto a las estrellas del fondo: Plutón. Durante muchos años Lowell popularizó la idea de que había marcianos viviendo en Marte. Pues no, no los hay, y los canales no eran más que la consecuencia de no poder ver con claridad la superficie de Marte y de un poco de imaginación. Sin embargo, Marte es un planeta muy interesante. Tiene el mayor volcán (extinto) del Sistema Solar (Olympus Mons) y un cañón (Valles Marineris) de proporciones enormes que lo atraviesa como una gigantesca herida en la superficie. Más pertinente para nuestra historia es el hecho de que Marte tiene lo que aparentan ser lechos de ríos antiguos, lo que sugiere que en el pasado remoto el agua fluía por su superficie. Imágenes de alta resolución obtenidas recientemente por las cámaras de la sonda *Mars Global Surveyor,* en órbita alrededor de Marte, muestran lo que parecen ser barrancos talla-

Valles Marineris es un cañón de proporciones inmensas que parece una enorme cicatriz en el cuerpo de Marte. Su nombre conmemora la misión *Mariner,* que tomó las primeras imágenes del cañón en 1971. La misión *Viking*, formada por una nave orbital y otra que llegó por vez primera a la superficie marciana en 1976, tomó las 102 imágenes usadas para preparar este mosaico que muestra cómo se vería el planeta desde una distancia de 2 500 km a la superficie. Valles Marineris cruza la región ecuatorial de Marte a lo largo de una extensión aproximadamente igual a un quinto de su circunferencia. El cañón tiene un ancho de hasta 500 km y llega a medir 10 km de profundidad. Las tres manchas oscuras y redondas visibles en el extremo izquierdo de Marte, son volcanes extintos en la región de Tharsis. En la parte este del cañón se aprecian lo que aparentan ser canales secos creados por erosión hidrológica. NASA

Muchos lugares de la superficie de Marte exhiben lo que aparentan ser lechos de ríos antiguos que sugieren que en el pasado fluía agua líquida por la superficie. La imagen de alta resolución de la derecha fue obtenida por el *Mars Global Surveyor* en el año 2000, cubre un área aproximada de 3 km de ancho por 7 km de alto e ilustra la pared norte de un cráter de impacto en la región Noachis Terra. La imagen superior muestra este cráter de unos 20 km de diámetro y fue obtenida por la nave orbital *Viking 1* en 1980. El monte al fondo del cráter es un campo de dunas. En la imagen de alta resolución se aprecian canales y estructuras que se interpretan como resultantes de la acción de agua. La ausencia de cráteres superpuestos evidencia que la superficie tiene una edad geológica reciente. Esto podría indicar la presencia de agua líquida bajo la superficie marciana. NASA/JPL/Malin Space Science Systems dos por agua existente debajo de la superficie marciana. La posibilidad de que exista agua en acuíferos subterráneos marcianos ha despertado mucho interés.

Cuando se formó a partir de la nebulosa solar, Marte era mucho más parecido a la Tierra, pero su masa reducida y su ubicación, más alejada del Sol, determinaron una evolución muy diferente a la de la Tierra. Además, como Marte solo tiene dos lunas enclenques (Fobos y Deimos), no tiene el eje de rotación estabilizado como el de la Tierra, y en el pasado ha cambiado de dirección respondiendo a la influencia gravitatoria de otros planetas. Esto habría afectado al desarrollo de cualquier vida que hubiera aflorado en Marte. Sin embargo, como hemos visto, la vida surgió muy temprano en la historia de la Tierra, y la cuestión que nos intriga es: ¿pasó lo mismo en el joven Marte? Una respuesta positiva indicaría que la vida surge con facilidad cuando se dan las condiciones adecuadas y que, por lo tanto, es común en el universo. Esta conclusión tendría gran importancia, y a ello se debe que causara sensación el anuncio en 1996 de que se había hallado el fósil de un antiguo microorganismo dentro de un meteorito marciano encontrado en la Antártida. Pero las evidencias no son concluyentes y, aunque los

Tras un largo viaje, la nave de la NASA *Mars Pathfinder* llegó a Marte en julio de 1997. En una de las primeras imágenes obtenidas vemos, detrás de un campo de rocas, dos colinas en el horizonte, a una distancia de un kilómetro y de unos 30 metros de altura. La misión exploró Marte por unos tres meses. Posteriormente, los exploradores *Spirit* y *Opportunity*, llegaron a celebrar 10 años de exploración, desde que llegaron en 2004. En 2012 aterrizó el explorador robótico *Curiosity*. Las observaciones dejan poca duda de la presencia de agua en el pasado marciano. NASA/JPL/Caltech

Venera 9 fue el primer robot que envió imágenes de la superficie de Venus, el 22 de octubre de 1975. La nave sobrevivió a las infernales condiciones durante menos de una hora y envió la primera fotografía, una vista panorámica, de este inhóspito lugar. Logró, además, el hito histórico de tomar la primera fotografía de la superficie de otro mundo. NASA

titulares de la prensa proclamaban «Vida en Marte», gran parte de la comunidad científica se mantenía escéptica por dos buenas razones. La primera razón es que los compuestos «orgánicos» del meteorito también se pueden formar por procesos no biológicos, y la segunda es que los fósiles hipotéticos son un millón de veces más pequeños que las bacterias más diminutas, tan pequeños que es difícil que contengan la complicada maquinaria bioquímica que precisa la vida tal como la conocemos. Este anuncio extraordinario, como ocurre con todos los resultados extraordinarios en la ciencia, deberá corroborarse mediante estudios futuros, preferiblemente los que se lleven a cabo en la superficie de Marte. Si encontráramos restos de vida en Marte, digamos el fósil de un estromatolito, estaríamos más cerca de entender el origen de la vida.

Si localizáramos vida en algún lugar del Sistema Solar, cualquier tipo de vida, también estaríamos más cerca de saber si el código genético es realmente universal y se rige por leyes naturales que aún no hemos descubierto. Conoceríamos si la vida es un imperativo cósmico que se acata en cualquier lugar donde rijan las condiciones favorables, o si es un accidente tan improbable que no volvería a ocurrir en mil millones de planetas y mil millones de años. Encontrar vida en otros planetas significaría, sin duda, uno de los descubrimientos de mayor importancia de la historia.

En contraste con Marte, Venus es similar a la Tierra en cuanto a tamaño y masa, pero todas las similitudes terminan ahí. Venus desarrolló una atmósfera densa, compuesta en su mayoría por dióxido de carbono y nitrógeno, que no nos deja ver su superficie. En el cielo venusiano flotan nubes de ácido sulfúrico (se lo digo por si deseara visitarlo) y la presión atmosférica en la superficie es unas 100 veces más alta que la de la Tierra. El efecto de invernadero calienta Venus mucho más de lo que cabría esperar por encontrarse un 30% más cerca del Sol que la Tierra, y hasta el plomo se funde en su superficie. Venus es claramente un lugar en el que no esperamos que haya vida. Entre 1970 y 1985 llegaron a la superficie de Venus un total de 10 naves. La primera que envió imágenes de la superficie fue *Venera 9*, la cual sobrevivió apenas una hora en la jornada del 22 de octubre de 1975, y con ello nos permitió ver por primera vez la superficie de este lugar infernal.

Los mundos congelados del sistema de Júpiter (de izquierda a derecha: Ío, Europa, Ganímedes y Calisto) son comparables en tamaño a los planetas telúricos. Europa es algo menor que la Luna, mientras que Ganímedes es algo mayor que Mercurio. Esta figura los muestra en su proporción correcta de tamaños y en el orden en que se encuentran. Ío es el más cercano a Júpiter. Galileo los bautizó en un principio como los planetas Mediceos, con la intención de que el gran duque de Toscana, Cosme II de Medici, lo empleara en su corte de Florencia (y consiguió el empleo en 1610). Sus nombres actuales fueron propuestos por Simon Marius, quien observó las lunas en la misma época que Galileo (pero no publicó sus observaciones). Estas lunas orbitan alrededor de Júpiter con periodos que van desde 1.8 días, para Ío, hasta 16.7 días, para el más lejano, Calisto. Pueden observarse con binoculares. NASA/JPL/Caltech

Los mundos de Júpiter y Saturno

El gigante Júpiter se encuentra a tanta distancia del Sol (5 veces más lejos que la Tierra) que la nave *Galileo* tardó seis años en llegar a este mundo mucho más allá de la zona habitable del Sol. Júpiter y sus cuatro grandes satélites se asemejan a un Sistema Solar en miniatura con planetas congelados. Para nuestra sorpresa, las exploraciones de *Galileo* (la nave) indican que no están totalmente congelados. En el año 1610, Galileo (el hombre) escribió en *Sidereus nuncius*:

> Verdaderamente grandes son las cosas que en este breve tratado propongo a la vista y a la contemplación de los estudiosos de la naturaleza. Grandes, digo, sea por la excelencia de la materia misma, sea por su novedad jamás oída en todo el tiempo transcurrido, o sea también por el instrumento en virtud del cual estas cosas se han revelado a nuestros sentidos.
>
> [...] en el séptimo día de enero del presente año, 1610, a la primera hora de la noche siguiente, mientras observaba los astros celestes con el anteojo, se me presentó Júpiter, y como me había preparado un instrumento realmente excelente me di cuenta (es decir, antes no me había dado cuenta por la debilidad del instrumento anterior) de que a su lado había tres estrellas pequeñas pero brillantes que, aunque yo pensaba que pertenecían a las estrellas fijas, me despertaron cierta maravilla por el hecho de que aparecieran dispuestas en una línea recta y paralela a la eclíptica [...] al retornar, impulsado por no sé qué destino, a la misma investigación el día 8 encontré una configuración muy distinta: eran, de hecho, tres estrellitas, todas al oeste de Júpiter y más cercanas entre ellas que la noche anterior [...] en consecuencia establecí y concluí, fuera de toda duda, que existen en el cielo tres estrellas que viajan alrededor de Júpiter, al igual que Venus y Mercurio alrededor del Sol, un hecho observado finalmente con más claridad que la luz en muchas otras observaciones sucesivas: no solamente tres, sino cuatro, son las estrellas que viajan y completan sus circunvalaciones alrededor de Júpiter...

El alemán Simon Marius (1573-1624), contemporáneo de Galileo, también observó las lunas de Júpiter y fue él quien propuso llamarlas Ío, Europa, Ganímedes y Calisto. La exploración moderna de estos satélites jovianos comenzó con las naves *Voyager* en 1977, y *Galileo* (la nave), que llegó a Júpiter en diciembre de 1995, la continuó. Esta sonda obtuvo fotografías maravillosas de estos exóticos mundos, cada uno único e incomparable. Calisto, el más alejado de Júpiter, tiene una oscura superficie congelada cubierta de cicatrices dejadas por un sinnúmero de impactos. Le sigue Ganímedes, la luna más grande del Sistema Solar, mayor incluso que el planeta Mercurio. La siguiente es Europa, algo más pequeña que la Luna, con una superficie congelada bastante llana, sin muchos cráteres, sin embargo, muestra gran cantidad de fisuras enormes en el hielo superficial. La luna más cercana a Júpiter, Ío, es algo más grande que nuestra Luna. La superficie de Ío, con actividad geológica, alberga volcanes que arrojan compuestos sulfurosos a 50 kilómetros de altura y es muy diferente a cualquier otra superficie en el Sistema Solar; a mí me recuerda a una pizza. La actividad volcánica indica que, aunque Ío se encuentra muy lejos del Sol, su interior se mantiene a altas temperaturas. La energía procede del campo gravitatorio de Júpiter. A medida que recorre su órbita alrededor de Júpiter, de tan solo 1,8 días, las fuerzas de marea calientan el interior de Ío de la misma forma que usted calentaría un alambre si lo doblara repetidas veces.

Imágenes detalladas de la superficie de Europa sugieren que se parece a ciertas regiones marinas de los polos terrestres que están cubiertas de hielo. Las fisuras, a menudo entrecortadas por otras fisuras, y la ausencia de cráteres, revelan que se trata de una superficie geológicamente joven. Lo que hemos descubierto acerca de Ío sugiere que Europa también tiene un interior caliente, y en tal caso podría albergar océanos de agua líquida bajo algunos kilómetros de hielo. Esto explicaría el movimiento aparente de fragmentos de su superficie helada y el hecho de que los escasos cráteres de Europa sean poco profundos. En el presente, Júpiter genera algún calor propio, pero en el pasado, al formarse hace cuatro mil quinientos millones de años, era mucho más caliente. Puede que en aquella época existiera una zona habitable en la región que ocupa la órbita de Europa y, por tanto, la vida podría haber sur-

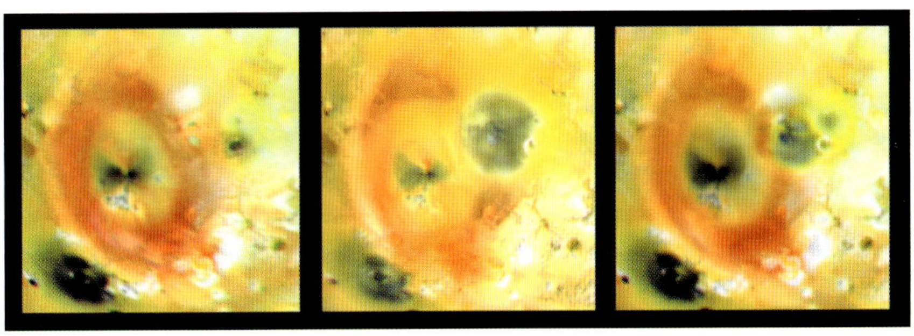

Estas tres imágenes de una región con vulcanismo activo en Ío, Pillan Patera, muestran cambios espectaculares en un periodo de tres años. La imagen de la izquierda fue obtenida por la nave *Galileo* en abril de 1997 y muestra un anillo de material rojizo de unos 1 500 km de diámetro, producto de una erupción del volcán Pele Patera. La imagen del centro muestra la misma área en septiembre de 1997, después de una erupción que produjo el depósito oscuro visible arriba y a la derecha del centro. El depósito tiene un diámetro de unos 400 km, rodea el volcán Pillan Patera y cubre parte del depósito rojizo producto de Pele Patera. La imagen de la derecha, obtenida en julio de 1999, muestra que el material rojizo de Pele ha comenzado a cubrir el material oscuro de Pillan, lo cual evidencia que ambos volcanes están activos. Las imágenes cubren un área de unos 1 650 kilómetros cuadrados y fueron tomadas desde una distancia de unos 500 000 km. NASA/JPL/Caltech

La turbulenta atmósfera del gigante Júpiter forma una cortina de fondo ante la cual Ío se desplaza en su órbita iluminado por el Sol desde la izquierda. Esta imagen fue obtenida por la nave *Cassini* al comienzo del nuevo milenio, el 1 de enero de 2001. *Cassini* despegó rumbo a Saturno en octubre de 1997 y llegó a su destino en diciembre de 2004. La sonda *Huygens* descendió poco después en paracaídas sobre el satélite Titán, para obtener datos y fotos y descorrer el velo que envuelve este distante y exótico mundo. NASA/JPL/University of Arizona gido en esta luna joviana. Al enfriarse Júpiter y congelarse Europa, las condiciones se deterioraron. Los extremófilos de la Tierra nos han enseñado que la vida puede aflorar en condiciones que para nosotros resultarían hostiles, por lo cual la idea de que pueda residir alguna forma de vida en los posibles océanos de Europa no es tan descabellada como parece. La pregunta es obvia: ¿es posible que haya surgido vida en Europa y que aún persista en sus océanos subterráneos?

Sería fantástico, en el sentido de «irreal y portentoso». Con independencia del modo en que hubieran surgido y de su bioquímica, encontraríamos extraños organismos marinos, más insólitos que los que *encontramos* en otro mundo lejano: los fósiles del esquisto de Burgess. Pero también cabe esperar rasgos comunes a todas las formas de vida del universo, determinadas por las leyes de la química y la física. Por ejemplo, sería esperable que los animales submarinos mostraran formas similares, puesto que vienen determinadas por las leyes de la hidrodinámica y por la clara ventaja, válida en cualquier sitio, de moverse con facilidad y con un gasto mínimo de energía en ese entorno. Los animales de Europa no tendrían ojos, ya que no son muy útiles en la eterna oscuridad de los océanos subeuropanos, a menos que hubieran desarrollado algún tipo de bioluminiscencia, como han hecho algunos animales aquí en la Tierra. Bajo el agua, el sonido es útil para comunicarse, como hacen las ballenas, y para «ver» mediante ecos. Conoceremos los secretos escondidos debajo de la superficie congelada de Europa si continuamos explorando las lunas galileanas. Una respuesta positiva a la pregunta de si hay vida allí completaría con broche de oro la revolución copernicana que comenzó con las observaciones de estos mundos por parte de Galileo. Una respuesta positiva nos diría, además, que no estamos solos.

El lago Vostok, uno de los más grandes de la Tierra, mide 200 km de largo, 65 km de ancho y tiene una profundidad de unos 450 metros. Es del tamaño del lago Titicaca, el lago de agua dulce más grande de América del Sur, ubicado en los Andes entre Bolivia y Perú. Nadie ha navegado las aguas del lago Vostok, de hecho nadie lo ha visto directamente. Esto es así porque está cubierto por casi 4 kilómetros de hielo antártico, y ha estado aislado de la biosfera durante muchos millones de años, tal vez cuarenta. El primer indicio de su existencia se obtuvo por medio de radares aéreos y estudios sísmicos realizados al inicio de la década de 1970, pero la existencia del lago solo se confirmó en la década de 1990 gracias a medidas obtenidas por satélites.

El lago Vostok no es un lago ordinario. La presión en su superficie, debida a la gruesa capa de hielo que lo cubre, es 350 veces más alta que la presión atmosférica en la superficie de la Tierra. A presiones tan elevadas, el agua contiene concentraciones de oxígeno disuelto muchísimo más elevadas que las presentes en el agua del mar, lo que podría hacer que las formas de vida en este lago, si las hubiera, fueran muy distintas a las de otros lagos del planeta. Sin embargo, como hemos visto, la vida puede prosperar en lugares

La silueta del lago Vostok, oculto bajo más de 3 kilómetros de hielo, se aprecia con claridad en esta imagen obtenida por el satélite canadiense RADARSAT. Este satélite usa un radar para obtener mapas del hielo de altísima resolución. La delgada línea blanca que cruza la superficie es un camino a través del hielo que lleva a la estación de investigación rusa Vostok, situada a la izquierda. La marca blanca visible es la pista del aeropuerto de la estación.
NASA - Goddard Space Flight Center Scientific Visualization Studio

Esta imagen muestra una pequeña zona (alrededor de 70 x 30 km) de la capa de hielo en la región de Conamara de la luna de Júpiter, Europa. Los tonos blancos y azules indican áreas cubiertas por finas partículas de hielo producto de un impacto que formó un gran cráter de unos 26 km de diámetro, llamado Pwyll, a unos 1 000 km al sur. Llegan a verse algunos cráteres pequeños de menos de 500 metros de diámetro que probablemente se formaran por el impacto de masas de hielo lanzadas al espacio como consecuencia de la formación de Pwyll. Las regiones con coloración rojiza forman parte de la superficie original y deben ese color a su contaminación con minerales que surgen de debajo de la superficie. NASA/JPL/Caltech

insólitos, como los respiraderos hidrotermales de los fondos oceánicos, de manera que no sería sorprendente hallar alguna forma de vida en el lago. El agua del lago se mantiene líquida por el calor proveniente del interior de nuestro planeta. Para los científicos interesados en estudiar la evolución de la vida en la Tierra, el lago Vostok ofrece la posibilidad de encontrar formas de vida que hayan evolucionado de manera diferente a la observada hasta ahora debido al largo intervalo de aislamiento. De ahí el gran interés por estudiar el lago.

Los científicos de la estación experimental rusa *Vostok* taladraron el hielo lentamente durante años, hasta alcanzar su masa líquida en 2012, de la que se extrajeron las primeras muestras en 2013. Se emplearon para ello métodos de perforación especiales que pretenden evitar la contaminación, algo bastante difícil de conseguir. También nos preocupa la posible contaminación de

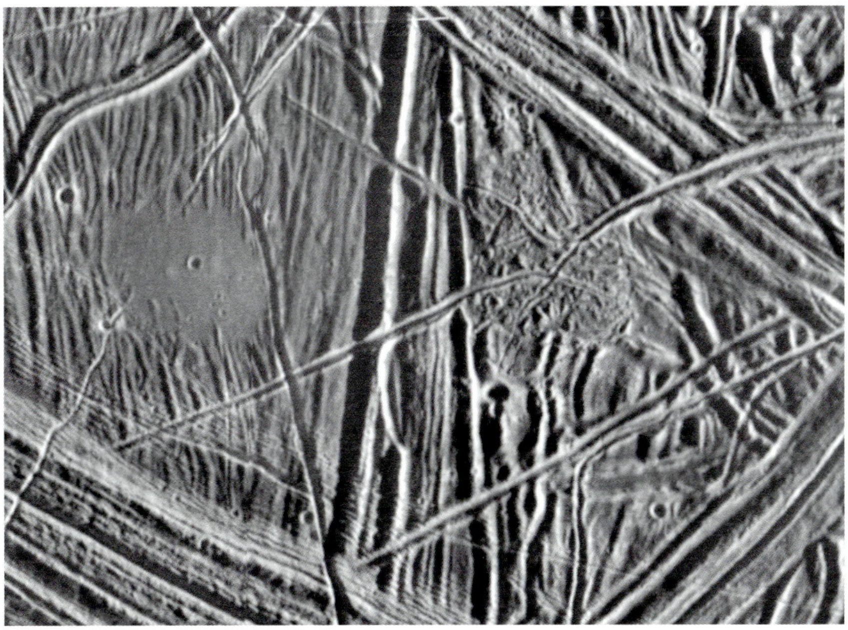

Este primer plano de la superficie helada de Europa cubre un área de 11 x 16 km y tiene una resolución de 26 metros. Fue obtenida en diciembre de 1996 por el sistema de toma de imágenes de estado sólido a bordo de la nave *Galileo*. A la izquierda se aprecia un área circular llana de unos 3.2 km de diámetro formada como consecuencia de una inundación de agua que cubrió las numerosas fisuras visibles en la superficie. Esta zona contrasta con el resto de la accidentada superficie. Las erupciones de material líquido, el complejo sistema de fisuras y los movimientos evidentes de partes de la superficie revelan una fuente de energía en el interior de Europa. NASA/JPL/Caltech

Europa, hasta el punto de que la nave *Galileo* se programó para que al finalizar su fructífera misión se precipitara a la atmósfera de Júpiter para evitar la remota posibilidad de que chocara con una de las lunas galileanas. En algunas de las muestras de hielo profundas extraídas del lago Vostok, datadas de hace unos cuatrocientos mil años, ya se han encontrado bacterias que nunca habíamos visto, las cuales nos ofrecen un adelanto de lo que podría salir cuando prosiga la exploración del lago. Cuando las tímidas perforaciones actuales lleven a abrir las puertas de acceso a este mundo perdido, no nos sorprenderá que esté lleno de sorpresas. La exploración del lago Vostok nos brindará una idea mejor de lo que podemos esperar en Europa y servirá de entrenamiento para las misiones futuras a este mundo congelado.

Titán, el segundo satélite más grande del Sistema Solar y la mayor de las lunas de Saturno, es un poco mayor que el planeta Mercurio. Se trata de la única luna del Sistema Solar que tiene una atmósfera densa, la cual oculta la superficie. Esta atmósfera se compone de nitrógeno molecular (N_2) con un pequeño porcentaje de metano (CH_4) y, en menor concentración aún, hidrocarburos como etano (C_2H_6) y acetileno (C_2H_2). Aunque tiene menos de la mitad de la masa de Mercurio, este mundo retiene su atmósfera de gases pesados debido a su lejanía del Sol, 10 veces mayor que la de la Tierra. Se ha comprobado que en la superficie de Titán existen océanos de etano, metano y propano líquidos, y lo primero que deberá instalar cualquier astronauta futuro que visite su superficie serán carteles de «prohibido fumar», en caso de que haya algo de oxígeno en los alrededores. La nave espacial *Cassini* llegó al sistema de Saturno en 2004, tras un viaje de siete años. Una vez allí lanzó una sonda, llamada *Huygens*, que descendió en paracaídas hasta la superficie de Titán y dedicó unas tres horas a medir las propiedades de la atmósfera de este mundo exótico.Christiaan Huygens (1629-1695) fue un físico y astrónomo holandés que en 1655 descubrió Titán y los anillos de Saturno. Jean Dominique Cassini (nacido en Italia como Giovanni Domenico; 1625-1712) fue el primer director del famoso Observatorio de París, estudió la estructura de los anillos de Saturno y descubrió cuatro de sus lunas. La exploración de Titán nos ofrece la oportunidad de «viajar hacia el pasado» y estudiar condiciones que tal vez se asemejen a las que imperaban en la Tierra hace cuatro mil millones de años. Manténgase en sintonía, porque cabe esperar que lleguen más noticias interesantes desde el Sistema Solar exterior en años venideros.

Más allá del Sistema Solar

No hay duda de que la Tierra es el único planeta con vida inteligente en órbita alrededor del Sol. Como hemos visto, el Sol es una estrella promedio, similar a alrededor del 10% del conjunto de todas las estrellas. Aunque en términos generales conocemos el proceso de formación de las estrellas y los planetas, tal como vimos en el capítulo 3, hasta hace poco no había ninguna eviden-

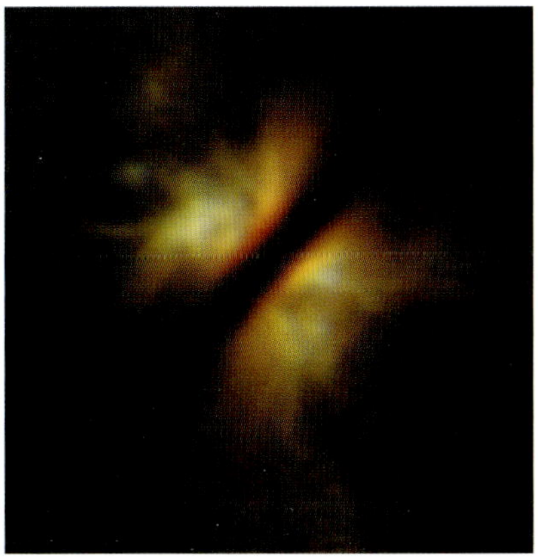

La cámara infrarroja y el espectrómetro de objetos múltiples (NICMOS) del telescopio espacial Hubble obtuvieron esta imagen de una estrella recién formada llamada IRAS 04302+2247, que se encuentra a 450 años-luz en la constelación Tauro. Lo que se ve no es la estrella en sí, sino su luz reflejada en la nebulosa que la rodea. Un disco denso de gas y polvo aparece como una banda oscura que atraviesa la imagen. El disco tiene un diámetro de 130 000 millones de kilómetros (unas 15 veces el diámetro de la órbita de Neptuno) y una masa comparable a la de la nebulosa solar que originó nuestro sistema planetario. D. Padgett (IPAC/Caltech), W. Brandner (IPAC), K. Stapelfeldt (JPL) y NASA

cia de que otras estrellas tuvieran planetas. Esta situación ha cambiado de manera espectacular con el descubrimiento en los últimos años de discos de gas y polvo alrededor de algunas estrellas, precursores de sistemas planetarios, y con el hallazgo más reciente de planetas alrededor de un número de estrellas cada vez mayor. Salvo en casos contadísimos y excepcionales, los telescopios actuales no pueden detectar directamente un planeta en órbita alrededor de una estrella, porque el brillo de un planeta es miles de millones de veces menor que el de una estrella, de manera que queda eclipsado por la gran luminosidad del astro central. Confiamos en que pronto aparezca una nueva generación de telescopios capaces de realizar estas medidas, suponiendo que se consiga el dinero necesario para construirlos.

Las evidencias indirectas de la existencia de planetas en órbita alrededor de algunas estrellas se han obtenido midiendo los diminutos efectos gravitatorios que ejercen estos mundos en sus estrellas respectivas. Júpiter, por ejemplo, que es el planeta con más masa del Sistema Solar, hace que el Sol oscile en el espacio con un periodo igual al de su órbita, 11.8 años. Como el Sol tiene una masa 1 000 veces mayor que la de Júpiter, se moverá en un círculo con un radio 1 000 veces menor que el de la órbita de Júpiter, lo cual es inferior al radio del Sol. El resultado es que el Sol casi no se mueve. Con la tecnología de hoy en día no llegamos a detectar un movimiento tan pequeño (un bamboleo) a distancias estelares, ni siquiera en la estrella más cercana, pero sí detectamos los pequeños cambios de velocidad que experimenta la estrella al moverse rítmicamente en el espacio.

Estas medidas permiten deducir la masa de los planetas extra-solares y determinar sus órbitas. Sin embargo, no podemos observarlos directamente y, por lo tanto, no conocemos detalles de ellos. Como los planetas de mayor masa provocan un efecto mayor en sus estrellas, la mayoría abrumadora de los planetas descubiertos hasta el momento son masivos, en muchos casos con masas mayores que la de Júpiter.

En el caso concreto de la estrella llamada HD209458 (la 209 458ª estrella del catálogo de Henry Draper), similar al Sol y a una distancia de 153 años-luz, se han obtenido evidencias directas recientes de que los efectos observados se deben a la presencia de planetas y no a algún otro fenómeno desconocido. Con esta estrella se pudo medir la disminución de brillo que le provoca el planeta al pasar delante de ella (que en este caso ocurre una vez cada órbita) y tapar una pequeña fracción de su luz. Estas observaciones no dejaron lugar a dudas sobre la interpretación de que los cambios observados en la velocidad de estas estrellas son causados por planetas. Así, mientras que hace pocas décadas nadie podía decir con certeza si había planetas alrededor de alguna estrella, hoy, la lista de sistemas planetarios extraterrestres crece a medida que pasa el tiempo. Es probable, entonces, que millones de planetas como la Tierra se encuentren en órbita alrededor de otras estrellas de la Galaxia. Necesitaremos instrumentos nuevos para contestar a las preguntas que saltan a la mente de inmediato: ¿Tendrán algunos de estos planetas atmósferas con oxígeno, metano y ozono, signos de posible actividad biológica?, ¿albergarán océanos de agua en la superficie? Si es así, ¿servirán de hogar a formas de vida extraterrestre? Y esta vida, ¿será inteligente? Se trata de incógnitas apasionantes cuyas respuestas me gustaría conocer mañana.

SETI

Como hemos visto, el desarrollo de inteligencia sobre la Tierra es consecuencia de una serie complicada y fortuita de eventos entre los que se incluyen causas astronómicas y geofísicas que han hecho de nuestro planeta lo que vemos hoy en día. Si la Luna desapareciera o la órbita terrestre variara un poco, si los continentes evolucionaran de otra forma, o si la composición química del centro de la Tierra fuera otra, tendríamos un planeta muy distinto, quizá poblado únicamente por bacterias. No somos más que una entre miles de millones de especies que han poblado este planeta, la mayoría extintas, y somos la única que ha desarrollado un grado de inteligencia y una tecnología compleja. Casi todas las especies viven con éxito sin esta tecnología y podría darse el mismo caso en toda la Galaxia. Por otro lado, la idea de que nuestro planeta es el único con vida inteligente en toda la Galaxia no parece tener sentido. Sabremos más por medio de investigaciones futuras.

Se puede argumentar que la inteligencia nos dota de ventajas para sobrevivir y que, por lo tanto, se desarrollará necesariamente en el curso de la evolución. Sin embargo, es posible que, del mismo modo que un fuego se extingue por sí solo después de cierto tiempo, también una especie que desarrolle tal nivel de inteligencia que le permita dominar el resto de las especies y el medio ambiente se extinga asimismo después de un tiempo. De este modo, la vida da un gran salto en otra dirección. Si así ocurriera, la inteligencia no habría bastado para que nuestra especie supiera cómo evitarlo hasta que fuera demasiado tarde. Tal vez, esto casi tenga carácter de ley natural, un límite debido a que el proceso evolutivo es acumulativo, el resultado de una suma de pequeños cambios. Quizá no sea posible pasar de poca inteligencia a suficiente inteligencia para evitar el colapso sin pasar antes por una fase de cierta inteligencia pero insuficiente. El único ejemplo con que contamos, nosotros, insinúa la veracidad de esta proposición. La vida inteligente solo podrá sobrevivir si encuentra una forma de saltar la barrera que impone la *inteligencia insuficiente* y acceder a un nivel superior.

Así que, tal vez (y ojalá), no estemos solos. Pensemos entonces que alrededor de alguna estrella similar al Sol orbita un planeta similar a la Tierra donde se desarrolló vida inteligente. No sabemos cómo serán estos seres y, excepto para Hollywood, no es importante saberlo. Por lo que conocemos, es razonable suponer que tales seres consistirán en moléculas a base de carbono y tendrán una bioquímica similar a la nuestra, ya que la naturaleza parece estar así predispuesta. Algunas personas opinan que ni siquiera eso sería necesario, que podrían estar formados por moléculas a base de silicio, y, aunque el silicio no es tan versátil como el carbono, nadie niega que pueda ser así. Hasta podría ocurrir que en un futuro la vida de la Tierra también se base en silicio. Nuestros descendientes podrían ser máquinas más inteligentes que nosotros, con la inteligencia suficiente para sobrevivir y con todos los atributos de vida. Sabremos cómo serán cuando *ellos* nos lo digan.

Hay algunas cosas, además de la muerte, de las cuales podemos estar seguros, o por lo menos tan seguros como lo estamos de otras cosas de las que estamos seguros. Estamos seguros de que las leyes de la naturaleza que hemos descubierto aquí en la Tierra son universales, es decir, que se cumplen en todos los lugares en todos los tiempos. Si esto no fuera así, no entenderíamos ni jota. La gravedad actúa de la misma forma en cualquier estrella, las cargas eléctricas iguales se repelen siempre con independencia de dónde se encuentren, los elementos químicos son los mismos y las ondas electromagnéticas (de las que la luz constituye una pequeña fracción) se comportan de la misma forma en todos los lugares. También sabemos que 2 más 2 son 4, tanto aquí como en alfa Centauri. Si esto no fuera así, tendríamos un gran problema.

Cualquier forma de vida inteligente desarrollará una tecnología basada en estas leyes, lo cual conducirá inevitablemente a la construcción de herramientas similares a las que hemos construido nosotros. No me refiero a artefactos específicos como automóviles o refrigeradores, sino a los aspectos generales de la tecnología, como los métodos para generar y utilizar energía, y el desarrollo de sistemas de transporte y comunicación. La comunicación es, sin duda, una característica fundamental de las sociedades inteligentes, y es la base de nuestro desarrollo y vida social. Comenzamos dibujando en las paredes de las cavernas y grabando piedras; después, Johannes Gutenberg (1390-1468 *ca.*) inventó la imprenta, y a principios del siglo pasado desarrollamos una tecnología que nos permite comunicarnos a través de grandes distancias utilizando ondas electromagnéticas. Una red cada vez mayor de cables, fibras ópticas y conexiones por satélite distribuyen información por todo el mundo, como si fueran el sistema nervioso de nuestro planeta. La meta es llegar a un punto en el que toda persona tenga acceso fácil a la información. Es razonable suponer que este desarrollo, que revela una tendencia natural de la inteligencia, ocurrirá igualmente en otro sitio donde resida vida inteligente. Si es así, entonces tal vez podamos usar nuestros radiotelescopios, como el gigante de Arecibo, para tratar de captar alguna de estas comunicaciones. A eso se deben los esfuerzos de los proyectos de búsqueda de inteligencia extraterrestre, conocidos por sus siglas inglesas, SETI.

Otra cosa que podemos decir acerca de la inteligencia extraterrestre es que será mucho más avanzada que la nuestra. Esto es así porque, como hemos visto, nosotros nos encontramos en el primer segundo de nuestra aparición en la película de seis horas de duración que constituye la historia de nuestro planeta, de la cual ya han transcurrido tres horas. Encontrar otros seres inteligentes en nuestra Galaxia que también se hallen justo en el primer segundo de su historia parece muy poco probable.

La primera pregunta que le haría a un extraterrestre sería: ¿cómo se las arreglaron ustedes para sobrevivir?, es decir, ¿cómo superaron el obstáculo de no tener suficiente inteligencia? Su respuesta sería la más importante de todos los tiempos. Después de eso, le haría otras mil preguntas importantes simplemente para romper el hielo. ¿Qué le preguntaría usted? Por desgracia, aunque habitara en una estrella cercana a nosotros, su respuesta tardaría muchos años en llegar, tanto que podríamos llegar a olvidarnos de la pregunta, sin mencionar el pequeño problema de traducción que se nos plantearía. Y en el caso de que se tratara de una estrella distante, puede que ya no quedara nadie para recibir la respuesta. La idea de una conversación con los extraterrestres es irreal.

También es razonable suponer que, transcurridos los primeros segundos de su historia cósmica, una inteligencia extraterrestre deje de usar ondas de radio para comunicarse, deje de usar sistemas de difusión para transmitir información, y desarrolle como alternativa un sistema en el que todas las comunicaciones se realicen mediante sistemas eficaces como las fibras ópticas, de manera que no se desperdicie energía, y nada se pierda al espacio. Por lo tanto, podría ocurrir que las tecnologías avanzadas no emitieran ondas al espacio de manera accidental, o que, en caso de hacerlo, dicha emisión estuviera minimizada. Es decir, posiblemente no resulte tan fácil detectar inteligencias extraterrestres, aunque abundaran, a menos que, por razones que desconocemos, emitan una señal a propósito para que sea detectada.

Nosotros hicimos esto el 16 de noviembre de 1974, cuando celebramos la conclusión de los trabajos de mejoras en el reflector del telescopio de Arecibo mandando un breve mensaje. El mensaje, de tres minutos de duración, se envió en dirección al cúmulo globular de estrellas M13. Este cúmulo, un gigantesco conglomerado esférico de medio millón de estrellas, se encuentra a una distancia aproximada de 25 000 años-luz. Si alguien desde un posible planeta alrededor de una de las estrellas del cúmulo apunta un telescopio en nuestra dirección dentro de 25 000 años (no hay que preocuparse por las pocas décadas que ya pasaron) justo en el momento en que nuestro mensaje pase por allí (dispondrá de tres minutos para hacerlo), entonces podríamos recibir una respuesta dentro de unos 50 000 años. Aunque usted no lo crea, el envío de este mensaje simbólico tropezó con serias objeciones porque estábamos revelando nuestra existencia a posibles depredadores cósmicos. Para mí, ese argumento es un reflejo del espejo en el que nos miramos, más que una apreciación acertada de la realidad. Debemos preocuparnos por cosas mucho más cercanas a nosotros, tal como veremos en el próximo capítulo. De todos modos, durante más de cincuenta años

El cúmulo globular M13 (NGC6205), en la constelación de Hércules, es uno de los más notables del hemisferio norte. Se encuentra a una distancia de 25 000 años-luz, su diámetro mide unos 150 años-luz y contiene medio millón de estrellas. Las estrellas de este cúmulo tienen más de doce mil millones de años de edad. Dentro de unos veinticinco mil años, una señal débil indicará a quien pueda detectarla desde algún planeta en órbita alrededor de una de las estrellas del cúmulo que no están solos, que en la dirección de una pequeña estrella amarillenta que nosotros llamamos Sol había una civilización tecnológica. N. A. Sharp, REU program/AURA/NOAO/NSF.

hemos estado revelando nuestra existencia a quienquiera que ande por ahí, ya que una esfera llena de nuestras emisiones de televisión y radio se expande a la velocidad de la luz alrededor de la Tierra. Quien intercepte estas señales podrá concluir que en un planeta alrededor del Sol existe una tecnología primitiva. Otra cosa será que el contenido de las señales los lleve a concluir que se trata de vida *inteligente*.

Recuerde, además, que una estrella con una masa solo 3 veces mayor que la del Sol únicamente durará unos pocos centenares de millones de años, mucho menos que el Sol, y tendrá una luminosidad decenas de veces mayor que él. Es decir, en un planeta apropiado en órbita alrededor de una estrella así, la vida mejor se apura si es que va a evolucionar por casualidad hacia algo similar a nosotros (ojalá a algo mejor) antes de que se le acabe el tiempo. Para colmo, las estrellas más masivas que el Sol producen muchísima más radiación ultravioleta, tanta que una capa de ozono no resultará demasiado útil para protegerse de ella, de modo que es mejor quedarse bajo el agua o desarrollar mecanismos alternativos para resguardarse. Pero si se queda bajo el agua, no será tan fácil desarrollar tecnologías de comunicación basadas en ondas electromagnéticas, las cuales no se propagan tan bien bajo el agua, por no mencionar otros detalles como la corrosión. Todo esto es mera especulación, y solo sirve para que usted vea el tipo de ideas que se pueden considerar cuando se trata de detectar inteligencias extraterrestres.

La probabilidad de detección se maximiza si buscamos señales desde estrellas cercanas similares al Sol, donde con *cercanas* queremos decir distancias inferiores a 100 años-luz. Esto es lo que intentan hacer varios proyectos de SETI. La primera búsqueda la realizó en 1960 el entonces joven radioastrónomo Frank Drake (nacido en 1930) usando un pequeño radiotelescopio instalado en Virginia occidental, Estados Unidos, y apuntando a las dos estrellas tau Ceti y épsilon Eridani. Desde ese primer experimento se han realizado muchas búsquedas más, cada una con instrumentos mejores y más sensibles que la anterior. Estos esfuerzos han comenzado a analizar las miles de estrellas y millones de frecuencias de radio en las que podríamos encontrar una señal. *Hasta la fecha y a pesar de lo que muchos creen, no hemos detectado ninguna señal de otra inteligencia.* Como ya le mencioné, esta negativa no se debe a ninguna intención de guardar algún secreto es la simple verdad. Dese cuenta de que mantener algo así en secreto resultaría muy difícil aunque se quisiera, ya que los observatorios astronómicos están abiertos a mucha gente.

Una de las incertidumbres que surgen con cualquier proyecto de búsqueda, además de las que ya vimos, es en cuál de los millones de frecuencias posibles buscar. Aunque las ondas de radio atraviesan sin grandes problemas las nubes de gas y polvo que colman el medio interestelar (no así la luz), la región de microondas se considera la más apropiada para la búsqueda. Esto es así porque las emisiones naturales que ocurren en dichas frecuencias son mínimas, de modo que una señal débil se puede detectar con mayor facilidad sobre estas emisiones. Hemos visto que los átomos de hidrógeno en el espacio interestelar emiten ondas de radio con una longitud de 21 centímetros. Asimismo, el ion oxidrilo (OH) emite a una longitud de onda de 18 cm. El agua, el compuesto primordial de la vida, se obtiene de la combinación de los dos anteriores, y así, de forma análoga al modo en que los diversos animales de la selva se reúnen alrededor de los manantiales, imaginamos que las diferentes civilizaciones de la Galaxia se reunirán en el «manantial» del espectro electromagnético que cae entre 18 y 21 cm de longitud de onda. Esto es una hermosa analogía, pero no tenemos forma de saber si los extraterrestres la conciben de la misma manera.

Si algún día el gigantesco reflector de Arecibo intercepta ondas de radio provenientes de una dirección particular del cielo y que parezcan tener un origen artificial, lo primero que habrá que hacer es confirmar que la señal es verdaderamente extraterrestre y no debida a alguna estación de televisión cercana o un satélite artificial. Luego se deberán confirmar estas detecciones usando otros radiotelescopios ubicados en varias partes del mundo apuntándolos hacia la misma dirección del cielo para ver si captan la misma señal. De ser así, Arecibo anunciaría al mundo la detección de lo que podrían ser evidencias de una tecnología extraterrestre, y *ese día sonreiría el espíritu de Giordano Bruno.*

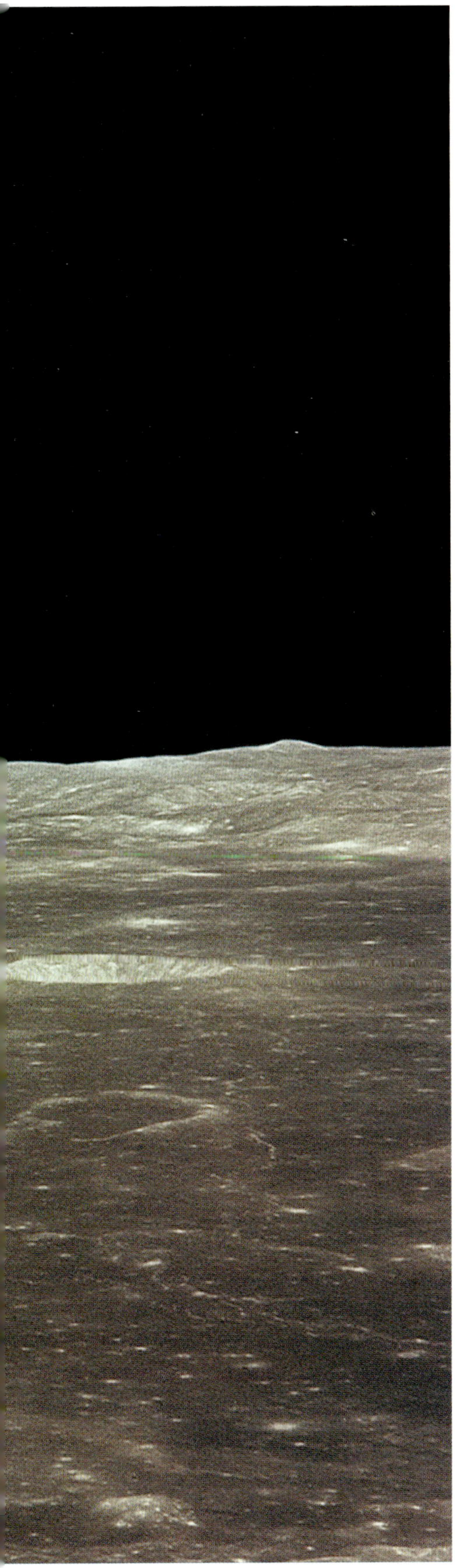

La oscura bola de cristal

Capítulo 8

En esta foto tomada por la tripulación del *Apollo 11* en julio de 1969, cuando los humanos alcanzábamos la Luna por primera vez, se puede ver la Tierra en el horizonte lunar. ¡Habíamos llegado lejos! Esta foto nos hizo conscientes de que vivimos en un mundo limitado, que viajamos por el espacio como pasajeros de este planeta solitario que es «la nave Tierra», el único lugar que tenemos. NASA

Si no sacamos la cabeza de la arena y actuamos con un sentido de urgencia y con la pasión necesaria, nuestro futuro tal vez no exista. Tras una larga marcha evolutiva llena de sorpresas y contratiempos, nos encontramos a escasa distancia de un abismo. Pero continuamos ciegos hacia delante empujados por los que vienen detrás y no pueden ver con claridad. Falta poco para que sea demasiado tarde.

Advertencia

Una declaración elaborada por la agrupación Union of Concerned Scientists en 1992, titulada *World's Scientists' Warning to Humanity* («Advertencia de los científicos del mundo a la humanidad») y firmada por científicos prominentes de todo el mundo decía en parte (el texto se reproduce íntegro en español en el apéndice B de este volumen):

> Los seres humanos y el mundo natural se encuentran en vías de colisión. Las actividades humanas producen daños drásticos y muchas veces irreversibles al medio ambiente y a recursos críticos. Si no las detenemos, muchas de nuestras prácticas actuales ponen en serio peligro el futuro que deseamos para las sociedades humanas y para los reinos animal y vegetal, y pueden alterar el mundo hasta el punto de incapacitarlo para mantener la vida tal y como la conocemos. Es urgente que emprendamos cambios fundamentales para evitar la colisión a la que nos conduce nuestro curso presente.

Por desgracia, esta advertencia sigue siendo válida diez años más tarde y es muy probable que tenga aún más pertinencia en el año 2050. Así de lenta será la cura de cualquier remedio que tomemos.

Hace sólo doscientos años no teníamos ni la más mínima idea de lo que era una estrella, o lo que había en el núcleo de una célula. El hecho de que exista una conexión entre ambas cosas se habría considerado entonces una idea de locos. Hoy en día, como hemos visto, conocemos con gran detalle qué relación mantienen las estrellas y la vida, y lo que hemos aprendido es fascinante. Es una historia maravillosa, el resultado de un gran avance en nuestra comprensión del mundo natural ocurrido en el transcurso de los últimos siglos. Este gran logro de la mente humana ha ido mano a mano con un gran aumento de nuestro poder sobre la naturaleza y, como veremos, eso amenaza la biosfera y, en última instancia, nuestra existencia. No es esta una historia tan maravillosa. Aunque seguramente ha oído mucho acerca de los problemas ambientales globales que nos afectan, la nueva luz proyectada por lo que hemos visto en los capítulos anteriores les confiere un significado especial.

La vida en la Tierra se ha adaptado a cambios en la composición atmosférica y en la temperatura de la superficie y ha sobrevivido a tremendos cambios ambientales. Pero el registro fósil nos cuenta que un sinnúmero de especies que alguna vez habitaron este planeta no sobrevivieron a estas pruebas impuestas por eventos naturales, y nos indica que la mayoría de las especies que han existido se extinguieron. Nuestra especie, como hemos visto, surgió como resultado de una extinción masiva hace sesenta y cinco millones de años con la que desaparecieron los desafortunados dinosaurios y alrededor del 75% de todas las especies que vivían entonces, mientras que algunos mamíferos se salvaron por casualidad. A su vez, la vida ha causado cambios globales en la Tierra, en particular, alterando la composición de la atmósfera en el transcurso de miles de millones de años de fotosíntesis. A través de estos largos intervalos de tiempo, la vida fue capaz de adaptarse a estos cambios lentos mediante el mecanismo de selección natural. Por otro lado, el cambio brusco de las condiciones conllevó una extinción masiva. Hoy en día nos preocupamos mucho por los cambios globales causados por nuestras propias actividades. Estamos provocando otra extinción masiva que afectará a toda la vida sobre la Tierra. La diferencia con el pasado estriba en que ahora somos *nosotros* los agentes de la destrucción, la causa de esta sexta extinción. Nosotros, que nos jactamos de tener un alto nivel moral y nos consideramos los más desarrollados del planeta.

Me imagino que, en un futuro muy lejano, el registro estratigráfico documentará esta sexta extinción. Alguien, aunque no me puedo imaginar quién, se encontrará observando un antiguo acantilado desde una gran distancia, y notará una extraña, gruesa y retorcida capa de material de distinta coloración y con muchos kilómetros de extensión. Un estudio cuidadoso y prolongado revelará el asombroso origen de estos depósitos. Serán los restos amalgamados y transfigurados de ciudades enteras, en su mayoría piedra y acero, con inclusiones interesantes de otros materiales de origen intrigante aplastadas por procesos tectónicos como si fueran vehículos triturados por una de esas máquinas que se usan en los depósitos de chatarra.

Multiplicaos

La población humana ha experimentado un aumento drástico durante los últimos años. En el año 1000 éramos menos de 500 millones, en el año 2000 llegamos a 6 000 millones y en 1930 no éramos más que 2 000 millones. Esta *explosión demográfica* sin precedentes es una de las causas primordiales de nuestros problemas. El censo humano sobrepasará los 9 000 millones de individuos en el año 2050, y nuestros hijos serán quienes tengan que lidiar en este mundo sobrepoblado. No importa dónde se produzca un crecimiento más rápido en el presente porque afecta a todo el planeta, aunque la gran mayoría de los recursos son consumidos por una minoría en los países que se autodenominan desarrollados.

La población de la Tierra *aumenta* en unas 9 000 personas cada hora, 75 millones por año. Piense en esto por un momento: cuando haya terminado de leer esta frase, habrá 30 humanos más sobre la Tierra. Este es el problema más importante con el que nos enfrentamos, mucho más que la amenaza que pueda suponer el impacto futuro de algún cometa o asteroide. En 1798, Thomas Robert Malthus (1766–1834), economista inglés, articuló la idea de que el crecimiento de la población siempre sobrepasa el crecimiento de la producción y que, por lo tanto, nada más que desde el punto de vista de la alimentación, las cosas iban a terminar mal. Malthus no pudo haberse imaginado la crisis en que nos encontramos. Como nota al margen, ¿se da cuenta usted de que, aunque no nos guste, la mayoría de los 9 000 millones de personas que vivirán en el año 2050 serán distintas a las que reúnen los 7 000 millones actuales? ¡Así es la vida!

Debido a este crecimiento espantoso, a nuestro desarrollo tecnológico, que nos ha otorgado un poder insólito sobre la naturaleza, y a nuestra pasada falta de previsión, la biosfera ha sido objeto de un colosal abuso. No escribo esto para condenar la tecnología ni el desarrollo social que nos han traído hasta este punto. Henry Ford no habría podido vislumbrar las consecuencias de la producción en masa de automóviles, del mismo modo que Cristóbal Colón no se podría haber imaginado la América del presente. Gracias a algunas de nuestras herramientas modernas (como las computadoras cada vez más potentes y los satélites con sensores remotos) y a los grandes avances en la comprensión de la naturaleza, hoy en día tenemos un conocimiento mejor del pasado y podemos discernir con más claridad nuestro futuro. Hemos introducido sin pensar grandes cantidades de contaminantes en el suelo que habitamos, en el agua, tan esencial para la vida, y en el aire que respiramos. Usted sabe que es así, y las ranas, como veremos más adelante, también lo están notando. Nuestras actividades tienen efectos comparables a los grandes traumas del pasado y están afectando a grandes

Esta gráfica inocente en apariencia es un diagrama muy preocupante, ya que ilustra cómo ha aumentado el número de humanos y cómo aumentará en el futuro. En 1960 no éramos más que 3 000 millones y en 1999 duplicamos esa cantidad. Para el año 2050 se calcula una población mundial de 9 000 millones, una vez y media la población actual, aunque dependiendo de aspectos tales como las tasas de mortandad y natalidad la cifra podría ser algo mayor o menor, tal como se indica. Para mantenernos en la lamentable condición global en la que nos hallamos hoy habrá que aumentar en la misma proporción la cantidad de hospitales, escuelas, viviendas, sistemas de transporte, fuentes de agua potable, abastecimiento de alimentos y el resto de servicios sociales, todo ello solamente para quedarnos donde estamos. Por eso da miedo esta gráfica. Además, ese incremento conllevaría una carga ambiental difícil de absorber por el ecosistema global, ya que representa el cambio más espectacular en la biosfera de los últimos cien años. Naciones Unidas

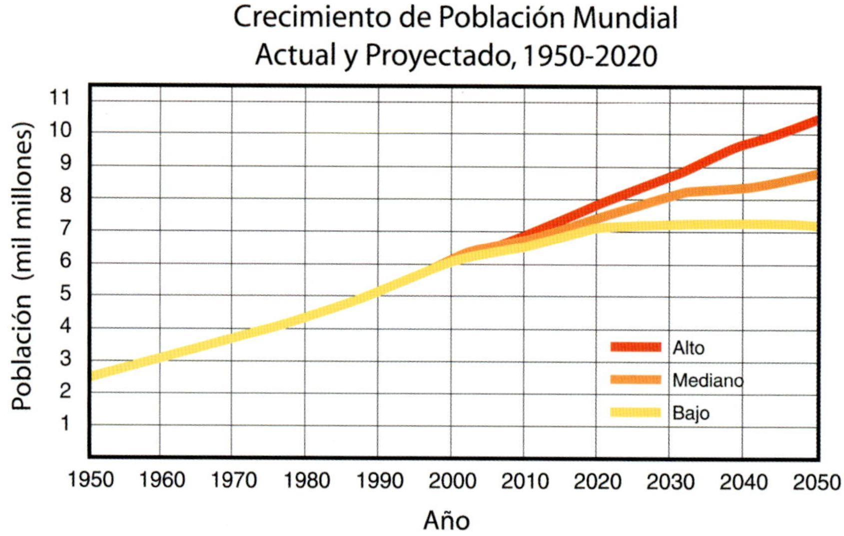

áreas del planeta. En pocas palabras, *nos hemos convertido en una amenaza ambiental*. El deterioro ambiental que causamos está afectando incluso a nuestra capacidad para estudiar el universo, ya que una neblina creciente de luz artificial y ondas de radio nos impide la visión. Será fácil para cualquiera que ande por estos pagos dentro de cien años acusarnos por nuestra negligencia. Claro que, aunque nos declaren culpables, ya no viviremos para cumplir la condena, de modo que esta cuestión depende de nuestro sentido de la responsabilidad moral.

Si no controlamos el crecimiento demográfico y el uso ineficaz de los recursos, la naturaleza se encargará de hacerlo por nosotros de una forma dolorosa; en realidad, el proceso ya ha comenzado. Una fracción grande de la población mundial se encuentra desnutrida y el hambre, problema recurrente, mata a 1 000 personas cada hora, bien directamente o bien como consecuencia de la desnutrición. Alrededor de 800 millones de personas se van a dormir con hambre cada noche, y más de un cuarto de la población de la Tierra carece de una fuente segura de agua potable.

El agrónomo estadounidense Norman Borlaug (1914-2009) obtuvo el premio Nobel de la Paz del año 1970 por encabezar la producción de la llamada *revolución verde*, resultado de investigaciones que condujeron a nuevas variedades de cereales con alto rendimiento. Este desarrollo permitió que la producción global de cereales se triplicara en los últimos treinta años. Para algunos países, como India y Pakistán, esto alivió el hambre de las masas. Pero el éxito de la revolución verde ha quedado neutralizado por el crecimiento imparable de la población. Mientras los astronautas de *Apollo* nos mostraban una imagen clara de la «nave espacial» Tierra, y la población humana del planeta ascendía a tan solo 3 700 millones, Borlaug decía lo siguiente en el discurso de aceptación del premio Nobel que pronunció hace treinta años:

> La revolución verde ha logrado un éxito temporáneo en la lucha del hombre contra el hambre y la privación y nos ha dado un respiro. Si se implementa en su totalidad, la revolución verde puede aportar suficiente alimento para subsistir durante los próximos treinta años. Pero el temible poder de la reproducción humana debe controlarse, de otro modo el éxito de la revolución verde será efímero.

¡Cuán acertadas eran sus palabras!

La ingeniería genética está produciendo variedades de plantas resistentes a las enfermedades, a las plagas y a los herbicidas para aumentar el rendimiento. Aun así, las plantas transgénicas causan gran controversia entre quienes las ven como una solución al problema alimentario y quienes temen graves consecuencias imprevistas. De todos modos, no resuelven el problema básico. Simplemente, somos demasiados.

Procariontes y virus

El aumento de la densidad de población y la miseria que padecen nuestros congéneres en muchos lugares del planeta son condiciones ideales para que prosperen los virus y las bacterias, a la vez que la mayor movilidad de las personas facilita la transmisión de enfermedades que en el pasado resultaban más fáciles de controlar. Una bacteria o un virus que infecte a una persona en un país lejano puede llegar a nuestra casa al día siguiente, y esto no ocurre tan solo en las películas, tal como atestiguan eventos recientes. Los virus consisten en un genoma (ADN o ARN) rodeado de proteína sin la maquinaria necesaria para la reproducción. Por eso, se duda en considerarlos organismos vivos. Para reproducirse necesitan invadir una célula y usar su maquinaria reproductiva, pero muchas veces la matan en el proceso. Después, los virus nuevos invaden otras células del cuerpo. Si el proceso no se controla, y dependiendo del virus, puede tener consecuencias nefastas para el organismo. En esto consiste, en esencia, una infección viral.

La fiebre hemorrágica Ébola es causada por un temible y mortal virus de rápida acción. Los síntomas comienzan a los pocos días de la infección y se caracterizan por fiebre alta, dolor de garganta, vómitos, diarrea, dolor de pecho y abdominal, hemorragias, shock y, tras un par de semanas, la misericordiosa muerte. Todo eso lo produce un agente microscópico cuyo ARN usa nuestras células para procrearse. Lo único bueno del Ébola es que su virulencia y rapidez permiten identificarlo con facilidad y aislar a la población infectada para impedir una epidemia mayor. Entre centenares y miles de personas han muerto en las epidemias recientes de ébola en África, y el riesgo de extensión a otros continentes no es pequeño. Se transmite sexualmente o por contacto con personas visiblemente infectadas. Dios nos guarde de una mutación que se incube durante periodos de meses o años antes de tener efectos visibles, como es el caso del virus VIH que causa el Síndrome de Inmunodeficiencia Adquirida (SIDA). Este organismo microscópico se compone de ARN y unas enzimas encapsuladas en proteína. Decenas de millones de personas se han infectado por este silencioso asesino que avanza sigilosamente por las noches de la vida, sobre todo en África, donde ya han muerto más de 70 millones de personas. Se estima que uno de cada cuatro habitantes de Botswana y Zimbabwe están infectados, y también el 20% de la población de Sudáfrica. En Brasil, la tasa de infectados sobrepasa el 3% y es la más alta de Sudamérica.

El SIDA es particularmente perverso porque, aunque mortal, actúa con lentitud y las personas infectadas pueden ignorarlo durante años y contribuir de ese modo a propagar la infección. La enfermedad comenzó en África, donde se ha convertido en la mayor causa de mortandad, probablemente en el Congo, por la infección de una persona con un virus proveniente de una subespecie del chimpancé *(Pan troglodytes troglodytes)*. Este animal se encuentra en peligro de extinción porque cada año se cazan miles de ellos para ser comidos. Es probable que el virus pasara de esta manera al hombre en primer lugar. Estos primos nuestros, que tienen un genoma muy similar al de la especie humana, son portadores del virus pero no desarrollan la enfermedad, de modo que su estudio nos brinda la esperanza de encontrar una vacuna o cura. Eso en el caso de que no acabemos antes con todos ellos.

Aunque el SIDA ha ocupado el centro del escenario durante algún tiempo, no hay razón para pensar que es la única enfermedad peligrosa. A la vuelta de la esquina acechan nuevas epidemias globales, y las mutaciones resistentes a nuestras medicinas y vacunas de los causantes de enfermedades conocidas aguardan el momento idóneo para saltar al campo de juego. En los últimos cien años hemos visto grandes avances en la lucha por controlar las enfermedades infecciosas, pero las recientes epidemias virales de Hanta y Ébola y la aparición de tuberculosis resistente a los antibióticos existentes amenazan con deshacer nuestros triunfos. La pandemia de influenza que azotó el planeta entre 1918 y 1919 causó cerca de 25 millones de muertes, lo cual equivale al 1.4% de la población mundial de ese tiempo, que ascendía a 1 800 millones. Si ocurriera lo mismo hoy en día, morirían 80 millones de personas.

El clima

El cambio climático se ha convertido en un tema de gran preocupación porque hemos aprendido que ha sido un factor importantísimo en la historia de la vida y que tendrá una repercusión futura difícil de predecir. Como usted sabe, el tiempo atmosférico del año pasado fue poco habitual. Algunos dicen que fue más frío y otros que más caluroso de lo normal, o más lluvioso o más seco, más tormentoso o inusitadamente tranquilo. Pero yo no estoy hablando del tiempo, sino de cambios climáticos globales que afectan a la vida de una forma esencial. Sin duda, el clima cambia de manera natural debido a varios fenómenos astronómicos y geofísicos, como el lento cambio de la configuración de los continentes o pequeños cambios en la órbita de la Tierra y en la dirección de su eje de rotación. Sabemos de glaciaciones pasadas (la última ocurrió hace tan solo veinte mil años), seguidas de periodos interglaciales calurosos en los que la temperatura promedio aumentó unos 5 °C. Quizá no parezca mucho, ya que a veces tenemos cambios de temperatura mucho mayores de un día para otro, pero la diferencia estriba en que estos últimos son cambios locales y no globales.

Podemos medir la concentración de gases de invernadero en la atmósfera pasada analizando pequeñas burbujas de aire que han quedado atrapadas en el hielo polar por la acumulación de nieve. Las muestras de hielo obtenidas mediante largos taladros brindan una forma de estudiar el clima pasado. En la estación antártica rusa Vostok, por ejemplo, el hielo que hay a una profundidad de 3 300 metros tiene más de cuatrocientos mil años de edad. El registro reciente documenta un aumento constante en la concentración de gases de invernadero que comenzó alrededor de 1750, a principios de la era preindustrial, sin lugar a dudas de origen antropogénico (generado por humanos).

La gran preocupación radica en que dicho incremento conduzca por medio del efecto de invernadero a una subida de la temperatura media de la superficie de la Tierra. El dióxido de carbono ha aumentado un tercio, el metano se ha duplicado y el óxido nítrico ha crecido en un 15%. Aunque, como hemos visto, el dióxido de carbono solamente es una pequeña fracción del contenido atmosférico, la cantidad total de carbono en la atmósfera es enorme: 750 gigatoneladas. Se estima que las actividades humanas incorporan 7 gigatoneladas por año a la atmósfera y la mitad se queda en ella, lo cual posiblemente irá en aumento en el futuro. Pero, aun suponiendo que no aumente, al ritmo actual la concentración de dióxido de carbono atmosférico se duplicará en unos doscientos años y esto causará un incremento de la temperatura media de entre 2 y 5 °C. No parece gran cosa, y tal vez piense usted que no le molestaría que hiciera un poco más de calor si vive en Montevideo o en Madrid, pero recuerde que estamos hablando de la temperatura global y que equivale a un incremento del 10% en la temperatura promedio del planeta, y que tendrá consecuencias espeluznantes aunque todavía no las conozcamos en detalle. La última edad de hielo resultó de un descenso de la temperatura promedio de igual magnitud al aumento al que ahora nos enfrentamos.

Los datos de la estación *Vostok*, y de estaciones similares en Groenlandia, documentan una relación clara entre la concentración de dióxido de carbono

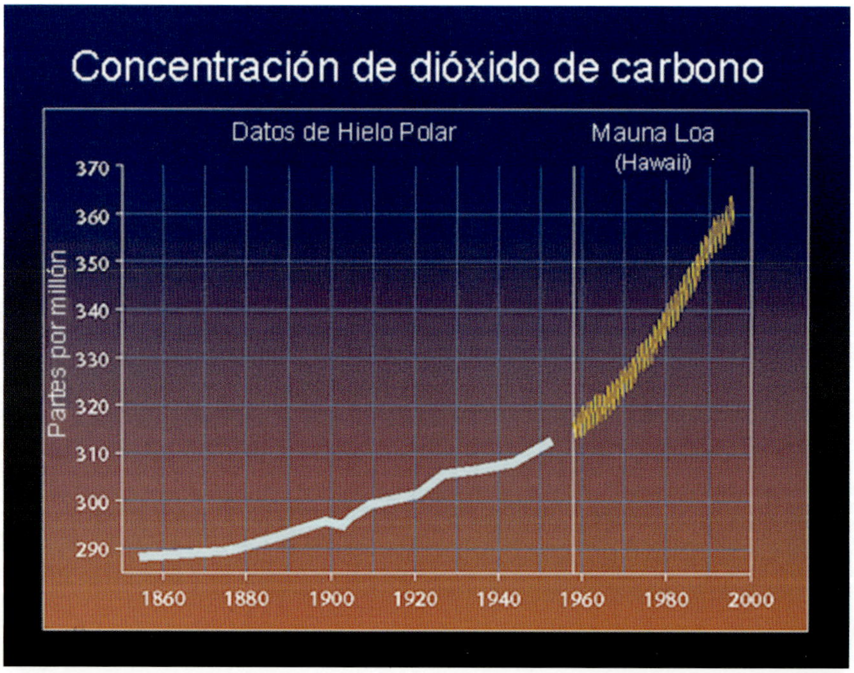

La concentración de dióxido de carbono en nuestra atmósfera está aumentando rápidamente debido a la quema de combustibles fósiles (carbón, gas y derivados del petróleo). El análisis de aire atrapado en burbujas de hielo polar permite obtener un registro histórico de la concentración de dióxido de carbono. Al taladrar el hielo a grandes profundidades se accede al aire del pasado. La gráfica muestra que, en tiempos preindustriales, la concentración de dióxido de carbono se mantenía constante alrededor de 280 partes por millón (ppm) y que comenzó a crecer después de 1850, hasta alcanzar en el presente 400 ppm. Los resultados muestran tendencias similares en ambos polos, lo cual indica que, realmente, se trata de efectos globales. White House Initiative on Global Climate Change y metano por un lado, y la temperatura por el otro, tal como indica la figura adjunta, donde se muestran estas cantidades para los últimos ciento sesenta mil años. Note que el nivel actual de CO_2 es más alto que en cualquier otro momento de los últimos ciento sesenta mil años. Las temperaturas del pasado se obtienen estudiando la relación entre la abundancia del isótopo estable de oxígeno-18 (^{18}O) y la de oxígeno-16 (^{16}O), la cual equivale aproximadamente a una parte entre 500. El agua (H_2O) que contiene el isótopo común se evapora con más facilidad, por ser un poco más liviana, que el agua compuesta por el isótopo pesado, y esta fracción depende ligeramente de la temperatura. El agua que queda en el océano o el vapor de agua de la atmósfera contienen, por tanto, más o menos agua con ^{18}O, dependiendo de la temperatura. La concentración de este isótopo en tiempos pasados se puede medir porque se incorpora a los carbonatos ($CaCO_3$) de los caparazones de animales marinos microscópicos cuyos sedimentos acaban transformándose en rocas, y la edad de estas se puede obtener por el método del carbono-14. Otra posibilidad consiste en calcular la proporción de estos isótopos de oxígeno en las muestras de hielo polar, lo cual proporciona otra medida de las temperaturas pasadas. Estas medidas son muy difíciles de obtener y requieren mucho cuidado, pero varios estudios basados en muestras de diferentes localidades y realizados por grupos de investigación distintos arrojan los mismos resultados, lo cual les confiere una gran fiabilidad.

Durante la última glaciación, el continente norteamericano quedó cubierto por una capa de hielo de un kilómetro de espesor que llegaba hasta la región de los grandes lagos. De manera que un pequeño cambio en la temperatura puede tener efectos enormes. Como los resultados son algo inciertos, el aumento de temperatura calculado en caso de que se duplicara la concentración de dióxido de carbono atmosférico se sitúa entre 2 y 5 grados y no en un definitivo 3.5. Esto es así porque los modelos computerizados de un sistema tan complejo como el clima global dependen de gran cantidad de variables, algunas no muy bien conocidas. Hay que conocer con gran detalle toda una variedad de procesos químicos y físicos, entre los que se incluyen los complicados ciclos que acoplan procesos en los océanos, las masas continentales, la atmósfera y la biosfera. Además, deben contemplarse todos los procesos de retroalimentación posibles. Estos pueden ser *positivos* si el cambio en una cantidad afecta a otra de tal forma que esta última ocasiona un cambio en la primera que vaya en la misma dirección y refuerce el cambio. La retroalimentación positiva puede conducir a cambios rápidos de gran magnitud.

Como ejemplo considere la capacidad reflectora de la Tierra, su albedo, cuya cantidad determina la temperatura en la superficie. El hielo y la nieve son buenos reflectores de luz solar, de modo que una gran superficie helada aumentará el albedo, reflejará más luz solar al espacio y, en consecuencia, enfriará la Tierra. Si por alguna razón, digamos un cambio en la inclinación del eje de rotación terrestre, el clima se enfría y aumenta el área cubierta de

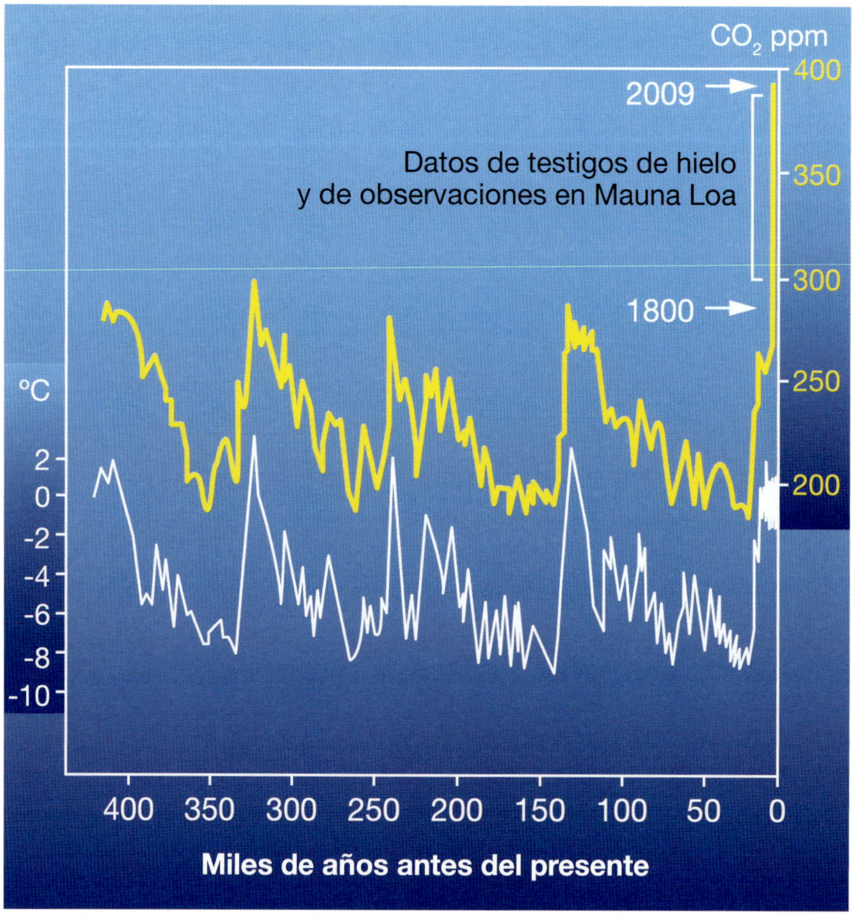

Esta gráfica muestra parte de la información obtenida por la estación experimental Vostok en la Antártida. La perforación del hielo hasta una profundidad de 3 622 metros, apenas 100 metros por encima de la superficie del lago Vostok, proporcionó datos que abarcan un intervalo temporal de 420 000 años. En esta gráfica se muestran los datos correspondientes a los últimos 160 000 años en relación con la concentración de dióxido de carbono atmosférico y la temperatura promedio. En ella se aprecian dos aspectos notables: primero, que los valores a lo largo de todo el intervalo se mantienen acotados, es decir, por ejemplo, que el CO_2 nunca sobrepasa 300 ppmv (partes por millón en volumen) o queda por debajo de 180 ppmv, y, en segundo lugar, que claramente los cambios en ambas cantidades no son independientes. Altos valores de CO_2 corresponden a altos valores de temperatura. Se observan dos periodos interglaciares, un periodo de altas temperaturas que comenzó de repente hace 140 000 años, y el periodo contemporáneo, que comenzó hace 15 000 años. Causan gran preocupación los niveles elevados en la concentración de CO_2 (400 ppmv) y su aumento anticipado a 700, mucho más elevado que su valor en los últimos 160 000 años (de hecho, mucho mayor que su valor a lo largo del total de 420 000 años estudiados). White House Initiative on Global Climate Change

hielo y nieve, el efecto se reforzará y la Tierra se volverá más fría aún. Es una retroalimentación positiva. Si nada lo detuviera, este ciclo continuaría hasta que la Tierra estuviera totalmente congelada y... muerta.

Por fortuna, también hay casos de retroalimentación *negativa*, es decir, procesos cuyo efecto se opone a un cambio anterior. En el ejemplo que estamos considerando, al congelarse la Tierra, la cantidad de vapor de agua en la atmósfera disminuye por el descenso de evaporación y eso conduce a que con el tiempo cese de llover. Sin la lluvia, el dióxido de carbono atmosférico no se elimina y su concentración irá en aumento porque los volcanes continuarán produciéndolo. Esto conduce a un incremento de temperatura debido al efecto de invernadero que, con el tiempo, puede llegar a descongelar la Tierra.

Lo que acabo de relatarle ocurrió realmente hace más de quinientos cincuenta millones de años, en el Precámbrico. Tenemos evidencias de al menos dos episodios de «Tierra congelada» que duraron unos diez millones de años. El primero ocurrió hace alrededor de dos mil cuatrocientos millones de años, y el segundo entre ochocientos y seiscientos millones de años atrás. Durante estos episodios, los océanos permanecieron cubiertos por una gruesa capa de hielo y la temperatura promedio bajó hasta -20 °C. Por suerte, el núcleo caliente de la Tierra, cortesía de una supernova del pasado, causó erupciones volcánicas que aumentaron paulatinamente el contenido de dióxido de carbono en la atmósfera y rescataron a nuestro planeta de convertirse en una estéril bola de hielo. Por fortuna, el hielo en el ecuador fue lo suficientemente delgado como para que la luz solar llegara al agua y permitiera así la supervivencia de algunas algas y bacterias fotosintéticas, lo cual aseguró la continuidad de la vida.

Aunque los modelos de computadora que se utilizan para calcular el clima futuro arrojan todo un rango de resultados, no hay duda de que las temperaturas subirán, y más cuanta mayor cantidad de gases de invernadero mandemos a la atmósfera. Tendremos que hacer frente a cambios climáticos ocasionados por este aumento. El nivel de los mares aumentará, en parte por el hielo derretido, pero sobre todo por la expansión termal de los océanos. Es posible que para el año 2100 el nivel de los océanos haya subido un metro. El número exacto dependerá del aumento de temperatura, pero afectará de un modo u otro a las áreas costeras, donde vive aproximadamente un tercio de la población mundial. Los patrones de precipitación también se verán alterados, y eso causará problemas a la ya precaria producción agrícola, con consecuencias difíciles de predecir, pero que de seguro exacerbarán los problemas sociales que sufrimos. Los casos de malaria, fiebre amarilla, dengue y cólera aumentarán como resultado de un clima más caluroso, lo cual complicará aun más nuestra frágil situación. Hay personas, incluyendo un número cada vez menor de científicos, que consideran que el calentamiento global no está probado aún, pero la evidencia apunta hacia un mundo más tórrido. Millones de medidas de temperatura obtenidas en todo el globo durante muchos años han sido analizadas por grupos científicos de varios países y todos han llegado a conclusiones similares: la Tierra se está calentando en cantidades pequeñas pero significativas. Las nieves del Kilimanjaro se derretirán. Yo no estaré en el 2050 para ver si realmente sucedió lo que hoy vaticinamos. Para entonces puede que sea demasiado tarde. La reducción de las emisiones de gases de invernadero a cualquier costo debe convertirse en una de las máximas prioridades de cualquier gobierno, a pesar de las previsibles protestas por parte de los intereses industriales. El precio de no hacerlo será mucho más caro, y lo pagaremos entre todos.

Biodiversidad

Alrededor del 6% del área continental se encuentra cubierta por selva tropical, el hábitat de un gran número de especies, muchas totalmente desconocidas. Cada año se destruye el 1% de estas áreas verdes del planeta. Se estima que cada año se talan unas 10 millones de hectáreas de selva tropical para utilizar la madera y usar el terreno con fines agrícolas. Esto equivale a talar

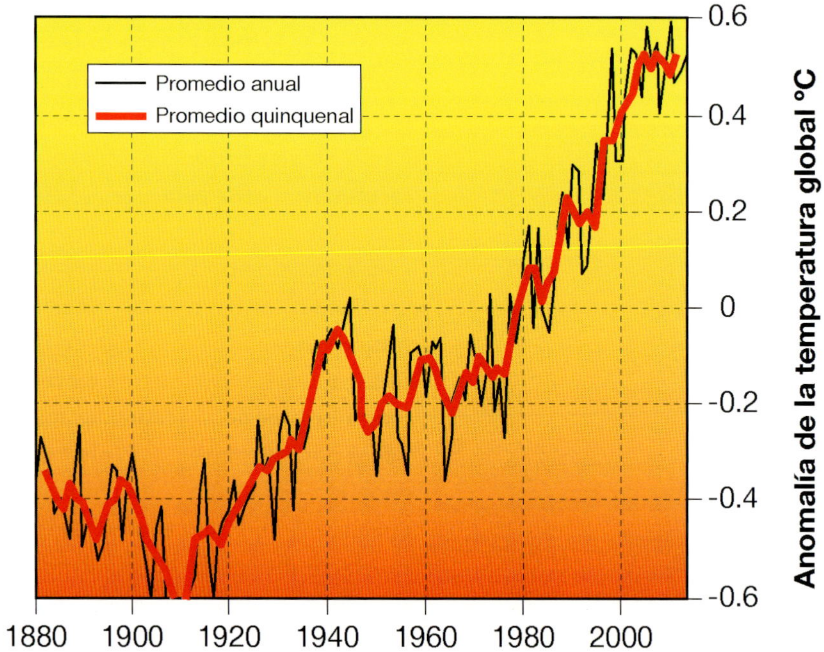

Esta imagen muestra las temperaturas globales medias compiladas por el Instituto de Estudios Espaciales Goddard de la NASA. El cero de la gráfica corresponde a la temperatura media del intervalo 1961-1990. La gráfica muestra la tendencia global hacia el calentamiento. En la década de 1880 la anomalía global de temperatura estaba en promedio por debajo de -0.4 °C, mientras que en la primera década del siglo XXI alcanza en promedio un valor de casi +0.5 °C. Figura elaborada originalmente por Robert A. Rohde a partir de datos públicos, e incorporada al proyecto Global Warming Art Project bajo licencia Creative Commons.

un área del tamaño de Uruguay (la patria de José Gervasio) en dos años, aunque usted no lo crea. Imagínese lo siguiente: una tarde de invierno clara, fresca y soleada, usted se encuentra sobre una colina rodeado de un hermoso paisaje boscoso. Los eucaliptos se pierden en el horizonte. La fragancia del aire le hace sentir muy bien y algo soñoliento. Entonces ve una hamaca colgada entre dos árboles y usted no se resiste a dormir una dulce siesta. Dos horas más tarde se despierta y, como si lo acechara una pesadilla, ve que el tupido bosque que lo rodeaba ya no está. La Tierra desierta llega hasta el horizonte, y allí, entre la polvareda, apenas consigue divisar cómo caen los últimos árboles.

Podría decirle que esta corta alegoría era, en realidad, una pesadilla perteneciente aún a su siesta, pero no, no lo es. Cada *dos segundos* se despeja el equivalente a un campo de fútbol (o balompié, o *fobal*) de selva tropical para hacer lugar al uso humano, sin considerar que se destruye el suelo, se amenazan incontables especies de plantas y animales, y se pierde lo que llamamos biodiversidad. Si seguimos así, quedará poca selva tropical dentro de unos doscientos años y eso pondrá en grave peligro la estabilidad del ecosistema global, producto de un proceso que ha durado miles de millones de años.

Se estima que en nuestro mundo viven 10 millones de especies, pero el número podría ser mucho mayor, simplemente no lo sabemos. Un gramo de Tierra contiene cientos, quizá miles, de especies de bacterias que en su mayoría desconocemos. Hasta ahora hemos catalogado menos de 2 millones de especies (unas 750 000 son insectos) y hemos estudiado en detalle nada más que una pequeña fracción de estas. Se estima que cada día perdemos 100 especies de

Se estima que una tercera parte de los bosques terrestres se ha perdido desde la invención de la agricultura. Estamos destruyendo los bosques a una velocidad vertiginosa y, por tanto, estamos alterando la biodiversidad, con consecuencias que no conocemos. Si continuamos como hasta el presente, la mayor parte de los bosques húmedos habrá desaparecido a finales de este siglo y perderemos irremediablemente especies animales y vegetales, un tesoro natural que nos hará falta. Alrededor del 30% de los bosques tropicales se encuentra en Brasil y los países limítrofes. Estas imágenes muestran la deforestación cerca de la ciudad de Santa Cruz, en Bolivia, ocurrida entre 1984 y 1998. La imagen abarca un área aproximada de 250 x 350 km. En la fotografía de 1984 se aprecia que apenas se había empezado a desmontar el bosque. NASA - Goddard Space Flight Center Scientific Visualization Studio

plantas y animales que desaparecen para siempre del catálogo de formas de vida del planeta. Así se pierde un recurso invaluable que ha servido de base a muchos fármacos importantes y a nuevas fuentes alimenticias. Alrededor de la mitad de las recetas médicas recurren a productos de origen natural. No tenemos forma de saber si alguno de los organismos que se perderán mañana contenían el ingrediente clave para curar alguna enfermedad incurable. Es nuestra pérdida.

Para salir adelante necesitamos aprender todo lo que contenían los libros de las legendarias Sibilas. Por desgracia, cada vez que desaparece una especie perdemos para siempre una página de los libros. Desconocemos qué contenía esa página y cuán importante era para entender el contenido del libro. Si, por ejemplo, perdemos al chimpancé (ya quedan menos de 100 000), podríamos perder la mejor oportunidad de encontrar una cura para el SIDA.

Pero no solo debe preocuparnos la pérdida de productos útiles. La biodiversidad desempeña un papel relevante en la biosfera mediante una serie de relaciones intrincadas que contribuyen a purificar el agua, enriquecer los suelos, procesar desperdicios y limpiar el aire, y que estabilizan el ecosistema y favorecen así a todas las formas de vida del planeta, incluidos nosotros. Somos parte de una compleja red de formas de vida donde algunas viven en simbiosis con otras y mantienen unas relaciones que comenzaron para beneficio mutuo hace miles de

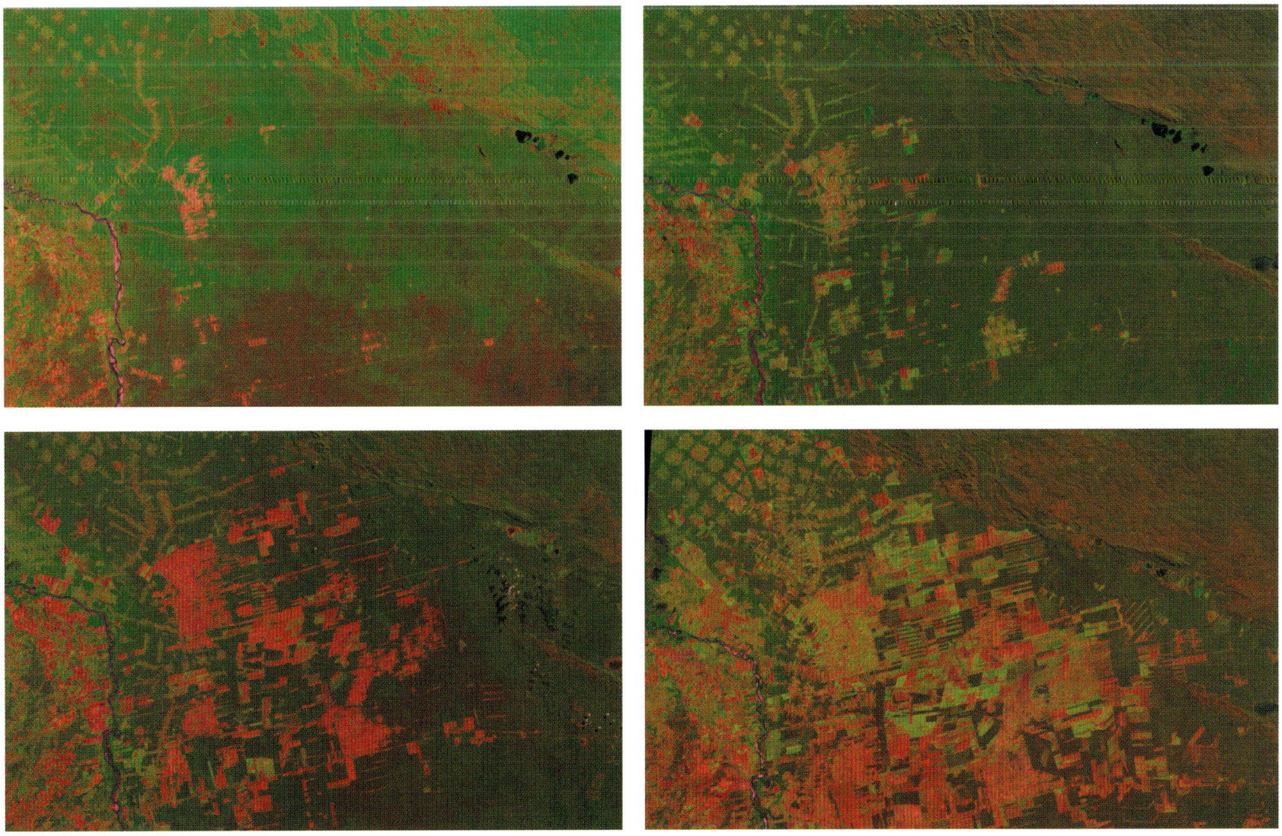

millones de años. Usted puede pensar que estaríamos mejor sin algunas especies de bacterias (como la tuberculosis y el sarampión) y sin algunos insectos (como el fastidioso mosquito), pero no se trata de mantener la biodiversidad salvando especies seleccionadas. No sabemos qué especies son cruciales para la supervivencia de otras especies y, en última instancia, para nosotros mismos, de modo que perder la biodiversidad ignorando las consecuencias supone un alto riesgo. Nosotros, situados en la cima de la cadena alimenticia, no podemos sobrevivir sin los servicios que nos brindan los otros, pero la mayoría de ellos no nos necesitan y, como he sugerido anteriormente, serían más felices si desapareciéramos. Además, si lográramos sobrevivir de alguna manera, el mundo futuro estaría mucho más empobrecido si los únicos tigres, elefantes, guepardos y ballenas que pudiéramos contemplar fueran los tristes habitantes de los zoológicos.

Las ranas son anfibios (animales capaces de vivir en agua y en aire) descendientes de aquellos que invadieron los continentes hace cuatrocientos millones de años, en el Devónico. Esto constituyó un paso intrépido para sacar provecho de las condiciones favorables en las tierras costeras. Los científicos están encontrando que la población mundial de ranas está declinando y muchas especies están desapareciendo. Estos animales, que viven en una gran variedad de hábitats, desde los húmedos bosques tropicales hasta los círculos polares, sobrevivieron a varias extinciones masivas, incluyendo la que eliminó gran cantidad de especies hace sesenta y cinco millones de años. Hoy, muchas especies de ranas se están extinguiendo a una velocidad alarmante, hasta en los lugares más remotos y prístinos donde la influencia humana parece mínima.

Las ranas, como todos los anfibios, absorben elementos químicos e intercambian gases a través de sus húmedas pieles y son, por lo tanto, muy sensibles al medio ambiente, y su muerte nos comunica algo alarmante. De manera similar a la de un detector de humo que avisa antes de que se inicie el fuego, las ranas están dando la voz de alarma al detectar sutiles contaminantes en la biosfera antes de que nos afecten visiblemente.

Si bien con tiempo podríamos reparar el daño físico que le estamos produciendo a la biosfera, la pérdida de la biodiversidad es irreparable. Además, tenemos capacidad para predecir con bastante certeza las consecuencias de la pérdida de ozono o del aumento de CO_2, pero no tenemos la menor idea sobre las consecuencias de la pérdida de biodiversidad más allá de saber que provocaremos cierto grado de colapso en la biosfera. *Estamos jugando a la ruleta y las probabilidades de ganar son pocas.*

Oxígeno triatómico

Al inicio de la década de 1980, un grupo de investigadores británicos anunció que el nivel de ozono sobre la Antártida experimentaba una disminución drástica en octubre de cada año, y eso pasó a conocerse como el «agujero de ozono». Se trata de una gran región atmosférica en la que cada año la con-

El espectrofotómetro de Dobson se desarrolló en 1924 para medir el ozono, y la concentración de este gas todavía se mide en unidades definidas por este instrumento. Las medidas de ozono realizadas en Arosa, Suiza, constituyen el registro existente de mayor duración. Esta gráfica muestra que desde 1926 hasta 1973 el nivel *promedio* permaneció constante y luego comenzó a disminuir a una razón de un 3% cada década, lo cual documenta la reducción del ozono en las latitudes medias del norte. La disminución del ozono en la atmósfera es causada por productos químicos tales como los clorofluorocarbonos (CFC; compuestos consistentes en cloro, flúor y carbono), que al llegar a la capa de ozono se descomponen y permiten así que el cloro reaccione con el ozono y dé lugar a monóxido de cloro y oxígeno molecular. Se estima que un átomo de cloro puede destruir más de 100 000 moléculas de ozono antes de desaparecer de la estratosfera. Esto explica que la destrucción del ozono continuará por muchos años después de que cese la producción de CFC. MeteoSwiss, Suiza

centración de ozono disminuye rápidamente. Lo que estremeció a muchos fue el hallazgo de que la cantidad mínima de ozono en el agujero ha estado disminuyendo desde 1975 hasta tal punto que en 1995 era la mitad que antes de 1975.

La delicada capa de ozono ha protegido la vida en la superficie de la Tierra de los dañinos rayos ultravioletas durante más de quinientos millones de años. Como vimos en el capítulo 4, el ozono se produce de forma natural en la estratosfera porque la radiación solar ultravioleta disocia las moléculas de oxígeno (O_2) de manera que los átomos de oxígeno resultantes puedan combinarse para formar ozono, una forma triatómica del oxígeno (O_3). El ozono, a su vez, absorbe radiación ultravioleta y se divide en un átomo y una molécula de oxígeno. Así, se establece un ciclo de reacciones que en equilibrio mantienen una cantidad constante de ozono, siempre y cuando la tasa de creación de ozono sea igual a la tasa de destrucción. Si se introducen sustancias capaces de afectar al equilibrio, la cantidad de ozono puede variar. La compleja química del ozono y su destrucción mediante sustancias químicas antropogénicas fue explicada por Mario Molina (nacido en 1943), Sherwood Rowland (1927-2012) y Paul Crutzen (nacido en 1933) en la década de 1970. Por este trabajo compartieron el premio Nobel de Química de 1995.

El ozono puede ser destruido por el bromo, que llega a la estratosfera como producto derivado del uso de compuestos halógenos (usados en extintores de fuego), y por el cloro, que, como usted sabe, es muy reactivo y resulta de la emisión de clorofluorocarbonos (CFC) usados en aerosoles y refrige-

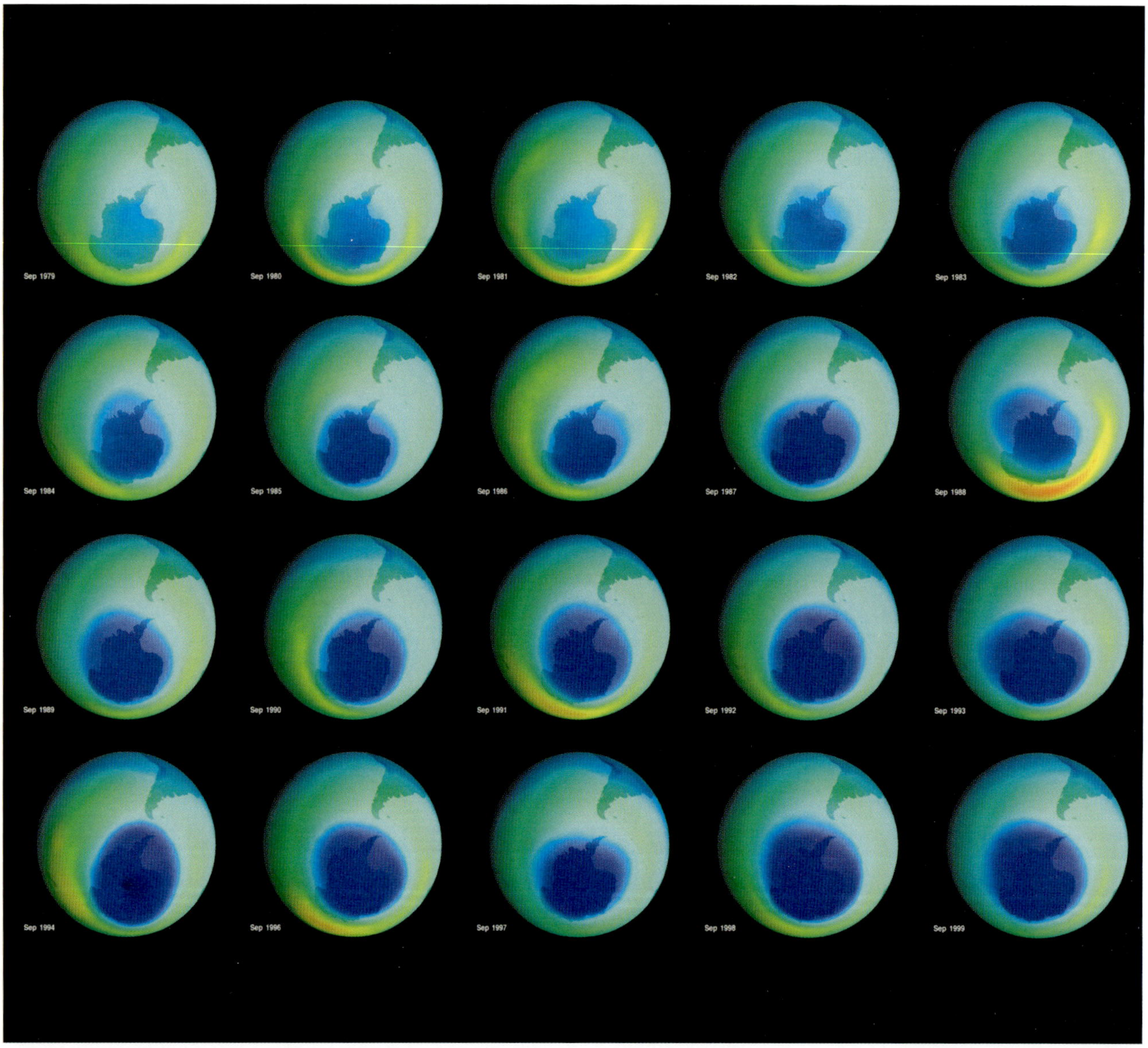

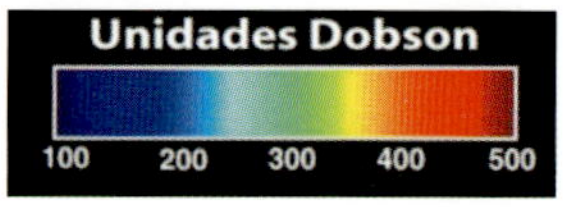

Instrumentos de NASA y de NOAA han medido los niveles de ozono en la Antártida desde 1970. En la década de 1980 comenzaron a formarse cada año grandes regiones con baja concentración de ozono (el «agujero de ozono»). La mínima concentración ocurre cada año entre finales de agosto y comienzos de octubre. Esta figura muestra el agujero en septiembre de cada año, entre 1979 y 1999 (desde el extremo superior izquierdo hasta el extremo inferior derecho). Los niveles altos de ozono se indican con colores rojos y amarillos, mientras que los mínimos se señalan con colores azules, tal como lo indica la escala. El continente antártico y la parte sur de Sudamérica se muestran sombreados. La tendencia en el aumento del tamaño del agujero y en la reducción de las cantidades de ozono continuará durante muchos años antes que se remedie la situación por la limitación de emisión de gases dañinos para el ozono.
NASA - Goddard Space Flight Center Scientific Visualization Studio

rantes. Los CFC se seleccionaron inicialmente para su uso justo porque son poco reactivos y no son tóxicos ni inflamables, características bastante convenientes si nos vamos a fumigar la cabeza con ellos. Pero esas mismas propiedades también implican que, una vez que llegan a la atmósfera, se quedan allí durante mucho tiempo (cien o doscientos años). Al difundirse lentamente hacia arriba por la atmósfera, estos gases se encuentran en la estratosfera con radiación ultravioleta que los disocia y libera el cloro y el bromo que los componen, de manera que estos elementos reaccionan entonces con el ozono y lo destruyen. Este es el proceso responsable de la pérdida del ozono, que, además, se ha observado en todas las latitudes geográficas (no solamente en los polos). La reducción de la concentración de ozono en la estratosfera se produce de manera continua a una razón anual de un 3%. Como las zonas polares de la Tierra están a oscuras durante la mitad del año y, por lo tanto, no reciben radiación ultravioleta, la merma del ozono polar coincide con la aparición de la luz y entonces progresa a gran velocidad produciendo el famoso agujero.

El descubrimiento del problema del ozono condujo a la elaboración de leyes nacionales y tratados internacionales para limitar y acabar eliminando por completo el uso de compuestos dañinos para la capa de ozono. Esto no ocurrió con facilidad. En la década de 1970 se mantuvo un intenso debate, «la guerra de los aerosoles», entre científicos, representantes de intereses industriales y oficiales gubernamentales. Se libraron batallas en los medios de comunicación, en el congreso estadounidense y en pasillos normalmente tranquilos, ya que, como suele ocurrir con este tipo de problemas, los resultados algo inciertos podían interpretarse de varias formas, y los intereses industriales lucharon en todos los frentes por no ceder. La complejidad del ecosistema global y las limitaciones inherentes a nuestra capacidad para calcular y predecir consecuencias hacen que los resultados siempre adolezcan de incertidumbres, pero no por eso deben interpretarse como erróneos. Aun cuando en algunos casos se deslicen errores, yo prefiero prevenir catástrofes que tal vez no lleguen a ocurrir nunca por tratarse de un error, en lugar de no tomar ninguna medida y encontrarme con sorpresas.

Desde 1995 se ha medido un descenso en la concentración atmosférica de estos compuestos dañinos como consecuencia de la reducción de su uso, lo cual demuestra que podemos corregir el problema. Sin embargo, debido a su larga permanencia en la atmósfera, estos compuestos seguirán haciendo daño por mucho tiempo, y el problema del ozono continuará afectándonos durante este primer siglo del nuevo milenio. No debemos olvidar que este problema, que casi nos llevó a una dolorosa catástrofe global, surgió por el uso inocente de compuestos que se creían inofensivos, y que el descubrimiento del problema resultó de investigaciones científicas que pretendían estudiar las propiedades de la atmósfera sin ningún interés particular por este problema. Ojalá nos sirva de lección.

«¿Dijo que lo lamentaremos el día de mañana o mañana mismo?»

El futuro

Todas las calamidades que he mencionado son lentas y al principio imperceptibles. Resultan de procesos muy complejos, a veces difíciles de separar de las causas naturales. Los problemas con los que nos enfrentamos son, además, de tal naturaleza, que cuando el diagnóstico no deja lugar a dudas, el daño puede ser irreversible o, como en el caso del ozono, difícil de reparar. Es como si el planeta padeciera una especie de cáncer. Percibimos con facilidad los cambios que se producen a nuestro alrededor y, si alguien viene y descarga desperdicios tóxicos en el terreno de al lado, protestaremos con pasión. En cambio, si estas sustancias tóxicas se diluyeran y dispersaran por todo el mundo, usted no se daría cuenta y no tendría una razón inmediata para preocuparse. Eso es precisamente lo que ha estado sucediendo. Ahora nos vamos dando cuenta de ello, gracias a ojos sustitutos de los nuestros e instalados por todo el mundo y en el espacio, y gracias a las ranas. Estos ojos son objetivos, y contemplan el mundo desde una perspectiva global. Es fácil creer lo que ven y, tal como ilustran las figuras de este capítulo, lo que ven es muy alarmante.

Por si todo esto fuera poco, la posibilidad de cometer un suicidio colectivo en un holocausto nuclear sigue en pie. Quizá, el móvil sea una guerra futura por obtener recursos cada vez más escasos. Sería una gran ironía que termináramos con nuestra existencia usando las mismas reacciones nucleares que durante miles de millones de años nos dieron la energía de la vida. Y si piensa que todo esto pinta un cuadro muy sombrío, tiene razón, se ciernen nubes muy oscuras sobre el horizonte, y la tormenta (y el tormento) se acerca inexorablemente. Mientras algunas sociedades siguen peleando por oscuros motivos del pasado y los políticos del planeta se preocupan por todo tipo de cosas poco relevantes, el mundo como lo conocemos está llegando a su fin más rápido de lo que usted se imagina. Le confieso una cosa: yo solía ser optimista. A pesar de todo, hace poco planté siete árboles en mi jardín.

Hemos sido lo bastante inteligentes como para entender las leyes básicas de la naturaleza y hemos usado este conocimiento para desarrollar tecnologías poderosas que han alterado el planeta de forma artificial y global como nunca antes en su historia. Este conocimiento también nos ha permitido construir herramientas como satélites en órbita con sensores remotos y computadoras con programas para analizar datos y crear modelos que nos han permitido por primera vez, y justo a tiempo, ver hacia dónde nos dirigimos. La pregunta del millón de dólares es entonces: ¿somos lo bastante inteligentes como para hacer algo al respecto? Se dice que un poco de conocimiento puede ser peligroso, y, de igual manera, yo diría que a la larga un poco de inteligencia puede ser peligroso. Y me atrevo a decir que eso es todo lo que tenemos: un poco de inteligencia. *Nos encontramos ante la barrera de la «inteligencia insuficiente».* Qué lástima, ¿no? De todas las especies de la Tierra, somos la única con suficiente inteligencia para entender esto. Un chimpancé tiene apenas un cuarto de nuestra capacidad cerebral, pero no aparenta tener capacidad para hacer ni una milésima parte de lo que podemos hacer nosotros. Imagínese de lo que serían capaces animales con 4 o 10 veces nuestra capacidad cerebral. Bueno, no lo podemos imaginar, no nos entra en la cabeza. Creo que esta es la tragedia de nuestra existencia: tenemos suficiente inteligencia para dominar y alterar la biosfera, pero no nos basta para evitar su destrucción. Da miedo pensar que las acciones que hemos cometido durante el primer segundo de nuestra aparición en la película de tres horas que es la historia de la Tierra han podido poner en peligro gran parte de la biosfera.

La inteligencia es un concepto ambiguo, y los seres inteligentes han dedicado gran tiempo a discutir sobre su significado. Quizá la dificultad estriba en que la inteligencia no se puede autodefinir. El famoso psicólogo suizo Jean Piaget (1896-1980) definió la inteligencia como aquello que usamos cuando no sabemos qué hacer. Bueno, necesitamos un montón ahora. Muchas veces identificamos la inteligencia con ciertas habilidades y asociamos con ella los logros de nuestras civilizaciones, pero eso no parece suficiente. Conocemos muchos casos de gente inteligente que ha hecho cosas bastante estúpidas, y no me refiero a usted ni a mí, que sin duda recordaremos situaciones así, sino a los miembros inteligentes de nuestra especie que desearíamos que nunca hubieran nacido.

Para sobrevivir necesitamos cambiar drásticamente la idea que tenemos de lo que es *bueno* para la humanidad, y debemos hacerlo sin egoísmos. Tendremos que confiar en algo más aparte de nuestra traicionera inteligencia. Me refiero a una cualidad igualmente difícil de definir: la sabiduría. Tenemos que aprender a ser sabios. Resulta curioso que asignamos esta cualidad a las figuras mitológicas del pasado y a los personajes de ciencia-ficción que imaginamos del futuro. Realmente la necesitamos ahora.

Podría aducirse que, del mismo modo que ha habido extinciones en el pasado que han abierto las puertas a la aparición de especies nuevas, si nosotros y otras especies perecemos evolucionarán nuevos seres, ojalá más aptos para sobrevivir que nosotros. Esto presupone que la evolución conduce a seres conscientes e inteligentes, algo que, como hemos visto, no siempre ocurre. La diferencia sería que, en este caso, esta sexta extinción la habríamos causado nosotros mismos. Pero una cosa es cometer suicidio y, otra muy distinta, cometer asesinato. Para bien o para mal, nos guste o no, somos la especie dominante de este planeta y todas las formas de vida, sobre todo las más complejas, dependen de nuestras acciones. En ese sentido, tenemos la responsabilidad moral de pensar en el bien de ellos tanto como en el propio, aunque, como hemos visto, no se trata de cosas independientes.

Puede que usted se pregunte: ¿qué es lo que este tipo sabelotodo sugiere que hagamos entonces? Desde luego, encontrar una solución a todos estos problemas no resulta nada fácil y, aunque los científicos han sido claves para alarmarnos y sugerir remedios posibles, los problemas son de tal índole que requieren la participación de muchos para hallar soluciones. La ecuación del futuro tiene términos que contienen consideraciones éticas, políticas, económicas y sociales, además de las científicas. Ya se han dado algunos pasos, como la limitación mediante tratados internacionales de la producción de compuestos que dañan el ozono. Esto está aliviando el problema, pero no lo ha resuelto. El 75% del dióxido de carbono que liberamos a la atmósfera procede de la combustión de carbón para producir electricidad. Conocemos fuentes alternativas de energía que nos permitirían reducir el uso del carbón, y no hay que ser un genio para diseñar inodoros que consuman al menos la mitad de los miles de millones de litros de agua potable que usamos al «tirar de la cadena». En principio, también sabemos evitar el nacimiento de bebés, que es uno de nuestros mayores problemas. Lo que observo es que tratamos estos problemas con demasiada timidez, como si no constituyeran el problema más importante con el que nos enfrentamos y pretendiéramos seguir como de costumbre en estos tiempos desacostumbrados. Si usted supiera que mañana un camión va a atropellar a uno de sus hijos, seguramente actuaría de inmediato con un gran sentido de urgencia. Puede que los problemas con los que nos enfrentamos parezcan menos inmediatos y afecten a nuestros hijos de una forma más indirecta, pero son igual de temibles. Debemos señalarlos como prioritarios en la lista de cosas por hacer.

El tiempo dirá, aunque por desgracia yo no podré estar para el año 2050, como ya comenté. Podemos permanecer como meros espectadores, mirando nuestro destino como si estuviéramos viendo una película de horror, sin comprender qué nos conduce ciegamente por este peligroso y oscuro sendero. Podemos negarlo todo y creer que esto no *nos* afectará, donde *nos* incluye a aquellos de nosotros que pertenecemos a una minoría que vive bastante bien. Hasta hace poco, esta postura era viable mientras cenábamos frente al televisor viendo noticias sobre la hambruna y las enfermedades que asolan lugares lejanos donde

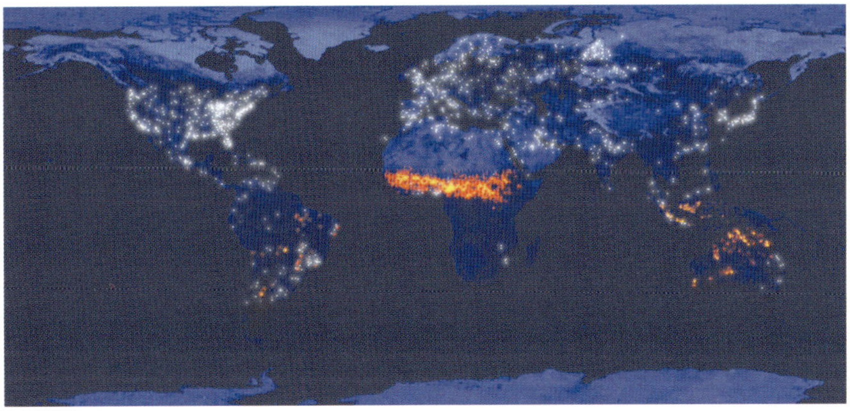

La influencia de los humanos a escala global se puede apreciar desde el espacio. Vemos aquí la Tierra de noche iluminada por las luces de numerosos pueblos y ciudades, y la procedente de incendios rurales (se muestran datos acumulados a lo largo de varios meses). Los grandes centros urbanos son prominentes fuentes de luz. NASA - Goddard Space Flight Center Scientific Visualization Studio

habitan nuestros desafortunados hermanos. Pero la magnitud del problema ha crecido hasta tal punto que se ha tornado global y de nada sirve esconder la cabeza bajo el ala y pensar que no nos afectará. Estamos todos en el mismo barco. Seamos conscientes de que la ciencia, como forma privilegiada de obtener conocimiento, es crucial para el futuro de los humanos. La tragedia surge de la situación paradójica en la cual nos encontramos: pasado lo que no es más que un segundo cósmico, aunque para nosotros corresponda a un periodo largo de nuestra historia, y tras notables vicisitudes materiales y mentales, nos encontramos en ciernes de comprender de qué se trata todo esto. Pero ese mismo conocimiento también nos ha llevado al borde del precipicio, amenazados por nuestras propias mentes, frente a problemas que podrían apagar la luz por falta de ojos para ver y de mentes para pensar con claridad.

Es como si una mano siniestra activara el interruptor justo un instante después de que se ilumine la mente, permitiéndonos apenas una fugaz visión de bellas obras de arte, solo con tiempo para expresar admirados: «¡Ah, eso era!», antes de sumergirnos en la eterna oscuridad. Vivimos en la cuerda floja, al borde del desastre (una palabra cuya etimología viene de «perder las estrellas», algo desastroso para los navegantes del pasado). El problema estriba en que la resolución de eventos globales precisa escalas temporales relativamente largas comparadas con la duración de nuestras vidas, y los daños que hoy causamos tendrán consecuencias imprevistas en un futuro que para nosotros está lejano. Si reflexionamos un poco sobre todo esto, veremos con claridad que los 9 000 millones de habitantes que habitarán el planeta en el año 2050 no podrán tener el estilo de vida que predomina hoy en los llamados países desarrollados. Ni siquiera está claro que vayan a tener algún estilo de vida. Las opciones son manifiestas: o no hacemos nada y sufrimos las dolorosas consecuencias, o tratamos de prepararnos para el futuro tan diferente que nos aguarda dentro de solo cincuenta años. Deberíamos hacer todo lo humanamente posible para no convertirnos en el hazmerreír de toda la Galaxia. (Suponiendo que haya otros para reírse.)

Epílogo

Capítulo 9

Somos hijos de las estrellas. Este cúmulo de estrellas masivas y brillantes (abajo a la derecha) se encuentra en un extremo de la nebulosa Tarántula, en la Nube Mayor de Magallanes, a una distancia de 160 000 años-luz. Las delgadas capas y largos filamentos de gas visibles en la parte izquierda superior fueron producidos por las ondas de choque de varias supernovas. En el centro se aprecian regiones pequeñas y densas en las que están naciendo estrellas nuevas. Alguna de ellas tal vez dé lugar a un sistema planetario en uno de cuyos planetas surja la vida. AURA/STScI/NASA

«Perdone los inconvenientes.»
Anónimo

Espero que haya disfrutado esta breve historia acerca de esta larguísima historia, aunque le confieso que el último capítulo no lo escribí para que lo disfrutara. Puede que hasta piense que ese último capítulo no tiene mucho que ver con el resto del libro, aunque espero que haya notado desde el principio de estas páginas que el medio ambiente es el que determina el curso de las cosas. En el devenir de la historia de nuestro planeta, la vida y el medio ambiente han estado entrelazados en una danza ritual, a veces vertiginosa, dando grandes saltos y elaboradas piruetas al compás del rock, y otras veces en un abrazo íntimo y delicado al compás de un nostálgico tango. La danza continuará hasta que finalice la música de las esferas.

Helio y hielo

Si nuestro universo hubiera sido un poco diferente, nada de esto habría sucedido y yo no estaría escribiendo estas líneas. Ese es el gran misterio de nuestra existencia. El interior de una oscura nube interestelar, o el seno de una estrella, o la superficie de un planeta a determinada distancia de su Sol, son ambientes con recursos específicos y claras limitaciones que establecen lo que es posible. Del mismo modo, el medio ambiente de nuestra biosfera determina lo que puede ocurrir, y si cambia, como lo ha hecho en el pasado, o si nosotros lo cambiamos en el futuro, entonces la vida tendrá que atenerse a las consecuencias, y puede que terminemos con lágrimas en los ojos.

Si he logrado mi cometido, entonces ahora usted se encuentra mejor preparado para comprender qué lugar ocupa en el cosmos, aunque carezca de respuestas para explicar los misterios de la vida, el universo y todo lo demás. Falta mucho trabajo para eso, ya que, en términos cósmicos, acabamos de ponernos en marcha (y la respuesta *no* es 42). Además, a pesar de todo lo que la ciencia pueda enseñarnos acerca del universo, no encontraremos significado solo a través de la ciencia. Tendremos que mirarnos hacia el interior, de manera espiritual, para comprender en qué consiste todo esto. La conexión íntima que mantenemos con el universo viene sugerida por la simple evidencia de que ambos, nosotros y él, consistimos sobre todo en hidrógeno, carbono, nitrógeno y oxígeno. Como alternativa podemos indagar en todo ello con mucho más detalle para comprender en parte la compleja cadena de eventos cósmicos que condujeron hacia nosotros, tal como hemos hecho en este libro, y llegar a la misma conclusión. Los antiguos no dudaban de esta íntima relación, aunque no la comprendían; nosotros, que tenemos los medios para comprenderla, parecemos haberla olvidado.

El oxígeno y el nitrógeno que respiramos, el aluminio y otros metales para fabricar aviones, el oro y el platino de su anillo, y el carbono y otros átomos de nuestros cuerpos, fueron creados en procesos estelares. Sin las estrellas, el mundo que habitamos no existiría y, nosotros, aún menos, y sin la energía del Sol, la vida de nuestro planeta no se habría desarrollado ni habría perdurado. Lo que vemos hoy surgió como consecuencia de muchos acontecimientos planetarios, algunos repentinos y accidentales, y otros por el desarrollo lento y progresivo de la superficie y la atmósfera de la Tierra. La evolución de la vida es un suceso cósmico delimitado por eventos geofísicos que han ocurrido durante la historia increíblemente larga del planeta. Algunos fueron tan accidentales como el hecho de que exista una Luna lo bastante grande para estabilizar el eje de la Tierra, o que el planeta tenga suficiente masa para retener la atmósfera. Otros factores se debieron a leyes fundamentales de la física, como la que determina que el hielo flote y que no exista un isótopo de helio con dos protones. La vida solo puede desarrollarse en un planeta después de que los elementos de la vida sean producidos y puestos a su disposición por los procesos de evolución estelar. La energía de antiguas explosiones almacenada en isótopos radiactivos con una vida media larga produce complejos procesos geofísicos que condicionan, en parte, el curso de la evolución de la vida. Ya hemos visto que el desarrollo de vida inteligente se debió a eventos fortuitos, hasta el punto de que la existencia de vida inteligente en otros lugares del universo no resulta nada obvia. Mirándolo desde un nivel más fundamental, si el universo no se hubiera expandido a partir de su estado inicial de temperaturas y densidades descomunales, no se habrían formado galaxias, ni estrellas, ni planetas que permitieran el surgimiento de la vida.

La nueva era

En el equinoccio vernal, cuando la noche y el día tienen la misma duración (el 21 de marzo en el norte), vemos que el Sol luce contra una de las doce constelaciones del zodíaco. Debido a la precesión del eje de la Tierra, la estrella Polar se encuentra solo pasajeramente en el polo norte y el equinoccio completa una vuelta por el zodíaco cada veintiséis mil años. En los últimos dos mil años, el Sol, durante el equinoccio, se ha situado en la constelación de Piscis. Pronto pasará a situarse en la de Acuario (o ya lo ha hecho, según se definan los límites de las constelaciones en el cielo). De modo que estamos ingresando en la era de Acuario, un concepto arbitrario y sin significado, como todo en astrología, aunque suena sugestivo. De cualquier modo, empezamos una nueva era y la podemos llamar Acuario si nos place. Esta era se caracteriza por el conflicto entre los humanos y la naturaleza, porque la tecnología nos ha dotado de suficiente poder como para destruir en poco tiempo el equilibrio adquirido en el transcurso de la larga historia de nuestro planeta. En esta nueva era se nos acabarán algunos de los recursos no renovables como el carbón, el petróleo y el gas natural. Todos ellos se formaron a lo largo de miles de millones de años y los agotaremos en unos pocos cientos de años. Una vez consumidos, habrán desaparecido para siempre, igual que las especies extintas. Otros recursos son renovables, pero su uso creciente debido al aumento inexorable de la población impide que se renueven. Estamos presenciando la mengua del agua potable disponible, de los bosques, de los bancos de peces y de muchos otros recursos importantes. *El manantial se está secando.* Me preocupa que muchos sigan creyendo aún en el cuento de hadas de que la abundancia está a la vuelta de la esquina (la magia de la tecnología capaz de solucionarlo todo). Claro que ellos no son los que sufren diariamente las consecuencias de nuestros abusos.

Hace unos dos millones y medio de años, nuestros ancestros astillaron piedras para fabricar herramientas por primera vez. Durante la mayor parte de aquella edad de piedra (el paleolítico), las herramientas no cambiaron mucho. El registro paleontológico de hace cien mil años comienza a presentarnos muchas innovaciones, incluido el uso del fuego por los hombres de Neandertal (el inicio del uso controlado de combustibles) hasta llegar al uso del hierro hace cinco mil años. El resto de la historia culminó con la explosión tecnológica del último siglo, la cual nos ha brindado un poder sin precedentes. Cegados por este poder, hemos pensado que nos podíamos divorciar de la naturaleza y ahora nos damos cuenta de que vamos a salir perdiendo. Formamos parte de la naturaleza y necesitamos volver a ella con *amor y respeto*, la fórmula para el éxito de cualquier relación. No podemos ignorar todo lo que hemos aprendido. No podemos ignorar todos nuestros descubrimientos y escondernos detrás de la presunta seguridad de un dogma. Ninguna inquisición puede cambiar el mundo. Volver a la naturaleza no significa repudiar la ciencia y la tecnología. No podemos devolver el genio a la lámpara. Todo lo contrario, necesitamos de la ciencia más que nunca para obtener un conocimiento aún más profundo de la naturaleza y de nuestra relación con ella. Debemos usar la tecnología con sabiduría para intentar rescatar el futuro.

Los humanos aparecimos en la biosfera tras un largo proceso evolutivo que depende de un equilibrio frágil. Como hemos visto, resultamos de un proceso sorprendente, pero, sin duda, no somos el resultado final, ni el único posible. La historia de la vida sobre la Tierra nos enseña que estamos aquí por un capricho de la fortuna, de modo que más nos valdría no jugar a la ruleta, no vaya a ser que la fortuna nos abandone y la era de Acuario se transforme en la última edad de las tinieblas.

No debemos desperdiciar lo que nos distingue (pero no nos hace mejores) de los otros animales de la Tierra: *la mente.* Gracias a ella tenemos la capacidad de entender en qué consiste la vida y, quizá, de alguna forma, establecer una diferencia. No saltaremos la barrera de la «inteligencia insuficiente» evolucionando hacia algo más inteligente. Nuestra única esperanza para saltar la barrera consiste en evolucionar desde un punto de vista cultural estableciendo nuevos valores y definiendo una visión nueva y muy distinta para el futuro. Descarto, por descabellada, la idea de una evolución artificial mediante la manipulación del genoma humano, aunque de esto se ha hablado ya. En el futuro nos ayudará la nueva inteligencia que estamos adquiriendo con las computadoras, las cuales nos dejarán ver más lejos y con más profundidad y, tal vez, hasta adquirir algo de sabiduría. A largo plazo quizá incluso podríamos escapar del destino que aguarda al resto de las especies que han habitado el planeta: la extinción. Me preocupa que acaso no tengamos suficiente tiempo para esto. Si no sobrevivimos, entonces toda la sangre, el sudor y las lágrimas vertidos a lo largo de nuestra historia se habrán derramado en vano, y todas las reflexiones sobre la vida, el universo y todo lo demás habrán carecido por completo de sentido. ¡Qué deprimente!

Hijos de las estrellas

Hasta hace quinientos años nos ubicamos en el centro del escenario de un teatro construido expresamente para nosotros. Era el único espectáculo que había, con un libreto escrito en exclusiva para nosotros y para siempre, inmutable. Copérnico comenzó a degradarnos y hoy comprendemos que habitamos un planeta insignificante que se encuentra literalmente en el medio de la nada. La geofísica nos mostró que, aunque no lo percibimos, el escenario cambia sin cesar y nos arrebató todo sentido de permanencia y seguridad. Hemos aprendido que nuestro papel en este espectáculo largo y variadísimo es insignificante. La evolución nos privó del último pretexto para sentirnos especiales enseñándonos que habíamos sido escogidos al azar para desempeñar un papel temporal, y no porque tengamos aquel talento especial que creíamos poseer. Nuestro único consuelo estriba en que el privilegio de contar con un cerebro grande nos capacita para entender la trama del espectáculo, aunque pueda acabar transformado en una tragedia.

Somos *hijos de las estrellas*, pero muy jóvenes aún porque nacimos hace poco para comenzar este viaje, y, al igual que los niños, somos desordenados y no siempre actuamos en nuestro mejor interés. Quizá sea más apropiado considerarnos huérfanos abandonados en esta minúscula isla llamada Tierra para defendernos como podamos. Los peligros acechan por todos lados y no hay adultos que nos dirijan y aconsejen del mejor modo, aunque hemos inventado dioses para que asuman ese papel. El futuro es incierto y nos aguardan peligros desconocidos, aguas profundas, pantanos traicioneros y animales venenosos. Puede que la mayor amenaza resida en nuestras propias acciones, cuyas terribles consecuencias hemos comenzado a reconocer.

Es natural nuestro anhelo inconsciente de explorar los recónditos extremos del universo al que pertenecemos y nuestro afán por conocer las estrellas. En cierto sentido, los genes nos llevaron a construir telescopios, microscopios y aceleradores de partículas para estudiar nuestro origen y descubrir si estamos solos en este universo imposiblemente vasto. También nos animaron a visitar la Luna y nos impulsarán a tratar de acercarnos a las estrellas: nuestras genitoras.

Hemos sido fecundos y nos hemos multiplicado, hemos llenado la Tierra y la hemos sometido. Ejercemos potestad sobre las aves de los cielos, los peces del mar y las bestias que se mueven sobre la Tierra. Ya veremos si es bueno. Por favor, cuide este planeta, es el único que tenemos y, por lo que sabemos, muy bien podría ser el único con vida consciente en una región muy grande del universo. Usted no lo habitará ni durante cien años, pero otros seguirán en él. Salga a contemplar las estrellas esta noche, las verá bajo una luz muy diferente.

¡Ah, sí! Casi me olvido de decirle que después de 15 horas el número total de bacterias del ejemplo del capítulo 5 asciende a 1 073 741 824, lo cual es 2^{30}.

La historia de los libros de las Sibilas[1]

Hubo una vez una ciudad (no importa dónde quedaba, ni cómo se llamaba) antigua y próspera ubicada en el medio de una vasta planicie. Un verano, mientras los pobladores se afanaban por prosperar y vivir bien, una mujer pobre, vieja y extraña llegó a una de las puertas de la ciudad cargada con doce pesados libros que puso a la venta entre los ciudadanos. Dijo que los libros contenían todo el conocimiento y toda la sabiduría del mundo y que se los cedía a la ciudad por tan solo un saco de oro.

La gente de la ciudad consideró la idea bastante graciosa. Pensó que obviamente la señora no tenía noción del valor del oro y que lo mejor que podía hacer era marcharse.

Ella se mostró conforme, pero antes, dijo, destruiría la mitad de los libros. Prendió una pequeña fogata, quemó a la vista de todos los habitantes de la ciudad seis de los libros que contenían todo el conocimiento y toda la sabiduría del mundo, y luego se marchó.

Con algunas dificultades, la ciudad logró prosperar a pesar del duro invierno y, al verano siguiente, la anciana regresó.

–¡Ah, otra vez usted! -le dijeron–. ¿Cómo están el conocimiento y la sabiduría?

–Seis libros -dijo–, solo quedan seis. La mitad de todo el conocimiento y toda la sabiduría del mundo. Otra vez se los ofrezco.

–Ah, ¿sí? -le contestaron las personas riendo con disimulo.

–Solo que ha cambiado el precio.

–No nos sorprende.

–*Dos* sacos de oro.

–¿Qué?

[1] Las Sibilas son profetisas legendarias de la antigüedad. No se sabe cuántas eran ni de donde vinieron. Esta historia ha sido traducida por el autor de este libro a partir del texto original en inglés *Last Chance To See*, de Douglas Adams y Mark Carwardine (Londres, Pan Books Ltd & William Heinemann Ltd, 1991, 2.ª ed., págs. 196–199).

—Dos sacos de oro por los seis libros que quedan con todo el conocimiento y toda la sabiduría del mundo. Los toman o los dejan.

—Nos parece –le dijeron– que usted no debe de tener mucha sabiduría y conocimiento, ya que de lo contrario sabría que no puede cuadruplicar un precio ya escandaloso para el mercado del comprador. Si ese es el tipo de conocimiento y sabiduría que pretende vendernos, entonces francamente se lo puede quedar a cualquier precio.

—¿Los quieren o no?

—No.

—Muy bien. Si no es molestia, un poco de leña, por favor.

Prendió otra fogata y quemó tres de los libros restantes a la vista de todos; luego se marchó por la planicie.

Esa noche dos o tres curiosos salieron furtivamente a inspeccionar las cenizas para ver si podían encontrar una página o dos, pero el fuego lo había consumido todo y la vieja mujer había rastrillado las cenizas. No quedaba nada.

Pasó otro invierno difícil que afectó a la ciudad, y causó algunos problemas de hambre y enfermedad a sus habitantes, pero el comercio siguió prosperando y, al llegar el verano, cuando volvió a regresar la anciana, ya se encontraban bastante bien.

—Llega temprano este año –le dijeron.

—Tengo menos que acarrear –explicó mostrándoles los tres libros que llevaba con todo el conocimiento y toda la sabiduría del mundo–. ¿Les interesa?

—¿A qué precio?

—*Cuatro* sacos de oro.

—Abuela, usted está totalmente loca. Además, nuestra economía atraviesa por un periodo medio difícil en este momento. No podemos pensar en sacos de oro.

—Leña, por favor.

—Espere un minuto –dijeron–, esto no le está haciendo bien a nadie. Hemos estado pensando acerca de todo esto y hemos formado un pequeño comité para mirar sus libros. Déjenos evaluarlos durante unos meses para ver si tienen algún valor para nosotros, y cuando regrese el próximo año quizá le podamos hacer una oferta razonable. Pero no estamos hablando de sacos de oro, ¿eh?

La anciana meneó la cabeza.

—No –dijo–. Tráiganme la leña.

—Le va a costar.

—No importa –dijo la mujer encogiendo los hombros–. Los libros arden bien sin leña.

Y diciendo esto procedió a hacer trizas dos de los libros, que se quemaron con facilidad. Luego, se fue por la planicie dejando a los ciudadanos por otro año.

Regresó al final de la primavera.

—El último que queda –dijo, poniéndolo en el suelo delante de ella–. Esta vez pude traer mi propia leña.

—¿Cuánto? –le preguntaron.

–*Dieciséis* sacos de oro.

–¡Solo presupuestamos ocho!

–Tómenlo o déjenlo.

–Espere.

La gente de la ciudad se reunió y regresó a la media hora.

–Dieciséis sacos de oro es todo lo que nos queda -imploraron–. Son tiempos difíciles. Debe dejarnos con algo.

La anciana canturreó en voz baja y comenzó a hacer una fogata.

–¡Está bien! -exclamaron, y abrieron las puertas de la ciudad para que salieran dos carruajes tirados por bueyes cargados con ocho sacos de oro cada uno–. ¡Será mejor que sea bueno! -exclamaron.

–Gracias -dijo la anciana–, lo es. Y deberían haber visto el resto.

Encaminó los dos carruajes alejándose por la planicie y dejando que la gente se defendiera como mejor pudiera con tan solo la doceava parte de todo el conocimiento y toda la sabiduría del mundo.

Lecturas adicionales

Quisiera que ahora esté pensando en qué va a leer después de este libro, quizá uno que desarrolle con más detalle los asuntos que he tratado. La lista es larga tratándose de un tema tan interesante. Solo puedo sugerirle que lea los que considero más apropiados de cuantos he leído. No dudo de que haya otros muy pertinentes asimismo y que yo omito por desconocimiento.

El tema de este libro se discute con mucho más detalle en la obra escrita por seis autores encabezados por Bartolo Luque y Fernando Ballesteros: *Astrobiología. Un puente entre el Big Bang y la vida* (Akal, 2009). A nivel más divulgativo puede leer el libro de Lucas John Mix: *La vida en el espacio. La nueva ciencia de la astrobiología* (Crítica, 2010).

El tema de la evolución biológica se trata en muchos libros de divulgación. Le recomiendo el de Jerry Coyne: *Por que la teoría de la evolución es verdadera* (Crítica, 2009) y en inglés el libro de Sean Carroll: T*he making of the fittest: DNA and the ultimate forensic record of evolution* (Quercus, 2008).

La búsqueda de vida en otros planetas se discute con mucho detalle a un nivel divulgativo en la obra (obviamente): *La búsqueda de vida en otros planetas de Bruce Jakosky* (Akal, 2003).

Ian Tattersall ha escrito un libro sobre la evolución del *Homo sapiens: Los señores de la tierra* (Pasado y Presente, 2012) y si le intriga la idea de comunicarnos con extraterrestres le recomiendo el libro de Fernando Ballesteros: *Gramáticas extraterrestres: la comunicación con civilizaciones interestelares a la luz de la ciencia* (Universidad de Valencia, 2008).

La fascinante historia de la extinción K-T y el descubrimiento de sus causas la cuenta su principal protagonista, Walter Álvarez, en: *Tyrannosaurus rex y el cráter de la muerte* (Editorial Crítica, 1998).

Les pido que nos detengamos a pensar en la grandeza a la que todavía podemos aspirar si nos atrevemos a valorar la vida de otra manera. Nos pido ese coraje que nos sitúa en la verdadera dimensión del hombre. Todos, una y otra vez, nos doblegamos. Pero hay algo que no falla y es la convicción de que (únicamente) los valores del espíritu nos pueden salvar de este terremoto que amenaza la condición humana.

ERNESTO SÁBATO
La Resistencia (2000)

ALGUNOS DATOS NUMÉRICOS APROXIMADOS

LA TIERRA

Masa	5.974×10^{24} kg (~ 80 Lunas)
Radio ecuatorial	6 378.256 km
Periodo orbital	365.256 días (un año)
Velocidad alrededor del Sol	~108 000 km/h
Irradiación solar	~1 368 V/m^2
Composición atmosférica	~ 80% N, 20% O
Composición principal	~ 35% Fe, 30% O, 15% Si, 13% Mg
Densidad promedio	~ 5,52 por la densidad de agua
Velocidad de escape	11.2 km/s ~ 40 000 km/h

LA LUNA

Distancia de la Tierra	~ 384 000 km ~ 1.25 segundos-luz
Masa	~ 7.4×10^{22} kg ~ 1/80 Tierras
Radio	~ 1 738 km
Periodo sinódico	~ 29.5 días
Velocidad alrededor de la Tierra	~ 3 400 km/h
Densidad	~ 3.34 por la densidad de agua

EL SOL

Distancia de la Tierra	~ 150 000.000 km ~ 8 minutos-luz
Masa	~ 2×10^{30} kg (~300 000 Tierras)
Radio	~ 700 000 km (~110 Tierras)
Luminosidad	~ 4×10^{26} V
Temperatura superficial	~ 6 000°C
Temperatura central	~ 15 000 000°C
Composición	~ 92% H , 8% He y trazas de O, C, N, Ne, Si, Mg, Fe, S
Densidad (promedio)	~ 1.41 por la densidad de agua

Notas

- La cantidad 4×10^{26} es igual a 400 000 000 000 000 000 000 000 000, y más generalmente $y \times 10^b$ es igual a *y* seguida por *b* ceros.
- La densidad de agua es de 1 000 kilogramos por metro cúbico.
- Símbolos usados: kg = kilogramo; h = hora; V = vatio; m^2 = metro cuadrado; km = kilómetro; s = segundo; además de los símbolos habituales de los elementos químicos.

Apéndice B

Advertencia de los científicos del mundo a la humanidad

Alrededor de 1 700 científicos destacados, entre quienes se cuenta la mayoría de los galardonados con un premio Nobel de ciencias, firmaron este manifiesto en noviembre de 1992. La *Advertencia de los científicos del mundo a la humanidad* fue redactada e impulsada por Henry Kendall, expresidente de la junta de directores de la Union of Concerned Scientists.

Preámbulo

Los seres humanos y el mundo natural se encuentran en vías de colisión. Las actividades humanas producen daños drásticos y muchas veces irreversibles al medio ambiente y a recursos críticos. Si no las detenemos, muchas de nuestras prácticas actuales ponen en serio peligro el futuro que deseamos para las sociedades humanas y para los reinos animal y vegetal, y pueden alterar el mundo hasta el punto de incapacitarlo para mantener la vida tal y como la conocemos. Es urgente que emprendamos cambios fundamentales para evitar la colisión a la que nos conduce nuestro curso presente.

El medio ambiente

El medio ambiente está soportando una carga crítica:

La atmósfera
La reducción del ozono estratosférico nos amenaza con un aumento de radiación ultravioleta sobre la superficie de la Tierra, la cual puede resultar dañina o letal para muchas formas de vida. La contaminación del aire y la lluvia ácida causan numerosas lesiones a los seres humanos, los bosques y los cultivos.

Agua
La explotación imprudente del recurso agotable del agua pone en peligro la producción de alimentos y otros servicios esenciales para la humanidad. El derroche de agua potable ha provocado serias restricciones en unos 80 países que contienen el 40% de la población mundial. La contaminación de ríos, lagos y aguas subterráneas limita aún más el abasto.

[1] El texto original en inglés se puede consultar en **www.ucsusa.org**.

Océanos
Los océanos soportan una destrucción severa, especialmente en las regiones costeras que cubren la mayoría de la demanda pesquera mundial. En la actualidad, la cantidad total de capturas pesqueras equivale o supera los niveles que se consideran sostenibles. Algunos caladeros ya han dado muestras de agotamiento. Los ríos, que llevan gran cantidad de materiales erosionados hasta los mares, también transportan residuos industriales, urbanos, agrarios y pecuarios, algunos de ellos tóxicos.

Suelos
La pérdida de la productividad de los suelos, que causa un abandono masivo de las zonas rurales, es un subproducto de las prácticas presentes en la agricultura y la ganadería. Desde 1945 se ha degradado el 11% de la superficie fértil de la Tierra (un área mayor que India y China juntas), y la producción de alimentos per cápita está decreciendo en muchas partes del mundo.

Bosques
La selva tropical así como los bosques secos tropicales y de zonas templadas se están destruyendo rápidamente. Al ritmo actual, algunos tipos de bosque serán eliminados en pocos años, y la mayor parte de la selva tropical habrá desaparecido antes de finales del próximo siglo. Con ellos se extinguirá una gran cantidad de especies de plantas y animales.

Especies
La pérdida irreversible de especies, que para el año 2100 podría llegar a afectar a un tercio de todas las especies que ahora viven, tiene especial gravedad. Estamos perdiendo la capacidad que tienen para suministrarnos medicinas y otras ventajas, y la aportación que supone la diversidad genética de las formas de vida para la robustez de los sistemas biológicos del globo y para la asombrosa belleza de la Tierra. Gran parte de estos daños es irreversible en una escala temporal de siglos y, en algunos casos, es incluso permanente. Otros procesos representan amenazas adicionales. El aumento de la concentración en la atmósfera de gases generados por la actividad humana, incluido el dióxido de carbono producido por la quema de combustibles fósiles y por la deforestación, puede alterar el clima a una escala global. Las predicciones de calentamiento global son aún inciertas (con consecuencias que van de tolerables a muy severas), pero los riesgos potenciales son muy grandes. Nuestra intervención masiva en la red de la vida con interdependencias mundiales (combinada con el daño ambiental causado por la deforestación, la pérdida de especies y el cambio climático) podría provocar efectos negativos generalizados, incluyendo el colapso imprevisible de sistemas biológicos cruciales, cuya dinámica e interacción apenas conocemos. La incertidumbre en cuanto a la magnitud de estos efectos no puede justificar la autocomplacencia ni postergar que nos enfrentemos a las amenazas.

Población

La Tierra es finita. Su capacidad para absorber desperdicios y vertidos destructivos es finita. Su capacidad para proveer alimento y energía es finita. Su capacidad para abastecer un número creciente de habitantes es finita. Nos estamos acercando a muchos de estos límites. Las prácticas económicas que lastiman el medio ambiente, tanto en los países desarrollados como en los subdesarrollados, no pueden continuar sin el riesgo de dañar irremediablemente los sistemas vitales globales.

Las demandas que exige el desenfrenado crecimiento demográfico al mundo natural pueden derrumbar cualquier esfuerzo por lograr un futuro sostenible. Si hemos de detener la destrucción del medio ambiente debemos aceptar límites en cuanto al crecimiento demográfico. Una estimación del Banco Mundial indica que la población mundial no se estabilizará en menos de 12 400 millones, mientras que las Naciones Unidas concluyen que el total podría llegar a los 14 mil millones, casi el triple de la población actual, de 5 400 millones. Pero aún en el presente, una de cada cinco personas vive en la pobreza absoluta sin suficiente alimento, y una de cada diez sufre de malnutrición severa. No nos queda más que una o unas pocas décadas para perder la oportunidad de evitar las amenazas a las que ahora nos enfrentamos, y eso reducirá considerablemente las perspectivas de futuro para la humanidad.

Advertencia

Nosotros, los firmantes, miembros de la comunidad científica mundial, advertimos aquí a la humanidad de lo que nos espera. Es preciso un cambio significativo en nuestra administración de la Tierra y de la vida que alberga si deseamos evitar una enorme miseria humana y si no queremos mutilar irreparablemente nuestro hogar en este planeta.

Qué debemos hacer

Debemos actuar simultáneamente en cinco frentes vinculados de forma inextricable. Debemos controlar las actividades perjudiciales para el medio ambiente y proteger la integridad de los sistemas terrestres de los que dependemos.

Debemos, por ejemplo, reemplazar el uso de combustibles fósiles por fuentes de energía más benignas e inagotables para reducir la emisión de gases de invernadero y la contaminación del aire y del agua. Hay que dar prioridad al desarrollo de fuentes energéticas adecuadas para las necesidades del tercer mundo, es decir, a pequeña escala y fáciles de poner en práctica.

Debemos detener la deforestación, la pérdida y el deterioro de las tierras de cultivo, y la pérdida de especies vegetales y animales, tanto terrestres como marinas.

Debemos administrar con más eficiencia los recursos cruciales para el bienestar humano.
Debemos dar gran prioridad al uso eficiente de la energía, el agua y otros materiales, incluyendo la ampliación de medidas para su conservación y reciclaje.
Debemos estabilizar la población, lo cual solo será posible si las naciones reconocen que para ello hay que mejorar las condiciones económicas y sociales, y adoptar medidas efectivas y voluntarias de planificación familiar.
Debemos reducir y, con el tiempo, erradicar la pobreza.
Debemos asegurar la igualdad entre sexos y garantizar que las mujeres tomen sus propias decisiones con respecto a la reproducción.

Las naciones desarrolladas deben actuar ahora

Las naciones desarrolladas son las que más contaminan el mundo en la actualidad. Ellas deben reducir drásticamente el derroche de consumo para atenuar la sobrecarga de los recursos y del medio ambiente global. Las naciones desarrolladas tienen la obligación de ayudar y apoyar a las naciones en vías de desarrollo, ya que son las únicas que disponen de los medios económicos y el conocimiento técnico para estas tareas.
Aceptar esto no es altruismo, sino mirar con inteligencia por el interés propio: industrializados o no, todos tenemos el mismo y único bote salvavidas. Ninguna nación puede escapar del perjuicio cuando se dañan sistemas biológicos globales. Ninguna nación puede escapar de los conflictos que surjan por unos recursos cada vez más escasos. Además, las migraciones masivas que causa la inestabilidad económica y los problemas ambientales tendrán consecuencias imprevisibles para todas las naciones por igual, sin importar su estado de desarrollo.
Las naciones en vías de desarrollo deben entender que una de las amenazas más graves a las que se enfrentan es el daño medioambiental, y que les será muy difícil aliviarlo a menos que controlen sus poblaciones. El mayor riesgo consiste en quedar atrapados en una espiral de deterioro ambiental, pobreza e inestabilidad social que conduzca al colapso social, económico y ambiental.
El triunfo de estos esfuerzos globales exige una gran reducción de la violencia y las guerras. Los recursos que en la actualidad se utilizan para la preparación y la ejecución de conflictos armados (más de 1 billón de dólares anuales) son muy necesarios para este nuevo cometido y es preciso reconducirlos hacia esta nueva empresa.
Necesitamos una ética nueva, una nueva postura para asumir nuestra responsabilidad de cuidar de nosotros y del planeta. Debemos reconocer que la Tierra tiene una capacidad limitada para abastecernos. Debemos reconocer su fragilidad. No debemos permitir que sea arrasada por más tiempo. Esta ética debe impulsar un gran movimiento para convencer a los líderes reacios, a los

gobiernos reacios y a los propios pueblos reacios de que lleven a cabo los cambios necesarios.

Los científicos del mundo que emitimos este manifiesto esperamos que nuestro mensaje llegue a todo el mundo y haga mella.

Necesitamos la ayuda de todos.

Necesitamos la ayuda de la comunidad mundial de científicos (naturales, sociales, económicos y políticos).

Necesitamos la ayuda de los líderes industriales y empresariales del mundo entero.

Necesitamos la ayuda de los líderes religiosos.

Necesitamos la ayuda de todas las gentes.

Llamamos a que todos se nos unan en este cometido.

Relación de las siglas más usadas en este libro y sus páginas web oficiales:

AURA	Association of Universities for Research in Astronomy http://www.aura-astronomy.org/
CFHT	Canada, France, Hawaii Telescope http://www.cfht.hawaii.edu/
ESA	European Space Agency http://www.esa.int/export/esaCP/index.html
ESO	European Southern Observatory http://www.eso.org/
GSFC	Goddard Space Flight Center http://www.gsfc.nasa.gov/
JPL	Jet Propulsion Laboratory http://www.jpl.nasa.gov/
LBNL	E. O. Lawrence Berkeley National Laboratory http://www.lbl.gov/
NAIC	National Astronomy and Ionosphere Center http://www.naic.edu/
NASA	National Aeronautics and Space Administration http://www.nasa.gov/
NOAA	National Oceanic and Atmospheric Administration http://www.noaa.gov/
NOAO	National Optical Astronomy Observatories http://www.noao.edu/
NHGRI	National Human Genome Research Institute http://www.genome.gov/
NSF	National Science Foundation http://www.nsf.gov/
NURP	National Undersea Research Program http://www.nurp.noaa.gov/
SAAO	South Africa Astronomical Observatoy http://www.saao.ac.za/
SOHO	Solar Heliospheric Observatory http://soho.esac.esa.int
STScI	Space Telescope Science Institute http://www.stsci.edu/
USGS	United States Geological Survey http://www.usgs.gov/
VLT	Very Large Telescope (ESO) http://www.eso.org/paranal/
WIYN	Wisconsin, Indiana, Yale, NOAO http://www.noao.edu/wiyn/wiyn.html